やさしく学ぶ LLMエージェント

基本から
マルチエージェント
構築まで

井上 顧基
下垣内 隆太
松山 純大
成木 太音

共著

オーム社

はじめに

近年、生成AIの飛躍的な進化により、私たちの日常生活においてAIと触れ合う機会が格段に増加しました。スマートフォンやパソコンを通じて、誰もが簡単にAIと対話し、情報を得たり、問題を解決したりすることが可能となっています。これにより、AIは専門家だけのものではなく、一般の人々にも身近な存在となり、その利用頻度は急速に高まっています。

かつてAIプロダクトを開発するには、膨大なデータの収集や高度なアルゴリズムの理解、専門的なプログラミングスキルが必要とされました。しかし、近年のLLM（大規模言語モデル）や基盤モデルの普及により、これらのハードルは大幅に下がりました。これらのモデルは、事前に膨大なデータで訓練されており、ユーザーは複雑な技術的知識を持たなくても、直感的にAIの力を活用できるようになったのです。この変革により、AIの利用は一層民主化され、創造的なアイデアを持つ誰もがAIを用いたプロダクトを生み出すことが可能となりました。

しかし、現状のLLMの多くは、ChatGPTのようなチャット形式のインターフェースを通じて利用されています。この形式は確かにユーザフレンドリーであり、多くの場面で有効に機能していますが、LLMが持つ潜在能力を十分に引き出しているとは言い難い面もあります。言語モデルは単なる対話ツール以上の可能性を秘めており、より高度なインターフェースやシステムと組み合わせることで、その真価を発揮することが期待されています。

そのためには、AIが人間の介入を最小限に抑え、自律的に動作するエージェントとして機能することが求められます。自律的なAIエージェントは、複雑なタスクを自ら判断し、実行する能力を持ちます。また、複数のエージェントが協調し合うマルチエージェントシステムを構築することで、さらに高度な問題解決が可能となります。これにより、ビジネスや日常生活において、より効率的で柔軟なAIの活用が実現されるでしょう。

本書では、LLMを用いたエージェントおよびマルチエージェントシステムの基礎から応用までを幅広く解説します。具体的には、OpenAIのサービスの利用方法や簡単なUI構築から始め、シングルエージェントの設計、マルチエージェントシステムの構築方法などをプログラムを提示しながら説明します。また、最新の研究動向や実際の応用事例も紹介することで、エージェントに関する最前線までの知識を提供します。

AI技術は日々進化を遂げ、その可能性は無限に広がっています。しかし、その力を正しく理解し、効果的に活用するためには、深い知識と体系的なアプローチが必要です。本書が、AIエージェントの世界への入り口となり、読者の皆様が新たなイノベーションを創出する一助となることを心から願っています。ぜひ、このページをめくり、AIの未来を共に探求していきましょう。

2025年1月

著者を代表して　井上　顧基　記す

目　次

A　謝辞

本書の執筆にあたり、LLM（大規模言語モデル）の研究・開発に尽力され、貴重な知見を公開されたすべての方々に心より感謝申し上げます。また、参照させていただいた文献やURLについては巻末に一覧としてまとめております。これらの情報がなければ本書の完成には至らなかったことを、ここに記して感謝の意を表します。

さらに、本書の執筆にあたり、多くの助言を賜りました西見公宏先生、ML_Bear先生には、この場をお借りして深く感謝申し上げます。

B　ソースコード

本書で作成するソースコードは、GitHubリポジトリより取得できます。以下のURLまたはQRから確認してください。

なお、組版に際しては、**バックスラッシュを入れるなどし、適当な位置で改行をしています。**また出版以降のメンテナンスのために、書籍コードの内容を更新している場合があります。

https://github.com/elith-co-jp/book-llm-agent/

＜図　book-llm-agent リポジトリのQR＞

以下ではリポジトリのディレクトリ構成やダウンロード方法を紹介し、実行方法等の詳しい情報はGoogle Colabに関する説明と同時に行います。

B-1　ソースコードのダウンロード

上述のURLにアクセスすると、GitHubリポジトリが表示され、上部は＜book-llm-agent リポジトリのキャプチャ＞のようになっています。

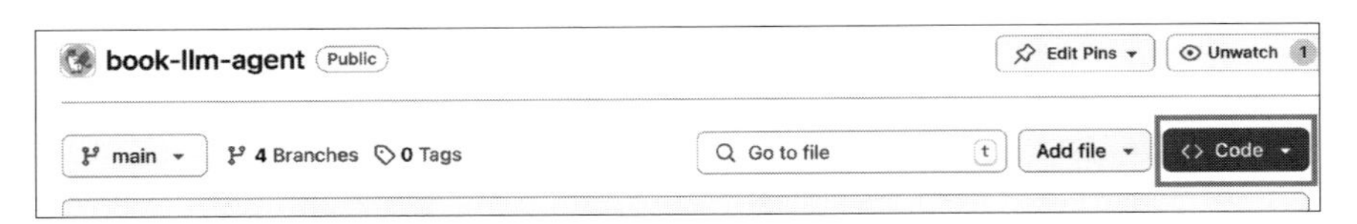

＜book-llm-agent リポジトリのキャプチャ＞

ここで右上の「＜＞ Code」のボタンをクリックすると、＜Download ZIP＞のボタンのように Download ZIP のボタンが表示されます。ボタンを押すと、zip 形式でリポジトリ全体がダウンロードされます。

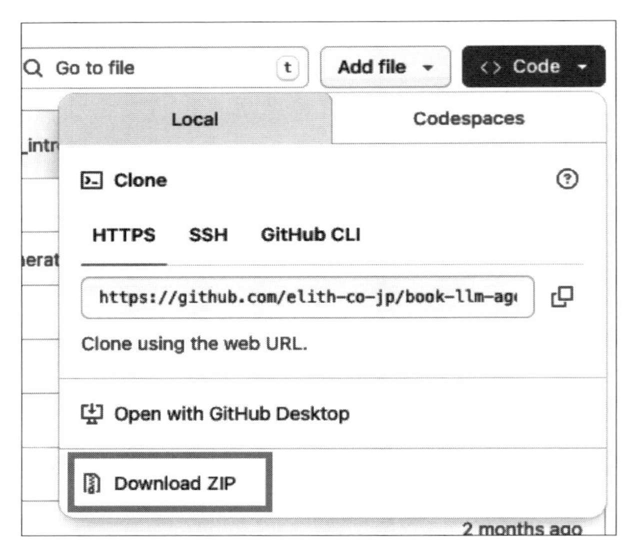

＜Download ZIP のボタン＞

B-2 ディレクトリ構成

ディレクトリ構成は以下のようになっています。ただし、ノートブックはそれぞれの chapter に複数ありますが、例として1つだけ記載しています。

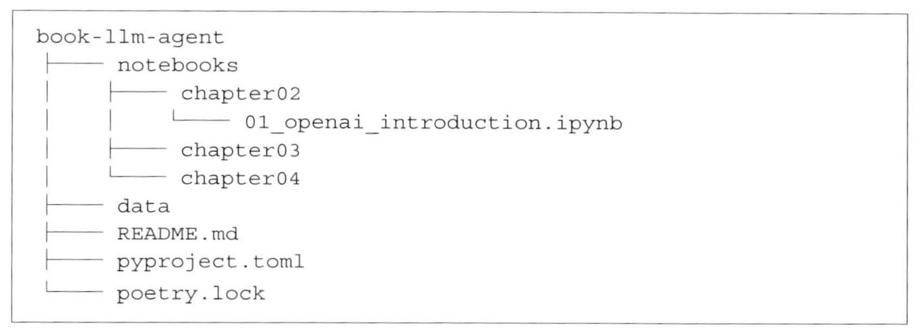

```
book-llm-agent
├── notebooks
│   ├── chapter02
│   │   └── 01_openai_introduction.ipynb
│   ├── chapter03
│   └── chapter04
├── data
├── README.md
├── pyproject.toml
└── poetry.lock
```

notebooks ディレクトリには Jupyter Notebook で書かれたソースコードが保管されています。このディレクトリ内では第 n 章に関するノートブックが `chapter_0n` というサブディレクトリに保管されています。また、各ノートブックは節番号から始まっています。つまり、`01_openai_introduction.ipyn` は第2章の1節目に対応します。

`data` ディレクトリはノートブック内で利用するデータを配置しているディレクトリです。別途配置が必要な場合は本文中で触れます。

`pyproject.toml` と `poetry.lock` は Python パッケージを poetry[注] で管理していて、ローカル環境でノートブックを利用したい読者のための依存情報を記載したファイルです。後述の Google Colaboratory を利用する読者は無視してください。

B-3 ノートブックの構成

ノートブックは単体で動くように設計されています。そのため、特定のノートブックを実行する際に別のノートブックを参照する必要はありません。別の節で実装した内容を再利用する場合は、ノートブック内に再掲しています。

2.1 節の冒頭でも説明していますが、ノートブックには API キーを入力するためのセルが用意されています。Google Colaboratory を利用する場合はこのセルを実行し、API キーを入力してください。

```
import getpass
import os
# OpenAI API キーの設定
api_key = getpass.getpass("OpenAI API キーを入力してください： ")
os.environ["OPENAI_API_KEY"] = api_key
```

注 poetry https://python-poetry.org/

C Google Colaboratory

Google Colaboratory（以下 colab）は Google が提供する開発環境で、Jupyter Notebook を通して利用できます。無料でも利用することができる上、有料版では高スペックな GPU が提供されているため、深層学習のような GPU を活用したプログラミングのための環境としてよく用いられます。使い方は簡単で、Google Spreadsheet や Google Docs と同じように Google Drive 上にファイルを作成して開くことで、アクセスできます。本書に記載されているスクリプトは、読者のローカル環境でも実行できますが、Google Colab 上での動作確認を行っています。手元での環境構築に不安がある方は、Google Colab を利用してみてください。以降では、本書の提供するソースコードを Google Colab 上で実行するまでの流れを説明します。

まずはダウンロードしたソースコードの zip ファイルを解凍し、中にある `notebook` ディレクトリを Google Drive にアップロードしてください（＜Google Drive に notebook ディレクトリを配置＞）。

＜Google Drive に notebook ディレクトリを配置＞

ここでは参考として、2.1 節の `01_openai_introduction.ipynb` を開いてみましょう。右クリックし「アプリで開く」から Google Colaboratory を選択する、またはファイルをダブルクリックすることで開けます。「アプリで開く」に Google Colaboratory が表示されない場合は、アプリを追加から追加してください（＜Google Colaboratory で開く＞）。

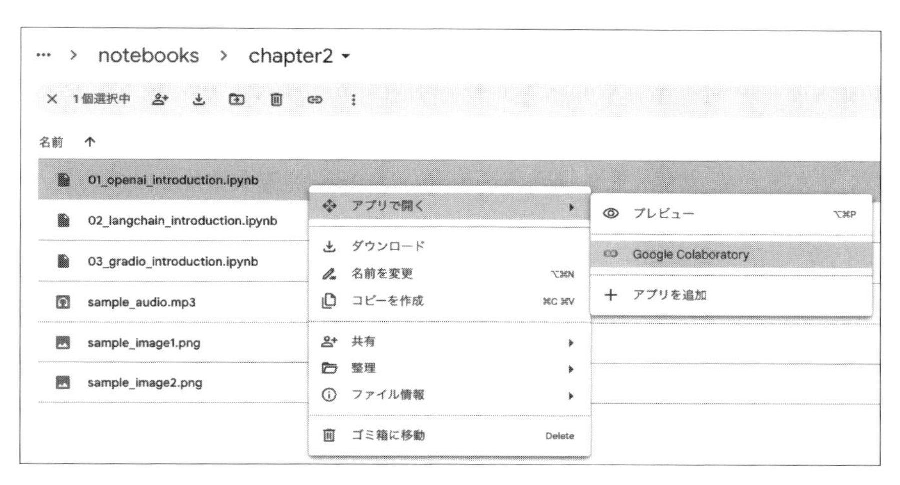

＜Google Colaboratory で開く＞

ファイルを開くと、＜Google Colaboratoryに接続する＞のような画面になります。右上の接続ボタンから接続することでコードの実行が可能になります。

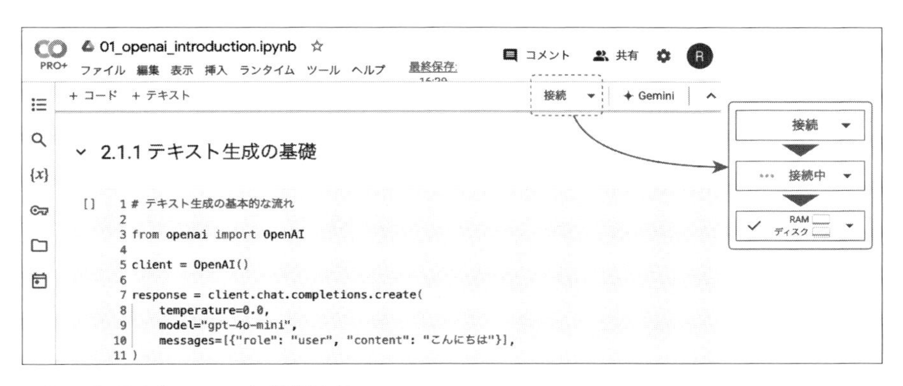

＜Google Colaboratory に接続する＞

D　スクリプト実行の際の注意

本書で利用した各種プラットフォーム、ライブラリ、API、サービス等はすべて執筆時点のものです。それらが変更、停止された場合の本書の動作は著者および出版社は責任を負いかねます。また、生成 AI の特性やその他の要因により、本書掲載の実行結果と異なる場合がございます。

本書の内容を実践するには、OpenAI を含む一部の有料サービスをご利用いただく必要がございます。

第1章

LLMエージェントとは

人工知能分野で大きな進化を遂げたLLM（大規模言語モデル）は、自然言語処理に革命をもたらしています。膨大な情報を学習することで、人間のような言語生成や理解を可能にし、テキスト生成や質問応答、翻訳、画像生成、その他で高い性能を発揮しています。本書では、LLMを活用したエージェントの開発を通じ、柔軟で知的で明滅未のある対話システムの構築を目指します。

1.1 言語モデルとは何か

1.1.1 LLM について

近年、人工知能の分野で急速な進歩を遂げている**LLM（Large Language Model、大規模言語モデル）**は、自然言語処理の世界に革命をもたらしています。LLM とは、膨大な量のテキストデータを学習し、人間のような自然な言語生成や理解を可能にする AI モデルです。これらのモデルは、テキスト生成、質問応答、翻訳、画像生成、その他、など、様々なタスクで驚異的な性能を示しています。

本書で開発していくエージェントは、この急激に発展した LLM を利用しています。LLM を活用することで、より柔軟で知的な対話システムや問題解決ツールを構築することが可能になりました。これらのエージェントは、ユーザとの自然な対話を通じて複雑なタスクを遂行し、様々な分野で革新的なソリューションを提供する可能性を秘めています。

以上より、エージェントの能力は LLM に強く依存していることがわかります。なので、エージェントの開発に取り組む前に、その基盤となる LLM について詳しく理解することが重要です。本章では、LLM の基礎から応用まで、包括的に解説していきます。自然言語生成の基本概念から始まり、Seq2Seq モデル、Attention 機構、Transformer アーキテクチャなど、LLM を支える重要な技術的要素を順を追って説明していきます。

さらに、現在主流となっている代表的な LLM や、オープンソースの取り組み、そしてローカルでも動作可能な軽量な LLM についても触れていきます。これらの知識は、効果的なエージェントを開発する上で不可欠な基礎となるでしょう。

それでは、LLM の世界に深く踏み込んでいきましょう。この章で学ぶ内容は、次章以降で展開するエージェント開発の強力な基盤となります。

1.1.2 LLM 以前の言語モデル

1.1.2.1 自然言語生成の概要

自然言語生成は、モデルに人間が書いたような自然な文章を生成させるタスクです。この技術の特徴は、テキストを入力として受け取り、新たなテキストを出力することにあります。ここで重要なのは、入力されるテキストが「**トークン（tokens）**」と呼ばれる単位に分割されるという点です。トークンは単語単位の場合もあれば文字単位の場合もあり、テキストは複数のトークンから構成されていると考えることができます。

自然言語生成タスクの特徴的な点は、入力と出力のトークン数が可変であることです。つまり、複数のトークンを入力として受け取り、それに対して複数のトークンを出力するのですが、その数は固定されていません。この可変長から可変長への生成に対応したモデルが「Seq2Seq（Sequence-to-Sequence）」モデルです。

1.1.2.2　Seq2Seq モデルの発展

Seq2Seq モデル [Sutskever 2014] は、自然言語処理タスクにおいて重要な役割を果たしてきました。このモデルは、エンコーダとデコーダという 2 つの主要なブロックから構成されています。Seq2Seq の初期のモデルでは、これらのブロックは **RNN（Recurrent Neural Network）** から構成されていました。

ここで、RNN は、シーケンシャルなデータを扱うために設計されたニューラルネットワークです。その特徴は、隠れ状態（hidden state）を保持し、各タイムステップのデータを入力するたびにこの状態を更新することにあります。これにより、今まで入力されたデータの情報を保持することができ、現在の入力と隠れ状態を元に次のトークンを予測していくことが可能になります。

次に、Seq2Seq モデルを構成するエンコーダ・デコーダ構造について詳しく見ていきます（＜図 1.1　Seq2Seq の模式図＞）。エンコーダは、RNN を用いて入力シーケンスを隠れ状態にエンコードします。これにより、長い入力シーケンスに含まれる情報を、1 つの隠れ状態というベクトルに圧縮することができます。一方、デコーダはエンコーダが作成した隠れ状態を受け取り、出力トークンを生成する役割を用いています。具体的には、各トークンが出力される確率分布を計算し、その分布に基づいて次のトークンを選択します。

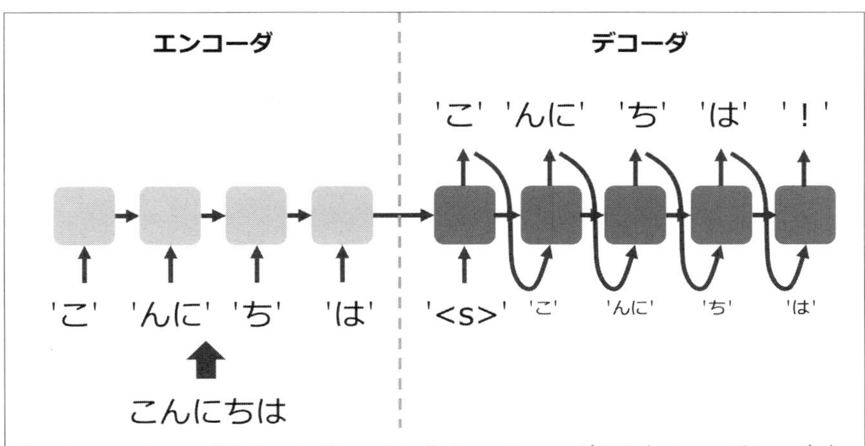

「こんにちは」というテキストがトークン化されエンコーダに入力され、デコーダが出力分を生成する。

＜図 1.1　Seq2Seq の模式図＞

そして、出力として選択されたトークンを次の入力として使用し、新たな出力を予測するサイクルを繰り返します。これにより、トークンを順に出力することで、結果的に出力シーケンスを生成します。以上で解説したエンコーダ・デコーダ構造により、入力・出力ともにシーケンシャルかつ可変長なデータへの自然な適用が可能になりました。

このように、入力シーケンス、出力シーケンスが可変長の場合にも自然に対応できる Seq2Seq モデルですが、この応用例は多岐にわたります。例えば、機械翻訳では1つの言語のテキストを別の言語に翻訳することができます。また、文書要約タスクでは長い文書を短い要約に変換することが可能です。さらに、対話生成においては、チャットボットや対話システムで入力されたメッセージに対する適切な応答を生成することができます。

このように、Seq2Seq モデルは自然言語処理の様々なタスクに適用可能な柔軟性を持っています。しかし、RNN を基盤としたこのモデルには、長い系列を扱う際に情報の忘却が起こるという課題がありました。この問題を解決するために登場したのが、次に説明する Attention 機構です。

1.1.2.3 Attention 機構

RNN を基盤とした Seq2Seq モデルには、1つの大きな欠点がありました。それは、長い系列を扱う際に「忘却」が起こることです。RNN は入力を順番に処理していくため、序盤に入力したトークンの情報が徐々に失われていき、テキスト間の長距離の依存関係を捉えるのが苦手でした。この問題を解決するために登場したのが、**Attention 機構** [Bahdanau 2014] です。

Attention では、シーケンシャルなデータを逐次的に入力するのではなく、一定の区間でまとめて入力します。これにより、忘却することなくトークン間の関係性を明示的に捉えることが可能になりました。Attention 機構は、キー（Key)、バリュー（Value)、クエリ（Query）という3つの要素から構成されます。これらはそれぞれ、トークンごとに作成されるベクトルを指し、同じ要素数を持ちます。

キーは入力文を構成するトークンごとに計算され、各トークンの特徴を表します。バリューも入力文を構成するトークンごとに計算され、各トークンの実際の情報を保持します。一方で、クエリは出力文を構成するトークンごとに計算される特徴量で、生成する際に参照すべきトークンを評価するために用いられます。

これら、キー、バリュー、クエリを活用した Attention 機構の計算プロセスは以下のようになります。

① クエリとキーの類似度計算：クエリとキーの間の類似度（通常はドット積）を計算し、入力シーケンスと出力シーケンス間で各要素がどれだけ関連しているかを評価します。
② ソフトマックスによる正規化：得られた類似度スコアにソフトマックス関数を適用して正規化し、注意重み（Attention Weights）を得ます。
③ 重み付けたバリューの集約：各バリューに注意重みを掛け合わせ、それらの加重平均を計算して最終的な出力を生成します。

この計算により、文全体の単語（トークン）同士の関係性を捉えながら、全体で統一性のある文章を生成することが可能になります。

このAttention機構の利点は多岐にわたります。まず、学習効率が向上しました。これはAttention機構では、逐次的に入力する必要がなく、一度にまとめて入力することが可能なためです。また、同時に全単語との関係性を捉えることが可能になり、忘却の問題も解決されました。さらに、Attention機構では、トークン同士の関連性を動的に計算するため、より入力シーケンスに応じた文章を生成することができるようになりました。

また、Attention機構にはself-attention [Lin 2017] という、クエリとキー、バリューに全てに同じテキストを用いる手法も存在します（＜図1.2　self-attention＞）。このself-attentionを用いることで、エンコーダを用いないデコーダのみのモデルも提案されています。デコーダのみのモデルでは、self-attentionを用いることで、入力文と出力文で対応するモデルを分けずにまとめて処理しています。具体的には入力文を

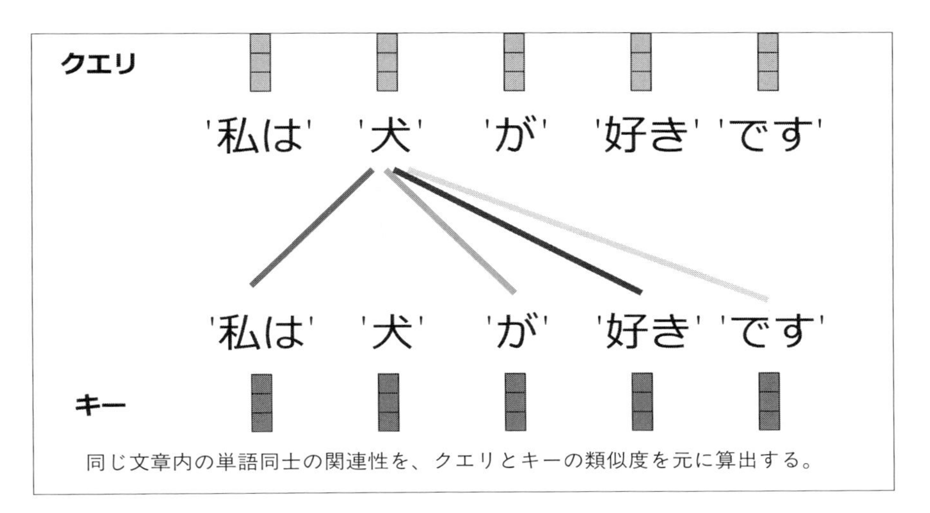

＜図1.2　self-attention＞

元にそれらに含まれるトークン間の関係性を捉え、そこから抽出される情報を元に出力トークンを予測します。

このデコーダのみのモデルの利点として、デコーダのみで構成されるためモデル構造をシンプルにできることが挙げられます。また、次単語予測という入力テキストを元に次のトークンを予測するプロセスへの応用が可能になり、既存の大量にあるテキストを教師ラベルなしに学習に使用することが可能になりました。

1.1.2.4 Transformer の解説

Attention 機構の登場により、自然言語処理のモデル構造は大きく変化しました。その代表的なモデルが **Transformer** [Vaswani 2017] です。

Transformer の構造は、大きく分けて Attention レイヤーと **FFN**（Feed Forward Neural Network）レイヤーを交互に積み重ねたものになっています。このアーキテクチャにより、以下のような処理が可能になります。

・FFN によってトークン単位で特徴量ベクトルを変化させる
・Attention によってトークン間の関係性を捉える

この２つの処理を繰り返すことで、テキストの深い理解と生成が可能になります。

Transformer の主な利点は以下の通りです。

① 長距離的な依存関係を捉えることが可能
② 高い学習効率
③ 並列処理が可能

特に並列処理の点は重要です。RNN は前のタイムステップで出力された隠れ状態を元に次の単語を予測する性質上、並列化が難しいという欠点がありました。Transformer はこの問題を解決し、より効率的な学習と推論を可能にしました。

現在、言語モデルで最も主流となっているのがこの Transformer 構造です。次世代の自然言語処理技術の基盤となり、LLM の発展に大きく貢献しています。

ここで、Transformer は Attention 機構を用いているため、テキストをある一定の区間に区切って入力とします。この区間の長さのことを「**コンテキストウィンドウ**」と呼びます。コンテキストウィンドウは、学習時に設定され、その長さのシーケンスに特化した処理が可能となるようモデルの重みが更新されます。そのため、推論では学習時に設定したコンテキストウィンドウの範囲での入力が求められます。そして、このコンテキストウィンドウが長い程、より長い文章の関係性を捉えることができます。

1.1.3　LLM を支える技術と主要モデル

1.1.3.1　LLM とは？

LLM（Large Language Model）とは、大規模なパラメータを持つ言語モデルのことを指します。これらのモデルは、学習にも大量のデータを用いており、その規模は従来の言語モデルとは比較にならないほど巨大です。ここで、LLM が大規模化している背景には、主に２つの重要な要因があります。

(1)　スケーリングロー [Kaplan 2020]

2021 年に OpenAI が発見した法則で、モデルの性能が以下の３つの要素に大きく依存することを示しました。

・パラメータ数
・データ量
・計算資源

これらの３つのサイズを増やすほど、モデル性能がログスケールで向上することがわかりました。この発見により、多くの企業や研究機関が性能向上のために大規模化に投資するようになりました。

(2)　グロッキング [Power 2022]

近年、学習量が一定の範囲を超えると性能が飛躍的に向上する「グロッキング」という現象が確認されています。これにより、LLM はますます高性能になっています。

これより、言語モデルを大規模化することで、その性能を飛躍的に向上させることが可能なことが実験的にわかり、様々な企業や研究機関が日増しに大規模なモデルを開発するようになっています。

1.1.3.2　LLM の学習プロセス

LLM の学習は主に３つの段階に分けられます。「事前学習」「インストラクションチューニング」「事後学習」です（＜図 1.3　LLM の学習の流れ＞）。

・事前学習

LLM の事前学習は、モデルに広範な知識と言語理解能力を獲得させる重要なプロセスです。この段階では、Web 上の膨大なテキストデータを含む、大規模かつ多様なデータセットが使用されます。自然言語テキストだけでなく、プログラミングコード、数学の問題、科学論文なども学習データに含まれており、これにより LLM は幅広い分野の知識を獲得します。

事前学習の主要タスクは次単語予測 [Józefowicz 2016, Radford 2018] です。モデルは与えられた文脈から、次に来る可能性が高い単語を予測することを学習します。例

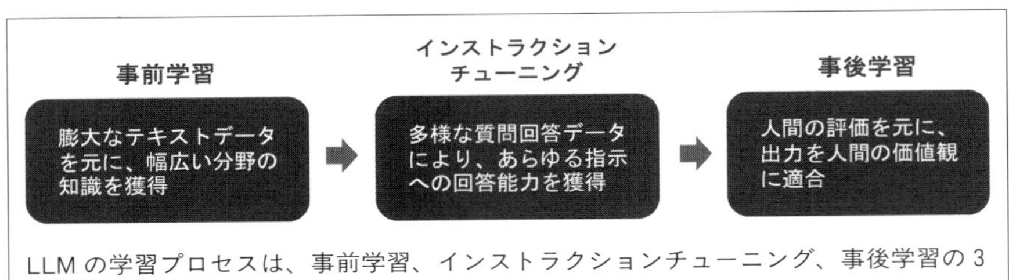

＜図1.3　LLMの学習の流れ＞

えば、「太陽は東から○○」という入力に対し、「昇る」という単語を高い確率で予測することを学びます。この学習は自己教師あり学習と呼ばれ、ラベル付けされていない大量のテキストデータを使用し、モデル自身が文脈から学習を行います。

このような事前学習プロセスを経ることで、LLMは自然な文章生成能力、文脈理解と推論能力、多様なタスクへの適応力、そして一般的な世界知識を獲得します。

事前学習は、LLMが後続の学習プロセスに備えて、強力な基盤となる言語理解と生成能力を構築する極めて重要な段階です。この過程を経ることで、LLMは様々な応用タスクに柔軟に対応できる汎用的な言語モデルとなるのです。

・インストラクションチューニング

事前学習によって広範な知識と言語理解能力を獲得したLLMですが、この段階では主に次単語予測タスクに特化しているため、ユーザの具体的な質問や指示に適切に応答することは困難です。そこで導入されたのがインストラクションチューニング[Wei 2022]です。

この手法では、LLMに様々な指示文と、それに対応する望ましい回答のペアを学習させます。例えば、「この文章を要約してください」や「次の問題の解き方を説明してください」といった指示と、それに対する適切な回答を学習データとして使用します。特定の分野に限定せず、多様な指示文を学習することで、LLMはより広範囲の質問に対して適切に応答できるようになります。

さらに、この学習プロセスにより、LLMは学習データに直接含まれていない新しいタイプの指示や質問に対しても、適切に対応する能力を身に付けます。これは、LLMが指示に従う一般的な方法を学習し、その知識を新しい状況に応用できるようになるためです。

このように、ユーザからの入力（指示や質問）をLLMに与える文章のことを「**プロンプト**」と呼びます。プロンプトの設計は、LLMから望ましい応答を得るための重要な要素となります。

最近では、LLMの機能をさらに拡張するFunction Callingも導入されています。

これにより、LLMは適切な外部関数やAPIを呼び出すコマンドを生成できるようになり、より複雑なタスクや実世界のアプリケーションとの連携が可能になっています。

・事後学習

インストラクションチューニングによってLLMの応答能力が向上した後、最後の重要なステップが事後学習です。この段階では、LLMの出力を人間の価値観や倫理観に適合させ、より安全で有用なものにすることを目指します。

具体的には、LLMの各出力に対して人間が評価を行い、その結果を基に強化学習やポリシー最適化手法を用いて調整を進めます。例えば、有害なコンテンツの生成を抑制したり、より丁寧で人間らしい応答を生成したりするよう学習させます。

大規模な学習を効率的に行うため、人間の評価を模倣する報酬モデルを別途学習させ、これを用いて自動的に大量の出力を評価することもあります。

この事後学習プロセスにより、LLMは知識に加え、社会的に受け入れられる形で知識を適用する能力を獲得します。結果として、LLMはより安全で信頼性が高く、人間にとって真に有用なAIアシスタントとして機能するようになります。

これらの段階を経ることで、LLMは広範な知識、柔軟な応答能力、そして適切な判断力を兼ね備えた強力な言語モデルへと進化し、様々な実用的なアプリケーションに活用されるようになるのです。

1.1.3.3　代表的なLLM

現在、多くのLLMが開発・提供されていますが、その中でも特に注目されているものをいくつか紹介します。

● GPT（Generative Pre-trained Transformer）

OpenAIが提供するLLMです。2022年にGPT-3.5が登場し、世の中に大きな衝撃を与えました。執筆時点（2024年）では、GPT-4 oが最新モデルとなっており、テキスト生成の性能向上だけでなく、画像や音声など様々なモダリティにも対応しています。GPT-3 [Brown 2020] までは論文やモデルが公開されていましたが、それ以降のモデルはクローズドになっています。

● Gemini

Googleが提供するLLMです。テキストだけでなく、動画にも対応しているのが特徴です。Geminiの中には、モデルサイズやコンテキストウィンドウに応じてUltra、Pro、Flash、Nanoの4種類のモデルが提供されています。注目すべき点として、2Mトークンという長大なコンテキストウィンドウを持っていることがあります。

● Claude

Anthropicという、OpenAIの元メンバーが設立したアメリカのAIスタートアップ企業が提供しているLLMです。Claudeの中にはモデルサイズなどが異なるHaiku、Sonnet、Opus の3種類のモデルが存在します。執筆時点では、Claude 3.5 Sonnet が最新モデルとなっています。

これらのLLMは全て、コードや重みが公開されていないクローズドモデルです。そのため、高い性能を持つ一方で、研究者や開発者がモデルの内部を詳細に分析することは難しいという特徴があります。

1.1.3.4 オープンなLLMの発展

近年では、オープンなLLMも大きく発展しています。主要なモデル1つとしてMeta が開発している Llama [Touvron 2023] があります。Llama は、オープン LLM の中で最も有名なモデルの1つとして知られています。その影響力は非常に大きく、現在世界中で開発されている多くのモデルが、この Llama を基盤としています。

また、最新の Llama 3.1 モデル [Dubey 2024] は、その登場時点で一部 GPT-4o を上回る性能を示している上、プログラミング、数学、多言語対応、Function Calling など、幅広い機能をサポートしており、クローズドなLLMと比較して遜色の無いレベルであることがわかります。

また、軽量なLLMの開発も進んでいます。Google Gemma [Gemma Team 2024] や Microsoft Phi [Abdin 2024] などがその例です。これらのモデルは、将来的にローカルデバイス上で汎用エージェントとして動作することが期待されています。現時点では大規模なクローズドモデルの方が高性能ですが、将来的にはこれらの軽量オープンモデルが重要な役割を果たす可能性があります。

本書では主にクローズドなLLMを用いてエージェントの開発を行いますが、オープンなLLMの発展にも注目していく必要があるでしょう。これらの軽量モデルは、将来的にローカルデバイス上で汎用エージェントとして動作することが期待されています。

以上で、LLMに関する基本的な説明を終えます。LLMの基礎から最新の動向まで、幅広く解説しました。これらの知識は、次章以降でLLMを活用したエージェントやマルチエージェントシステムを開発する上で、重要な基盤となります。次節では、ここで学んだLLMの特性や機能を活かしたLLMエージェントについて詳しく見ていきます。LLMエージェントは、LLMの高度な言語理解・生成能力を利用して、より複雑なタスクや対話を実現する革新的なシステムです。さらに以降の章では、実際にLLMを用いてエージェントやマルチエージェントシステムを開発していきます。これらの章では、理論的な知識を実践に移し、具体的な実装方法や設計パターンを学びます。LLMとそれを基盤としたエージェント技術は、自然言語処理の分野に革命をもたらしており、その応用範囲は日々拡大しています。本書を通じて、LLMの可能性を最大限に活用したエージェント開発のスキルを身に付け、革新的なAIソリューションを創造する力を養っていきましょう。

1.2　LLM　エージェントとは

本節ではまず、**LLMエージェント**とは何なのかを改めて定義します。その後、LLMエージェントの中でどのような分類があるのかを説明します。最後に、本書で学ぶエージェントについて概説します。なお、AIエージェントと呼ばれる場合もあります。

1.2.1　LLM　エージェントの定義

「**エージェント**」という言葉を聞くと、サングラスをかけてスーツを着た、シークレットサービスのような人物を思い浮かべる方も多いでしょう[注1-1]。日常的な文脈では、「エージェント（agent）」は「他者のために行動する人」という意味合いで使われることが多く、例えば保険代理人や旅行代理店のように、情報を調査し、手続きや交渉を代行する職業を指します。また、現代では人間に代わって情報の検索や処理などのタスクを自律的に実行するプログラムも「エージェント」と呼ばれるようになりました[注1-2]。LLMエージェントは、こうした自律的なエージェントの一種として位置付けられます。

AI分野では、「エージェント」という概念が特に強化学習の分野で用いられてきました。強化学習におけるエージェントとは、環境に対して行動を起こし、その行動の結果に応じて「**報酬**」を得るシステムを指します。このエージェントは試行錯誤を通じて「**どの行動が最もよい結果をもたらすか**」を学習し、最適な行動を選ぶ能力を高めます。例えば、ゲームのAIエージェントは、プレイを通してルールや得点の仕組みを理解し、最高得点を目指して行動を最適化していきます。

一方、LLMエージェントはその名の通り、大規模言語モデル（LLM）[注1-3]を基盤としたエージェントです。LLMの優れた言語処理能力、指示に対する高い応答性、さらに学習を必要とせずに新たなタスクに対応できる柔軟性を活かして、多様な用途に応用されています。特に、学習なしに新しいタスクに対応できる能力は、従来のAIではタスクごとに学習が必要であった制限を大幅に緩和しています。また、LLMエージェントはインプットとアウトプットが言語で行われるため、外部環境やタスクをテキストで表現するモジュール、テキストを行動に変換するモジュールを組み合わせることで、様々なシチュエーションでの活用が期待されています。

本書では、辞書的な「自律プログラム」としての意味と、強化学習における「環境とのインタラクションを通じて目的を達成する」という意味を考慮し、次のように

注1-1　ソフトウェアエージェントというプログラム的な意味でも使われています。
注1-2　「エージェント」という語が「自律的にタスクを実行するプログラム」を指すようになったのは、1970年代からであるとOxford English Dictionaryは記述しています。
注1-3　深層学習モデル、機械学習モデルを指します。

LLM エージェントを定義します。

LLM エージェントとは、言語を用いて環境とインタラクションし、自律的に目的を達成するシステムである。

ここで「環境」には、エージェントとコミュニケーションを行う人間、エージェントがアクセス可能なアプリケーションやサービス、またはドキュメントといった、コンピュータ内外の様々なリソースが含まれます。LLM エージェントはこれらの環境要素とインタラクションを通してタスクを実行し、目的に応じた情報収集、意思決定、行動実行などを自律的に進めます。

1.2.2 LLM エージェントの最先端

現在、LLM エージェントは、起業や研究分野において非常に注目されています。2024 年には、機械学習と人工知能の分野における主要な国際会議である **ICLR**（International Conference on Learning Representations）でも、エージェントに関するワークショップ[注1-4]が開催されるなど、その関心はますます高まっています。このワークショップでは、以下のような議題が取り上げられました。

(1) メモリメカニズムと言語表現

LLM と人間の記憶の類似性を分析し、LLM における言語表現の保存と形成のメカニズムについて議論します。

(2) ツール拡張とグラウンディング（環境とのインタラクション）

LLM のツール拡張による強化について議論し、自然言語の概念を特定のコンテキストにリンクするグラウンディングの重要性についても取り上げます。

(3) 推論、計画、およびリスク

言語エージェントにおける推論と計画のプロセスを議論し、現実世界で自律的に動作する言語エージェントの潜在的な危険性についても強調します。

(4) マルチモダリティと統合

言語エージェントが視覚、音声、触覚などの複数のモダリティを統合し、環境理解と相互作用を向上させる方法を探求します。

(5) 言語エージェントの概念的枠組み

古典的および現代の AI 研究、神経科学、認知科学、言語学などの関連分野から得られる知見を元に、言語エージェントのための概念的枠組みを検討します。

これらの議題からもわかるように、LLM エージェントでは 1.2.1 項「LLM　エー

注 1-4　ICLR　https://llmagents.github.io/

ジェントの定義」で示した定義とも関係する、以下のようなテーマが重要になります。

- **自律性**
- **言語処理能力**
- **目標追求**

特に、上記の性質に関して既存のエージェントを観察し課題と限界を調べること、制御してよりよくすることが求められています。こういった研究や開発での先端的な内容については本書の第5章で詳しく説明します。

第2章

エージェント作成のための基礎知識

本書ではエージェントの作成において、

・LLMには主にOpenAI社を利用
・アプリケーション開発フレームワークにはLangChain
・GUI作成にはGradio

を用います。
　本章では、それらの基礎知識を解説します。

2.1 OpenAI API

OpenAI API は OpenAI が公開している以下のような AI モデルを利用できる API です。

- **Text Generation**：文章を生成する。
- **Text Embedding**：文章をベクトルに変換する。
- **Speech-to-Text**：音声をテキストに変換する。
- **Text-to-Speech**：テキストから音声を生成する。
- **Image Generation**：画像を生成する。

この章では、これらのモデルについて、一通り使い方を確認します。OpenAI 以外の API を利用する場合でも、考え方は共通しているため、本章を通してこれらのモデルの挙動や入出力について学んでください。

2.1.1 テキスト生成の基礎

2.1.1.1 ChatGPT

本書籍を購入した方は、**ChatGPT** というワードを聞いたことがあると思います。人によっては、ウェブアプリケーション版を利用している方もいるでしょう。ChatGPT ウェブアプリケーションは＜図 2.1.1　ChatGPT ウェブアプリケーションの UI＞に示したような UI で、ユーザからのテキストに対して AI がテキストで返答をしてくれるというサービスです。

この AI は**大規模言語モデル**（**Large Language Model；LLM**）と呼ばれるもので、大量のパラメータを持つモデルを大量のデータで学習したものです。LLM は

＜図 2.1.1　ChatGPT ウェブアプリケーションの UI＞

幅広いタスクを追加学習なしに、テキストによる指示で、高い精度で実行可能になった点が革新的でした。特に、2022年にOpenAIが発表したGPT-3.5は言語処理の世界だけでなく、ビジネスの世界にも大きな影響を与えました。本節では、このような強力なAIのAPIをPythonにより利用する際の利用方法を紹介します。

ChatGPTをAPIで利用する場合、以下の＜コード 2.1.1　openaiパッケージのインストール＞でopenaiパッケージをインストールして使います。

＜コード 2.1.1　openaiパッケージのインストール＞

```
!pip install openai
```

次に以下の＜コード 2.1.2　OpenAIのAPIキーを設定＞のスクリプトを実行してOPENAI_API_KEY環境変数にOpenAIのAPIキーを設定してください[注2-1]。

＜コード 2.1.2　OpenAIのAPIキーを設定＞

```
import getpass
import os

# OpenAI APIキーの設定
api_key = getpass.getpass("OpenAI APIキーを入力してください: ")
os.environ["OPENAI_API_KEY"] = api_key
```

準備が完了したら以下の＜コード 2.1.3　テキスト生成の基本的な流れのスクリプト＞で、AIによる返答を生成してみましょう。

＜コード 2.1.3　テキスト生成の基本的な流れのスクリプト＞

```
from openai import OpenAI

#1 クライアントの作成
client = OpenAI()

#2 応答の生成
response = client.chat.completions.create(
    temperature=0.0,
    model="gpt-4o-mini",
    messages=[{"role": "user", "content": "こんにちは"}],
)
```

注2-1　APIキーの発行方法については補足「OpenAI APIキーを取得する」を参照してください。APIキーの設定方法には補足「Google Colabのシークレット機能の利用方法」もあります。

```
#3 応答の表示
print(response.choices[0].message.content)
```

細かい言い回しの違いはありますが、「こんにちは！今日はどんなお手伝いが必要ですか？」のような文章が表示されたのではないでしょうか？ では、このスクリプトを上から順に説明します。

・**準備部分**

＜#1 クライアントの作成＞では client を作成しています。ここでは何の引数も与えていませんが、OpenAI クライアントは、環境変数に OPENAI_API_KEY という名前の変数があれば、そこから自動的に API キーを取得します。これによって、API キーがセットされた、OpenAI のサーバとやり取りができるクライアントが作成されます。

・**入力側**

＜#2 応答の生成＞の応答の生成では、モデル名とメッセージを与えて、応答を生成しています。利用できるモデルは、OpenAI の公開している Models ページ[注2-2]に記載されています。本書では gpt-4o-mini を中心に利用します。執筆時点で最新のモデルは o1 シリーズですが、こちらは性質が異なる点や料金面、ベータ版である点などから利用しておりません。補足の「OpenAI o1」に利用方法や特徴についてまとめているので参照してください。

利用料金は Pricing ページ[注2-3]に記載されています。

利用料金については、＜利用料金の例＞のように**トークン**（**tokens**）という単位で計算されます。トークンは LLM が言葉を認識する単位で、1 文字 1 トークンではありません。例えば gpt-3.5 や gpt-4 では、hello で 1 トークンになります。トーク

注 2-2　Models ページ　https://platform.openai.com/docs/models/
注 2-3　Pricing ページ　https://openai.com/api/pricing/

Model	Pricing	Pricing with Batch API*
gpt-4o	$5.00 / 1M input tokens	$2.50 / 1M input tokens
	$15.00 / 1M output tokens	$7.50 / 1M output tokens
gpt-4o-2024-08-06	$2.50 / 1M input tokens	$1.25 / 1M input tokens
	$10.00 / 1M output tokens	$5.00 / 1M output tokens
gpt-4o-2024-05-13	$5.00 / 1M input tokens	$2.50 / 1M input tokens
	$15.00 / 1M output tokens	$7.50 / 1M output tokens

利用料金の例

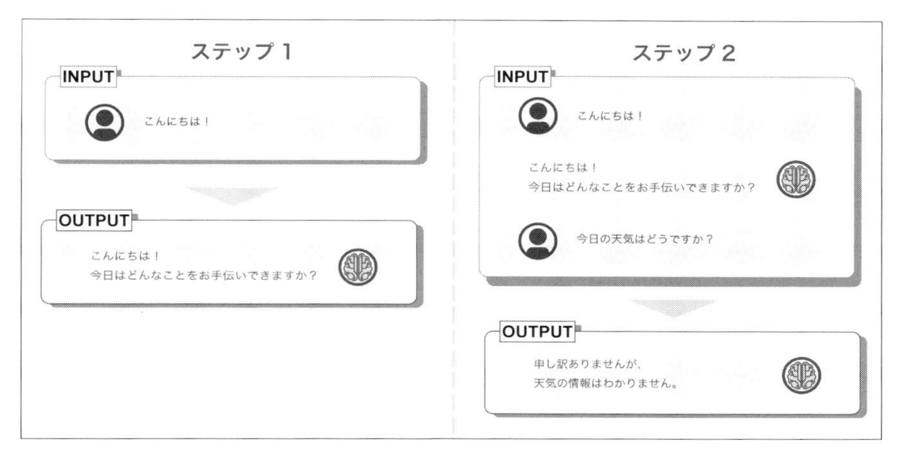

図 2.1.2 マルチターンの会話

ン数についてはOpenAIの公開する**トークナイザ**[注2-4]でカウントするか、後述のAPIレスポンスで確認してください。

また、temperatureというパラメータも与えています。このパラメータは0から1までの実数で与えます。temperatureが1に近いほど、**ランダム性**の高い出力になり、0にすると毎回同じ出力になります。

<#3 応答の表示>で与えているメッセージを確認すると、辞書型のリストになっており、辞書にはroleとcontentというキーが設定されていることがわかります。ChatGPTを用いた生成では、誰の発言であるかをroleとして与え、発言内容をcontentとして与えます。ただし、roleに与えられるのは以下の3種類になります。

- **user**　　　：ユーザによる入力であることを表します。
- **assistant**：AIが生成した文章であることを表します。
- **system**　 ：ユーザ・AIとは独立な、AIに対する指示であることを表します。

roleが必要な理由を理解するには、複数ターンの会話をAPIでどのように扱うかを理解する必要があります。

上述のchat.completionを用いて、テキストを生成する際、OpenAI側は会話履歴を保持してくれません。そのため、<図 2.1.2 マルチターンの会話>のステップ2に示すように、マルチターンの会話では、AIの発言を含めて、過去の会話を入力する必要があります。そのため、roleとして誰の発言なのかわかるようにしておく

注 2-4 https://platform.openai.com/tokenize/

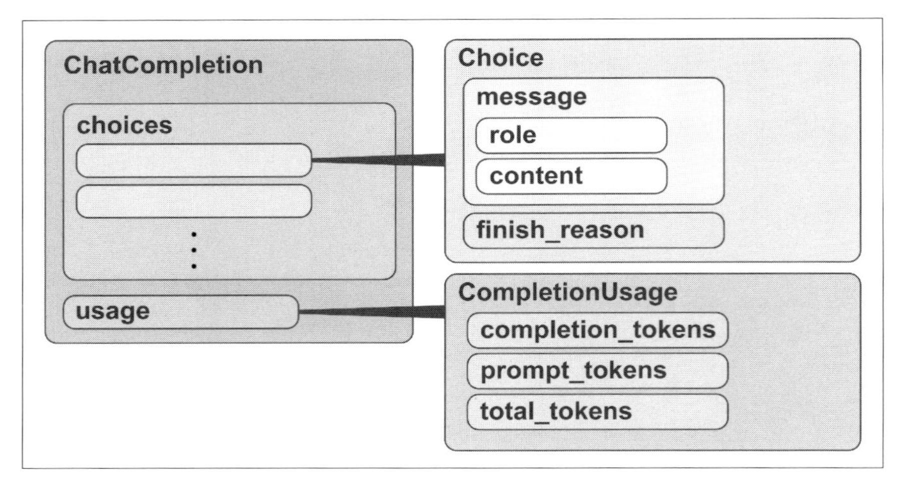

2.1.3　レスポンスの構造

必要があるのです。

・出力側

＜#3 応答の表示＞では、単に response を標準出力するのではなく、response.cohices[0].message.content のように長々と書いていることがわかります。これは、API レスポンスとして返ってくる値が、AI の生成したテキストだけではないためです。

レスポンスの構造のうち、よく使うものを抜粋して＜図 2.1.3　レスポンスの構造＞に示します。

レスポンス全体は ChatCompletion というオブジェクトになります。これには、応答の本体が入った choices と、生成に用いたトークン数が入った usage という 2 つのフィールドがあります。

usage には CompletionUsage として、出力トークン数 completion_tokens、入力トークン数 prompt_tokens と合計トークン数 total_tokens の 3 つが入っており、これらを用いて生成に掛かった料金を正確に計算できます。

choices がリストになっていますが、要素が 1 つという前提で考えても問題ありません。choices の要素は Choice オブジェクトです。これには message オブジェクトとして入力と同様の role と content が格納されています。また finish_reason には、生成を終了した理由が記載されており、通常は "stop" が入ります。

以上から＜#3 応答の表示＞は

a　choises の最初の要素の
b　message の中の
c　content に格納されたテキスト

を出力していると解釈できます。

ここまでの内容を用いて、ChatGPT ウェブアプリケーションの最低限の機能を再現してみましょう。

アプリケーションに必要なのは以下の5つです。

① ユーザの入力を受け取る
② 会話履歴に新たな入力をユーザの入力として追加する
③ ChatGPT に会話履歴を入力して、新たな応答を取得する
④ 新たな応答を表示する
⑤ 会話履歴に新たな応答を AI の出力として追加する

実装を＜コード 2.1.4　シンプルな対話 AI の作成＞に示します。終了する際はユーザ入力に exit と入力してください。

＜コード 2.1.4　シンプルな対話 AI の作成＞

```
history = []
n = 10  # 会話回数の上限
model = "gpt-4o-mini"
for _ in range(n):
    #1 ユーザの入力を受け取る
    user_input = input("ユーザ入力: ")
    if user_input == "exit": # exit と入力されたら終了
        break
    print(f"ユーザ: {user_input}")
    #2 会話履歴に新たな入力をユーザの入力として追加する
    history.append({"role": "user", "content": user_input})
    #3 ChatGPT に会話履歴を入力して、新たな応答を取得する
    response = client.chat.completions.create(\
    model=model, messages=history)
    content = response.choices[0].message.content
    #4 新たな応答を表示する
    print(f"AI: {content}")
```

```
    #5 会話履歴に新たな応答を AI の出力として追加する
    history.append({"role": "assistant", "content": content})
```

2.1.2　テキスト生成の応用

・ストリーム生成

ChatGPT ウェブアプリケーションを利用している方は、先の＜コード 2.1.4　シンプルな対話 AI の作成＞を実行してみて違和感があったかもしれません。ウェブアプリケーションでは、AI が少しずつテキストを生成しているのに対して、このスクリプトでは全て生成し終わるのを待ってから表示しています。短文であれば問題ありませんが、長文になるとユーザにとって待ち時間によるストレスが大きくなります。ウェブアプリケーションに倣って、先の＜コード 2.1.4　シンプルな対話 AI の作成＞を AI が全て書き終わるのを待たずに、できた部分から表示するように修正してみましょう。実装例を＜コード 2.1.5　生成できた部分から順に表示する＞に示します。こちらについても exit と入力して終了できます。

＜コード 2.1.5　生成できた部分から順に表示する＞

```
history = []
n = 10  # 会話の上限
model = "gpt-4o-mini"
for _ in range(n):
    user_input = input("ユーザ入力： ")
    if user_input == "exit":
        break
    print(f"ユーザ： {user_input}")
    history.append({"role": "user", "content": user_input})
    #1 stream=True でストリーミングを有効化
    stream = client.chat.completions.create(
        model=model, messages=history, stream=True
    )
    print("AI: ", end="")
    #2 応答を集める文字列
    ai_content = ""
    #3 ストリーミングの各チャンクを処理
    for chunk in stream:
        #4 message ではなく delta
        content = chunk.choices[0].delta.content
        #5 ChoiceDelta の finish_reason が stop なら生成完了
        if chunk.choices[0].finish_reason == "stop":
            break
```

```
        print(content, end="")
        ai_content += content
    print()
    history.append({"role": "assistant", \
    "content": ai_content})
```

まず、<#1 stream=True でストリーミングを有効化>で create に stream=True を与えています。これによって、create は生成できた順に応答を返すようなジェネレータを返します。<#3 ストリーミングの各チャンクを処理>ではこのジェネレータを用いて for 文を回しています。

次に、<#2 応答を集める文字列>で応答を集めるための文字列を定義しています。ストリーム生成では、チャンクと呼ばれる小さい単位ごとにアウトプットを取得するので、履歴として AI の発言を保存するために、発言全体をこの文字列に集めておきます。

<#4 message ではなく delta>でチャンクとして生成されたテキストの断片を取得しています。このとき、choices の要素は ChatCompletionChunk というオブジェクトになり、message の代わりに delta というフィールドを持ちます。

<#5 choiceDelta の finish_reason が stop なら生成完了>では、生成が完了しているかをチェックしています。生成が完了している場合、finish_reason というフィールドに "stop" という文字列が格納されます。

・**Tools**

LLM は、基本的に複雑な計算が苦手です。例えば gpt-4o-mini に 50141 と 53599 の最大公約数を求めさせてみてください。最大公約数がユークリッドの互除法というアルゴリズムで求まることは知っているものの、正しい答えにはたどりつかなかったのではないでしょうか（本書発行時点では、たどりつくようになっている可能性はあります）。

このように、LLM にも苦手な分野が存在します[注2-5]。また、ユーザの入力に応じてインターネットで検索するなど、モデル内で閉じていないタスクを行うこともできません。

以上のようなケースでは、LLM に電卓などの**外部ツール**を使わせるというのが解決策の1つになります。そして、外部ツールを利用させる際に役立つのが OpenAI API の **Function Calling** という機能です。

Function Calling では、ツールとして関数に関する以下の情報を必要とします。

注 2-5　参考：Measuring Mathematical Problem Solving With the MATH Dataset、https://arxiv.org/abs/2103.03874
最近のモデルは計算能力も上がってきています。それでも、外部ツールを利用した方が圧倒的に正しく計算できます。

・関数名
・何をする関数かを説明した文章
・入力となる変数に関する情報

このようなツール利用時の入出力イメージを＜図 2.1.4　ツール利用時の入出力イメージ＞に示します。入力しているのはあくまでツールの情報であり、出力もツール利用の結果ではなくツール利用のための情報であることに注意してください。

では、＜コード 2.1.6　最大公約数を求めるツールの利用＞で最大公約数を求める関数をツールとして登録して、テキスト生成をしてみましょう。

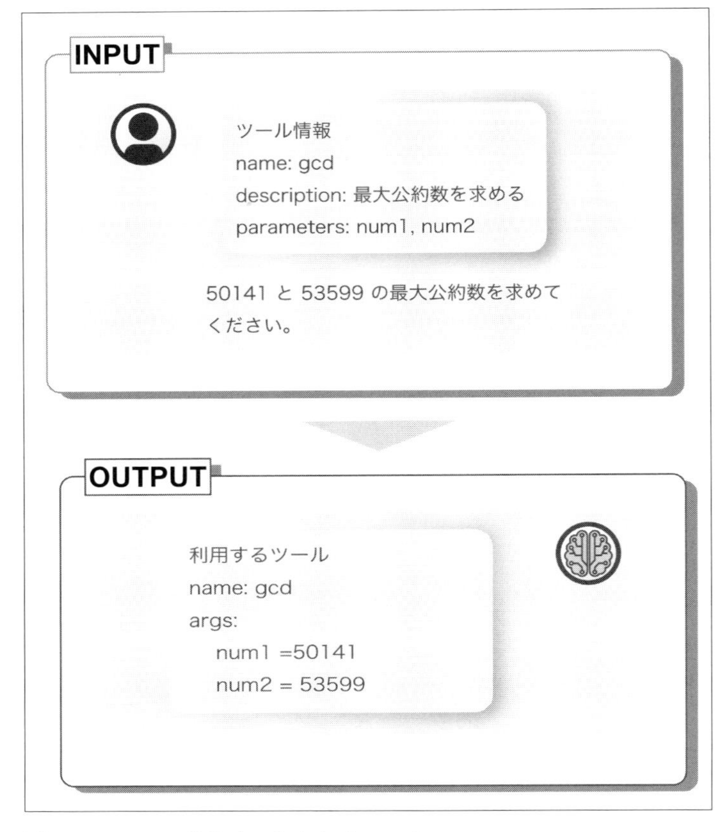

図 2.1.4　ツール利用時の入出力イメージ

＜コード 2.1.6 最大公約数を求めるツールの利用＞

```
#1 関数の情報を作成
gcd_function = {
    "name": "gcd",
    "description": "最大公約数を求める",
    "parameters": {
        "type": "object",
        "properties": {
            "num1": {"type": "number", "description": "整数\
1"},
            "num2": {"type": "number", "description": "整数\
2"},
        },
        "required": ["num1", "num2"],
    },
}
tools = [{"type": "function", "function": gcd_function}]

messages = [
    {
        "role": "user",
        "content": "50141と53599の最大公約数を求めてください。",
    }
]

#2 ツールを渡して応答を生成
response = client.chat.completions.create(
    model="gpt-4o-mini", messages=messages, tools=tools
)
print(response.choices[0].message.content)  # None
print(response.choices[0].finish_reason)  # tool_calls
print(
    response.choices[0].message.tool_calls
)  # [ChatCompletionMessageToolCall(...)]
```

＜#1 関数の情報を作成＞では gcd_function として、最大公約数を求める関数の情報を作成しています。この関数の情報は **JSON Schema**[注2-6] という形式で与えます。tools には、そのような関数を用いた辞書のリストを登録します。

＜#2 ツールを渡して応答を生成＞で生成した response では、message.content

注 2-6 JSON Schema https://json-schema.org/

はNoneになるはずです。これは、ツール呼び出しを行ったため、文章を生成していないからです。代わりに、finish_reasonに"tool_calls"が設定され、message.tool_callsというフィールドのリストにChatCompletionMessageToolCallオブジェクトが要素として登録されています。この要素のfunctionフィールドには、LLMが利用するべきと判断した関数についての情報が記載されています。

この情報は、以下の＜コード2.1.7　関数情報を抽出＞のようにすると、取得できます。

＜コード2.1.7　関数情報を抽出＞

```
import json

function_info = response.choices[0].message.tool_calls[0].\
function
name = function_info.name
args = json.loads(function_info.arguments)
```

関数の引数についての情報はJSON形式の文字列になっているため、jsonモジュールを利用して辞書として読み込んでいます。

これで必要な情報の取得は完了したので、＜コード2.1.8　最大公約数の計算＞に示すスクリプトで最大公約数の計算ができます。実行すると「1729」とアウトプットされます。これは50141と53599の最大公約数として正しい値です。

＜コード2.1.8　最大公約数の計算＞

```
import math

print(math.gcd(args["num1"], args["num2"])) #  1729
```

以上の流れをまとめると、ツールの利用は次のように実装できます。

① finish_reasonを確認し、"tool_calls"であればツールを利用する。
② message.tool_callsの各要素に対して以下を行う。
　a）ツール名と引数の取得
　b）ツール名に従って関数を実行

先の＜コード2.1.6　最大公約数を求めるツールの利用＞で、関数情報を作る際の形式が複雑で、自分で作る場合どうすればよいのかがわからないと感じた読者もいるかもしれません。このような場合、Pythonの**データバリデーション**を行うライブラリ

である **Pydantic** が役に立ちます。

Pydanticのうち、本書ではツール利用に対してはBaseModelとFieldしか用いませんので、Pydanticを知らない場合はこれらの使い方だけ覚えてください。

上述の最大公約数を求める関数をPydanticを用いて書き直したスクリプトを<コード 2.1.9 Pydanticを用いた関数の定義>に示します。

<コード 2.1.9 Pydanticを用いた関数の定義>

```
from pydantic import BaseModel, Field

#1 Pydanticによる関数情報の作成
class GCD(BaseModel):
    num1: int = Field(description="整数1")
    num2: int = Field(description="整数2")

#2 関数情報をJSON Schemaに変換
gcd_function = {
    "name": "gcd",
    "description": "最大公約数を求める",
    "parameters": GCD.model_json_schema(),
}
```

残りはこれまでと同様に実装できます。

JSON Schemaに従った辞書を自身で作成するよりも、非常にシンプルになったと思います。本書では、管理的にも優れていることから、ツールを利用する際は基本的にPydanticを用います。

Pydanticを利用する利点は、ツール作成が容易になることだけではありません。取得したレスポンスから引数を取得する際<コード 2.1.10 Pydanticを用いた引数の取得>のように定義したモデルを利用できます。これによって、LLMが正しく引数を作れているかの確認や引数へのアクセスが容易になります。アウトプットは「num1=50141 num2=53599」となります。

<コード 2.1.10 Pydanticを用いた引数の取得>

```
parsed_result = GCD.model_validate_json(
    response.choices[0].message.tool_calls[0].function.\
arguments
)
print(parsed_result)
```

ツール利用全体の流れを把握するために、＜コード 2.1.11　ツール利用全体の流れ＞にPydanticを用いて新たに最小公倍数を求める関数も追加し、ツール利用の判断と実際に関数を呼び出す部分も含めたスクリプトを示します。

＜コード 2.1.11　ツール利用全体の流れ＞

```
class LCM(BaseModel):
    num1: int = Field(description="整数1")
    num2: int = Field(description="整数2")

lcm_function = {
    "name": "lcm",
    "description": "最小公倍数を求める",
    "parameters": LCM.model_json_schema(),
}

tools = [
    {"type": "function", "function": gcd_function},
    {"type": "function", "function": lcm_function},
]

messages = [
    {
        "role": "user",
        "content": "50141と53599の最大公約数と最小公倍数を求めてく\
ださい。",
    }
]

response = client.chat.completions.create(
    model="gpt-4o", messages=messages, tools=tools
)
choice = response.choices[0]
if choice.finish_reason == "tool_calls":
    for tool in choice.message.tool_calls:
        if tool.function.name == "gcd":
            gcd_args = GCD.model_validate_json(\
tool.function.arguments)
            print(f"最大公約数：{math.gcd(gcd_args.num1,
gcd_args.num2)}")
        elif tool.function.name == "lcm":
            lcm_args = LCM.model_validate_json(\
```

```
tool.function.arguments)
            print(f"最小公倍数：{math.lcm(lcm_args.num1,
lcm_args.num2)}")
elif choice.finish_reason == "stop":
    print("AI: ", choice.message.content)
```

これを実行すると、＜コード 2.1.12　ツール利用による正しい結果の出力＞のように出力されます。

＜コード 2.1.12　ツール利用による正しい結果の出力＞

```
最大公約数：1729
最小公倍数：1554371
```

ユーザメッセージを色々変えてみて、どのような出力が得られるか確認してみてください。

・response_format

関数の引数のように、決まったフォーマットで返して欲しい場面は、ツール利用に限りません。通常のテキスト生成においても、指定したJSON Schema形式の出力を取得できると、システムとしてLLMを利用する際の安定性が高まります。

例えば、入力された文章を3つの言語に翻訳する場合、通常のテキスト生成では以下のような問題があります。

・出力テキストのどの部分が各言語に対応するかわからない
・「英語：」のような余分なテキストが付与されてしまう可能性がある

このような場合、response_format引数を利用します。この引数を用いて、3つの言語に翻訳させる例を＜コード 2.1.13　response_formatの利用例＞に示します。

＜コード 2.1.13　response_formatの利用例＞

```
class Translations(BaseModel):
    english: str = Field(description="英語の文章")
    french: str = Field(description="フランス語の文章")
    chinese: str = Field(description="中国語の文章")

prompt = f"""\
以下に示す文章を英語・フランス語・中国語に翻訳してください。
ただし、アウトプットは後述するフォーマットのJSON形式で出力してください。
```

```
# 文章
吾輩は猫である。名前はまだない。

# 出力フォーマット
以下にJSON Schema形式のフォーマットを示します。このフォーマットに従うオ
ブジェクトの形で出力してください。
{Translations.model_json_schema()}"""

response = client.chat.completions.create(
    temperature=0.0,
    model="gpt-4o-mini",
    messages=[{"role": "user", "content": prompt}],
    response_format={"type": "json_object"},
)

translations = Translations.model_validate_json(\
response.choices[0].message.content)
print("英語:", translations.english)
print("フランス語:", translations.french)
print("中国語:", translations.chinese)
```

実行結果は＜コード 2.1.14　実行結果＞のようになります。

＜コード 2.1.14　実行結果＞

```
英語: I am a cat. I don't have a name yet.
フランス語: Je suis un chat. Je n'ai pas encore de nom.
中国語: 我是一只猫。还没有名字。
```

スクリプトからもわかるように、JSONフォーマットで返すように指定する場合もPydanticを用いることができます。ただし、以下の2点に注意してください。

・ユーザメッセージ内に **JSON ******（大文字小文字は区別されない）という文字列が入っている必要がある
・指定したフォーマットに従った出力がされない場合がある[注2-7]

より正確かつ手軽にJSON Schemaに沿ったアウトプットをさせる方法として、OpenAIのいくつかのモデルにはresponse_formatに直接BaseModelを継承したク

注2-7　最近では、strict引数にTrueを設定することで確実にフォーマットに従わせることができます。参考：https://openai.com/index/introducing-structured-outputs-in-the-api/

ラスを与える方法が提供されています。上述の翻訳タスクをそのまま変更したものを＜コード 2.1.15　JSON Schema を利用する別の方法＞に示します。こちらについては、プロンプトや JSON Schema の与え方が異なるだけでアウトプットはほぼ変わりません。

＜コード 2.1.15　JSON Schema を利用する別の方法＞

```
prompt = """\
以下に示す文章を英語・フランス語・中国語に翻訳してください。
ただし、アウトプットは後述するフォーマットの JSON 形式で出力してください。

# 文章
吾輩は猫である。名前はまだない。

# 出力フォーマット
JSON Schema に従う形式で出力してください。"""

response = client.beta.chat.completions.parse(
    temperature=0.0,
    model="gpt-4o-mini",
    messages=[{"role": "user", "content": prompt}],
    response_format=Translations,
)
translations = response.choices[0].message.parsed

print("英語：", translations.english)
print("フランス語：", translations.french)
print("中国語：", translations.chinese)
```

執筆時点ではこの機能はまだベータ版ですが、プロンプトに形式の説明がいらない点、確実に従ってくれる点などからこちらを利用した方がよい場合も多いでしょう。

2.1.3　画像を入力する

OpenAI API では GPT-4 から、テキストだけでなく画像も入力できるようになりました。テキストや画像、音声といったデータの形式を**モーダル**といい、GPT-4 のように複数のモーダルを扱えるモデルを**マルチモーダルモデル**といいます。マルチモーダル化はエージェントが外界を把握するために重要な技術の1つです。ここでは、OpenAI API に画像を入力する方法を説明します。

＜図 2.1.5　sample_image1.png ＞に示すサンプル画像について、何の画像かを質問するスクリプトを＜コード 2.1.16　画像入力＞に示します。ただし、Path については適宜お使いのcolabに合わせてください（以降も同様）。

<コード 2.1.16　画像入力>

```
import base64
from pathlib import Path
from typing import Any

client = OpenAI()

def image2content(image_path: Path) -> dict[str, Any]:
    # base64 エンコード
    with image_path.open("rb") as f:
        image_base64 = base64.b64encode(\
f.read()).decode("utf-8")

    # content の作成
    content = {
        "type": "image_url",
        "image_url": {"url": f"data:image/{image_path.
stem};base64,{image_base64}", "detail": "low"},
    }
    return content

prompt = "これは何の画像ですか？"
image_path = Path("./sample_image1.png")
contents = [{"type": "text", "text": prompt}, \
image2content(image_path)]

response = client.chat.completions.create(
    model="gpt-4o",
    temperature=0.0,
    messages=[{"role": "user", "content": contents}],
)

print(response.choices[0].message.content)
```

画像を入力する場合でも、メッセージにroleとcontentを設定する点は変わりません。ただし、contentが次の<コード 2.1.17　画像の場合>のような辞書のリストになります。

＜コード 2.1.17　画像の場合＞

```
{
    "type": < 形式 >,
    < 形式 >: < 内容 >
}
```

形式には "text" または " 画像の URL" が入ります。"text" の場合は内容に通常のプロンプトテキストを挿入します。" 画像の url" は画像を渡すために利用します。画像を渡す際の内容は＜コード 2.1.18　画像を渡す＞のようになります。

＜コード 2.1.18　画像を渡す場合＞

```
{
    "url": < 画像の URL>,
    "detail": <high または low>
}
```

図 2.1.5　sample_image1.png

detail に指定する high または low というのは、モデルが認識する画像の解像度に関するパラメータです。low と設定すると、コストは安く抑えられるものの解像度が低く、high に設定すると、コストは高くなるものの解像度が高くなります。どのような変換が行われるか、料金がどのように計算されるかに関する詳細は公式ドキュメントを確認してください[注2-8]。

＜コード 2.1.19　画像入力＞では、画像のパスから OpenAI API への入力に変換する関数を image2content として作成しています。この関数の冒頭では、**画像のパス**を base64 という形式にエンコードしています。OpenAI API に手元の画像を渡す場合は、このように base64 形式の文字列として画像の URL 部分に挿入します。ただし、base64 を渡す際の URL は以下のような形になります。

＜コード 2.1.19　画像入力＞

```
data:image/< 拡張子 >;base64,<base64 文字列 >
```

スクリプトを実行し、＜コード 2.1.20　実行結果＞のような応答が得られれば正しく実装できています。

＜コード 2.1.20　実行結果＞

```
この画像は、シンプルな線で描かれた猫のイラストです。猫の顔と耳、ひげ、そし
て体の輪郭が描かれています。
```

複数の画像を入力する際は＜コード 2.1.21　複数画像の入力＞のように、単に画像コンテンツをリストに並べればよいです。

＜コード 2.1.21　複数画像の入力＞

```
image_path = Path("./sample_image1.png")
image_path2 = Path("./sample_image2.png")

prompt = "2 枚の画像の違いを教えてください。"
contents = [
    {"type": "text", "text": prompt},
    image2content(image_path),
    image2content(image_path2),
]
response = client.chat.completions.create(
    model="gpt-4o-mini",
```

注 2-8　OpenAI のコスト　https://platform.openai.com/docs/guides/vision/

```
    temperature=0.0,
    messages=[{"role": "user", "content": contents}],
)

print(response.choices[0].message.content)
```

＜図 2.1.6　sample_image2.png ＞に示すサンプル画像を sample_image2.png として、実行してみましょう。

＜コード 2.1.22　実行結果（2 枚の画像の説明）＞のように、2 枚の画像の違いを説明できていれば成功です。画像やテキストプロンプトを変更して AI がどこまで画像の内容を把握できているか試してみてください。

＜コード 2.1.22　実行結果（2 枚の画像の説明）＞

```
2 枚の画像の違いは以下の通りです：

1. ** スタイル **:
   - 最初の画像はシンプルな線画で、猫の顔と体の輪郭が描かれています。
   - 二番目の画像はカラフルで詳細なイラストで、猫が帽子をかぶり、リボン \
をつけている姿が描かれています。

2. ** 色 **:
   - 最初の画像は白黒のモノクロームです。
   - 二番目の画像は青、ピンク、白などの複数の色が使われています。

3. ** ディテール **:
    - 最初の画像は非常にシンプルで、猫の顔と体の基本的な形だけが描かれてい
ます。
    - 二番目の画像は詳細に描かれており、猫の毛並みや足の肉球、帽子、リボン
などが細かく描かれています。

4. ** 背景 **:
   - 最初の画像には背景がありません。
   - 二番目の画像には青い背景とピンクの円が描かれています。

5. ** ポーズ **:
   - 最初の画像の猫は横向きでシンプルな姿勢です。
   - 二番目の画像の猫は丸まってリラックスしたポーズをとっています。

これらの違いにより、二つの画像は異なるスタイルと雰囲気を持っています。
```

図 2.1.6　sample_image2.png

2.1.4　音声を扱う

ここ数年でAppleのSiriやAmazon Echo、Google Homeといった、**音声アシスタント**が普及しています。LLMエージェントでも、このようなアシスタント機能や、人間らしい振る舞いを実装するためには、音声による入出力が必要不可欠です。ここでは、OpenAI APIのうち、Whisper APIとText-to-Speech APIを利用した音声認識と音声合成の方法を紹介します。

まずは音声認識です。＜コード 2.1.23　サンプル音声の文字起こし＞サンプル音声を文字起こししてみましょう。ただし、clientはこれまでと同じように作成してください。

＜コード 2.1.23　サンプル音声の文字起こし＞

```
audio_path = Path("./sample_audio.mp3")

with audio_path.open("rb") as f:
    transcription = client.audio.transcriptions.create(
        model="whisper-1", file=f, temperature=0.0
    )
print(transcription.text)
```

動かしてみると「私の名前は下ヶ内です。」と表示されたのではないでしょうか。サンプル音声は、著者の一人が自分の名前を言っているものです。表紙からもわかるように、名前の表記は「下ヶ内」ではなく、「下垣内」です。

このような人名や会社名など、表記を間違える可能性が高いものを、正しく文字起こしするために、Whisper API には prompt 引数が設定されています。プロンプトを用いた文字起こしのスクリプトを＜コード 2.1.24　プロンプトを用いた文字起こし＞に示します。

＜コード 2.1.24　プロンプトを用いた文字起こし＞

```
prompt = "下垣内"

with audio_path.open("rb") as f:
    transcription = client.audio.transcriptions.create(
        model="whisper-1",
        file=f,
        prompt=prompt,
        response_format="text",
        temperature=0.0,
    )
print(transcription)
```

今度は正しく認識されたのではないでしょうか。このように、事前に音声に入っている可能性が高い固有名詞などはプロンプトとして与えると認識精度が高くなります。ただし、プロンプトは最大で 224 トークンまでしか認識されないことに注意してください。

次に、音声合成をしてみましょう（＜コード 2.1.25　音声合成＞）。

＜コード 2.1.25　音声合成＞

```
audio_output_path = Path("output.mp3")
with client.audio.speech.with_streaming_response.create(
    model="tts-1",
    voice="alloy",
    input="こんにちは。私はAIアシスタントです！",
) as response:
    response.stream_to_file(audio_output_path)
```

実行すると、同じディレクトリに output.mp3 として生成された音声が作成され、入力されたテキストを読み上げている音声が聞こえるはずです。

スクリプトを見ると、引数として voice を設定していることがわかります。これは読み上げる話者の指定で、OpenAI は複数の声質を用意しています。詳細は公式ドキュメント[注2-9]を確認してください。

2.1.5　画像を生成する

2.1.3 節「画像を入力する」では画像を解釈する方法を説明しました。ここでは画像を生成する方法を紹介します。画像生成自体はエージェントの文脈で扱う場面は少ないですが、生成 AI の一大分野ですので、興味がある読者はスクリプトも確認してみてください。

OpenAI が用意している画像生成モデルは **DALL·E** という名称です。バージョンはいくつかあり、本書の執筆時点では DALL•E3 が最新バージョンです。画像を生成するスクリプトを＜コード 2.1.26　DALL·E3 による画像生成＞に、生成された画像を＜図 2.1.7　生成された画像の例 1＞に示します。

＜コード 2.1.26：DALL·E3 による画像生成＞

```
from openai import OpenAI
import requests

client = OpenAI()

prompt = """\
メタリックな球体"""

#1 画像生成
response = client.images.generate(
  model="dall-e-3",
```

注 2-9　OpenAI の声質　https://platform.openai.com/docs/guides/text-to-speech/

```
  prompt=prompt,
  n=1,
  size="1024x1024"
)

#2 URLから画像を取得
image_url = response.data[0].url
image = requests.get(image_url).content

#3 画像を保存
with open("output1.png", "wb") as f:
    f.write(image)
```

図 2.1.7 生成された画像の例 1

メインは<#1 画像生成>の部分です。今回は1024 × 1024サイズの画像を1枚生成させるため`size="1024x1024"`、`n=1`を設定しています。一度に生成できる画像枚数の上限は10枚までです。画像サイズについては指定できるサイズがモデルによって異なるため公式ドキュメント[注2-10]の`size`の項目を確認してください。また、サイズの間の`x`は掛け算の記号ではなくエックスを用いることに注意してください。

生成された画像はデフォルトではURLで返されます。このURLは2.1.3節「画像を入力する」で扱ったbase64ではなく、アクセスすると画像が表示されるような通常のURLです。<#2 URLから画像を取得する>で`request`モジュールを利用して、この画像を手元にダウンロードし、<#3 画像を保存>で取得した画像を保存しています。

URLによる画像の取得をすると、画像の生成時とダウンロード時で2回、外部との通信が必要になります。これを避けるには、<コード2.1.27 base64で画像を取得する>に示すように`response_format="b64_json"`を指定すればよいです。これにより、`base64`モジュールでデコードするだけで画像を取得して保存できます(<図2.1.8 生成された画像の例2>)。

<コード2.1.27 base64で画像を取得する>

```
response = client.images.generate(
    model="dall-e-3",
    prompt=prompt,
    n=1,
    size="1024x1024",
    response_format="b64_json"
)

image = response.data[0].b64_json

with open("output2.png", "wb") as f:
    f.write(base64.b64decode(image))
```

DALL•E3による画像生成では、生成された画像以外に`revized_prompt`という情報が`data`に格納されています。これを表示するスクリプトと出力を<コード2.1.28 revised_promptの表示>に示します。

注2-10 画像サイズ https://platform.openai.com/docs/api-reference/images/create/

図 2.1.8　生成された画像の例 2

＜コード 2.1.28　revised_prompt の表示＞

```
print(response.data[0].revised_prompt)
```

＜コード 2.1.29　実行結果＞

```
An image of a metallic sphere shining brilliantly. It has a
perfectly smooth surface reflecting the surroundings beautiful-
ly in its glossy texture. Its color is a blend of silvery
greys and muted blues where the light hits it providing a
stunning visual contrast. It's mid-sized and sits squarely in
the center of the viewing frame. It appears to float weight-
```

```
lessly in space, creating an otherworldly and futuristic aes-
thetic.
```

これはユーザの与えたプロンプトにディテールを加えて修正したものです。画像生成時では、詳細なプロンプトを与えた方が高い品質になるため、APIではこのように自動的に修正したプロンプトをもとに生成しています。しかし、実際は余計なプロンプトを書かず、指示した内容から正確に画像を作って欲しい場合もあります。このような場合はプロンプト中にプロンプトを修正・追記しないで欲しいと記載してください[注2-11]。

本書では扱いませんが、画像生成APIには上述のgenerateの他に以下の2つが用意されています。

- **edit**　：修正して欲しい部分のマスクを与えて一部を修正する、もしくは画像の外側を拡張した画像を生成する。
- **variation**：渡した画像をもとに、複数バリエーションの画像を生成する。

注2-11　執筆時点ではreviseをオフにする方法はありません。

2.2 LangChain 入門

LangChain は、LLM を利用してアプリ開発を行うためのツールで、LLM の応用に欠かせない機能が複数用意されています。この節では、LangChain の概要を説明した後、いくつかのアプリ開発を通して、基本的な機能の使い方を解説します。

2.2.1 LangChain とは

2022 年に OpenAI が ChatGPT を発表してから **Gemini**、**Claude**、**Llama** などさまざまな LLM が発表されてきました。LangChain を用いる利点としては、メモリやテンプレート化、ベクトル検索など様々な機能が使える点に加えて、これらの機能を多くの LLM で統一的に扱える点も挙げられます。また、独立した機能の利用だけでなく、複数の機能や複数回の LLM 呼び出しの組み合わせたシステム構築を簡単にできることも LangChain を用いる利点です。

LangChain は、多くの機能や LLM をサポートするために、核となる機能と外部パッケージとのインテーグレーション部分をパッケージレベルで分けています。主なパッケージは以下の通りです。

・langchain-core

核となるパッケージで、抽象基底クラスや複数コンポーネントを組み合わせる枠組み自体の定義がされている。

・langchain

具体的な LLM やデータベース用のライブラリなどに依存しないレベルでの LangChain の主要な機能が実装されている。

・langchain-community

幅広いサードパーティパッケージに関するサポート機能が実装されている。

・partners

langchain-community の一部で、主要なサードパーティパッケージを利用する場合の機能が実装されている。この中でさらに OpenAI のモデルを利用する langchain-openai、Anthropic のモデルを利用する langchain-anthropic のようにパッケージが分かれている。

LangChain は以上のようなパッケージを含むフレームワーク自体のことを指します。また、LangChain とは別にマルチエージェントの実装をサポートする **LangGraph** や LangChain を用いて実装した機能の REST API 化をサポートする **LangServe**、これらを用いたアプリケーションに関するモニタリングを行う **LangSmith** といった様々なフレームワークが提供されています。これらのうち本書では、第3章でLangChainを用いたシングルエージェントの開発、第4章でLangGraphを用いた**マルチエージェント**の開発を扱います。以降ではその準備としてLangChainの基礎を学びます。

2.2.2　チャットアプリケーション

ここでは、チャットアプリケーションの実装を通して以下の2つを学びます。

・チャットモデルの利用方法
・メッセージの取り扱い

スクリプトの説明に入る前に、必要なパッケージをインストールしましょう。本節では`langchain`本体と、OpenAI関連の機能を実装している`langchain-openai`を利用します（＜コード2.2.1　langchain本体とlangchain-openaiのインストール＞）[注2-12]。

＜コード2.2.1　langchain本体とlangchain-openaiのインストール＞

```
!pip install langchain langchain-openai
```

スクリプトを＜コード2.2.2　LangChainを用いたチャットアプリケーション＞に示します。このアプリケーションは2.1.1項「テキスト生成の基礎」で作成した対話AIのLangChainバージョンになっています。これまでと同様に`exit`と入力することで終了できます。

＜コード2.2.2　LangChainを用いたチャットアプリケーション＞

```
from langchain_openai.chat_models import ChatOpenAI
from langchain_core.messages import HumanMessage

#1 ChatModelの定義
llm = ChatOpenAI(model="gpt-4o-mini")

history = []
n = 10
for i in range(10):
    user_input = input("ユーザ入力：")
    if user_input == "exit":
        break
    #2 HumanMessageの作成と表示
```

注2-12　ノートブックでpip installする際は先頭に！（エクスクラメーションマーク）を付けます。

```
human_message = HumanMessage(user_input)
human_message.pretty_print()
#3 会話履歴の追加
history.append(HumanMessage(user_input))
#4 応答の作成と表示
ai_message = llm.invoke(history)
ai_message.pretty_print()
#5 会話履歴の追加
history.append(ai_message)
```

2.2.1項「LangChainとは」で説明した通りOpenAIのモデルを使う場合、langchain_openaiからインポートする必要があります。今回はChatModel[注2-13]として、ChatOpenAIをインポートしています。モデルの定義ではOpenAI APIでのclientと同様に、モデル名を与えます（<#1 ChatModelの定義>）。

<#2 HumanMessageの作成と表示>ではユーザの入力をHumanMessageに変換しています。LangChainではChatMessageとして、以下のようなクラスが用意されています。

・**HumanMessage**
ユーザのメッセージです。OpenAI APIのuserロールに対応します。

・**AIMessage**
AIのメッセージです。assistantロールに対応します。

・**SystemMessage**
システムメッセージです。systemロールに対応します。

これらの役割は2.1節「OpenAI API」で説明したuser、assistant、systemと同様です。これらのクラスにはpretty_printというメソッドが用意されており、呼び出すことでどのタイプのメッセージなのかをメッセージの内容に付け加えたテキストが標準出力に表示されます。

このようなChatMessageを<#3 会話履歴の追加>で履歴リストに加えて、<#4 応答の作成と表示>でChatModelに渡しています。応答の生成にinvokeというメソッドを呼んでいることに注目してください。LangChainではコンポーネントに対して入力を与えて処理結果を出す際は、基本的にinvokeメソッドを利用します。これはChatModelだけでなく、後述のPromptTemplateやOutputParserについ

注2-13 LangChain上の基底クラスはBaseXXのような名称で定義され、チャット用のモデルを扱う基底クラスはBaseChatModelです。本書ではこのような基底クラスを継承したクラス全般について説明する際は、Baseを除いた形で言及します。

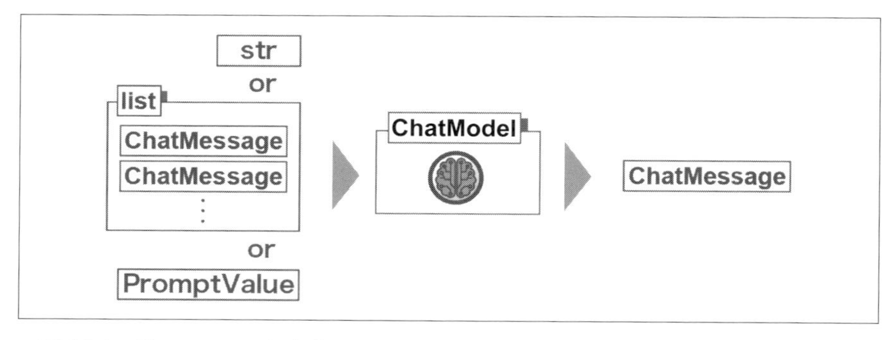

＜図 2.2.1　ChatModel の入出力＞

ても同様です。ChatModel の場合は＜図 2.2.1　ChatModel の入出力＞に示すように入力に文字列、ChatMessage のリストまたは PromptValue注2-14 を受け取り、ChatMessage を返します。＜#4 応答の作成と表示＞の場合だと特に AIMessage がアウトプットされるため＜#5 会話履歴の追加＞でそのまま履歴に追加しています。

2.2.3　翻訳アプリケーション

ここでは、翻訳アプリケーションの実装を通して以下の２点を学びます。

・プロンプトのテンプレート化
・LangChain Expression Language（LCEL）の基礎

スクリプトを＜コード 2.2.3　翻訳アプリケーションの実装＞に示します。このアプリケーションは、言語とテキストを与えることで、テキストを指定された言語に翻訳するものです。

＜コード 2.2.3　翻訳アプリケーションの実装＞

```
from langchain_openai.chat_models import ChatOpenAI
from langchain_core.prompts import PromptTemplate

llm = ChatOpenAI(model="gpt-4o-mini")

#1 テンプレートの作成
TRANSLATION_PROMPT = """\
以下の文章を {language} に翻訳し、翻訳結果のみを返してください。
{source_text}"""
```

注 2-14　PromptValue：後述の PromptTemplate の出力するオブジェクトです。

```
prompt = PromptTemplate.from_template(TRANSLATION_PROMPT)

#2 Runnable の作成
runnable = prompt | llm

language = "日本語"
source_text = """\
cogito, ergo sum"""

#3 Runnable の実行と結果の表示
response = runnable.invoke(dict(language=language, source_text\
=source_text))
response.pretty_print()
```

LLM に与える文章は、ほとんどの部分は定型文で一部分だけを変更したものを使うケースが多いものです。PromptTemplate はこのような状況に対応するためのクラスです。このクラスの from_template メソッドに Python の f-string 形式で定義された文字列[注2-15]を与えることで f-string 内の波かっこ {} で囲われた部分が可変なテンプレートが作成されます。

PromptTemplate の invoke では<図 2.2.2　PromptTemplate の入出力>のように可変部分に関する情報を付与した辞書を与えることで PromptValue が得られます。今回の場合は、文字列から作成したテンプレートのため、アウトプットは StringPromptValue になります。

<#2 Runnable の作成>では上述のような PromptTemplate と ChatModel を | 記号で繋いでいます。LangChain では、<図 2.2.3　Runnable のイメージ>のように invoke に対する入出力がマッチするような要素を | 記号で並べることで、構成要素をまとめることができます。このまとめたものを Runnable オブジェクトといいます。作成した Runnable の invoke に最初の構成要素の入力を与えると、最後の構成要

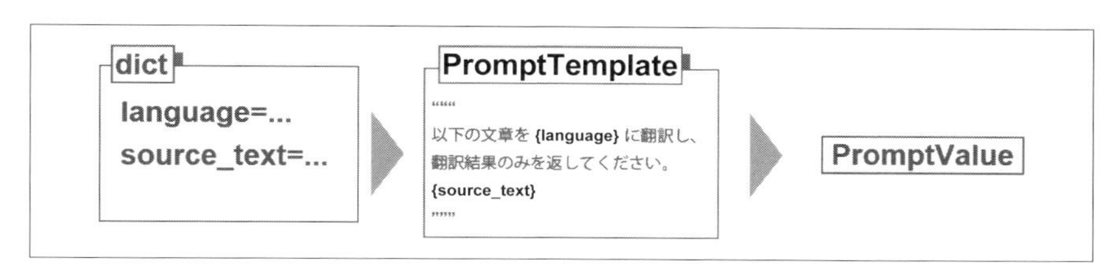

<図 2.2.2　PromptTemplate の入出力>

注 2-15　f-string 形式とは違い、先頭に f は付けません。

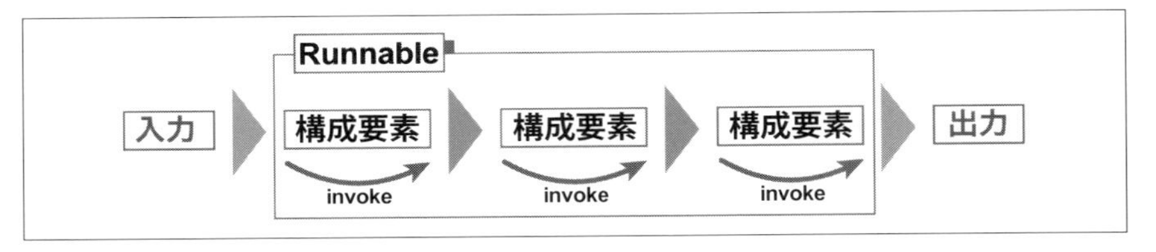

＜図 2.2.3　Runnable のイメージ＞

素の出力を得ることができます。

今回の場合は PromptTemplate の出力である PromptValue が ChatModel の入力とマッチしており、＜#3 Runnable の実行と結果の表示＞で辞書を与えることで AIMessage がアウトプットされます。

2.2.4　テーブル作成アプリケーション

ここではテーブル作成アプリケーションの実装を通して、以下の２点を学びます。

・ツール利用
・LCEL の応用

スクリプトを＜コード 2.2.4　テーブル作成用のツール＞と＜コード 2.2.5　ツールを利用した Runnable の作成＞に示します。このアプリケーションは、文章で指示されたデータを LLM がアウトプットし、結果を CSV 形式で保存するものです。これまでのアプリケーションに比べてスクリプトが長くなるため、ツールの定義部分と作成したツールを利用する部分で分割して実装します。まず、ツールの定義を見てみましょう。

＜コード 2.2.4　テーブル作成用のツール＞

```
from langchain_core.tools import tool
from pydantic import BaseModel, Field
from langchain_openai.chat_models import ChatOpenAI
import csv

#1 入力形式の定義
class CSVSaveToolInput(BaseModel):
    filename: str = Field(description=" ファイル名 ")
    csv_text: str = Field(description="CSV のテキスト ")

#2 ツール本体の定義
```

```
@tool("csv-save-tool", args_schema=CSVSaveToolInput)
def csv_save(filename: str, csv_text: str) -> bool:
    """CSV テキストをファイルに保存する """
    # parse CSV text
    try:
        rows = list(csv.reader(csv_text.splitlines()))
    except Exception as e:
        return False

    # save to file
    with open(filename, "w") as f:
        writer = csv.writer(f)
        writer.writerows(rows)

    return True
```

ツールの作成には、<#1 入力形式の定義>と<#2 ツール本体の定義>の2つを用います。ただし、ツールの実態は与えず、入力形式にあったアウトプットを得るためだけにLLMにツール利用をさせる場合もあります。

ツール本体には、@tool というデコレータがついています。このデコレータの第1引数は（LLMにとっての）ツールの名称で、第2引数は受け取る入力の形式です。このように定義することで csv_save 関数が、辞書または ToolCall オブジェクトを受け取る csv_save.invoke が付与された Tool になります。

<コード 2.2.5 ツールを利用した Runnable の作成>では作成したツールを利用する Runnable を作成しています。結果はスクリプトを実行している場所に保存されます。colab を利用している場合は、colab 上に保存されます。

<コード 2.2.5 ツールを利用した Runnable の作成>

```
#3 ツールを LLM に紐付ける
llm = ChatOpenAI(model="gpt-4o-mini")
tools = [csv_save]
llm_with_tool = llm.bind_tools(\
tools=tools, tool_choice="csv-save-tool")

TABLE_PROMPT = """\
{user_input}
結果は CSV ファイルに保存してください。ただし、ファイル名は上記の内容から適
切に決定してください。"""
prompt = PromptTemplate.from_template(TABLE_PROMPT)
```

```
#4 Runnableの作成
def get_tool_args(x):
    return x.tool_calls[0]  #AIMessageからToolCallオブジェクトを
取り出す。


runnable = prompt | llm_with_tool | get_tool_args | csv_save

user_input = "フィボナッチ数列の番号と値を10番目まで表にまとめて、CSV\
ファイルに保存してください。"

#5  Runnableの実行と結果の確認
response = runnable.invoke(dict(user_input=user_input))
print(response)
```

このスクリプトで作成しているRunnableのイメージを＜図2.2.4　テーブル作成アプリケーションのRunnable＞に示します。

利用できるツールを登録するために、ChatModelには`bind_tools`メソッドが用意されています。今回指定している`tool_choice`引数は必須ではありませんが、ChatOpenAIの場合は設定することで強制的に指定したツールを利用させることができます。

＜`#4 Runnable`の作成＞では、Runnableを作成しています。ここで、`get_tool_args`という関数が途中に入っていることに注意してください。この関数の直前はChatModelで直後はToolです。ChatModelのアウトプットは`AIMessage`だったため、Toolに入力するためには`ToolCall`オブジェクトを取り出す必要があり、この関数はその役割を果たします。また、注意深い読者は`invoke`が用意されたオブジェクトではないことが気になったかもしれません。実はRunnableの作成時に通常の関

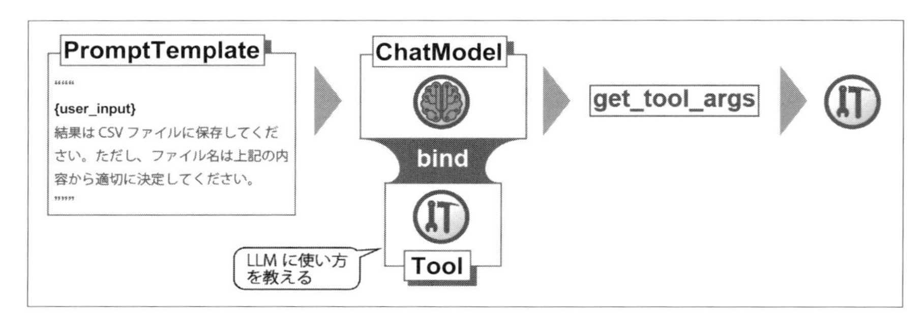

＜図2.2.4　テーブル作成アプリケーションのRunnable＞

数が挟まっていると、LangChain側で自動的にRunnableLambdaというオブジェクトに変換してくれます。これによりinvokeメソッドが付与されるため問題なくRunnableに組み込むことができます。

スクリプトを実行すると例えばfibonacci.csvとして＜表2.2.1　CSVの内容例＞のような内容が記載されたCSVが保存されます。ただしファイル名や内容はLLMが考えているため、変わる場合もあります。

＜表2.2.1　CSVの内容例＞

番号	値
1	1
2	1
3	2
4	3
5	5
6	8
7	13
8	21
9	34
10	55
8	21
9	34
10	55

2.2.5 Plan-and-Solveチャットボット

ここでは**Plan-and-Solve**と呼ばれるプロンプト技術を用いたチャットボットの実装を通して、以下の2点を学びます。

・特殊なプロンプトテンプレート
・分岐やループを含む複雑な処理フローの実装

実装に入る前に、Plan-and-Solveとはどのような技術なのかを簡単に説明します。Plan-and-Solveプロンプトでは、与えられたタスクを解く前に問題解決のための計画を先に立てます。その後に、計画に沿って課題解決をすることで無計画に解くよりも高い性能が得られます。本来のPlan-and-Solveでは、計画を立てることと立てた計画に従うことを1つのプロンプト内で指示します。本書ではこれをもう少し複雑にして、以下の流れで問題解決を行うチャットボットを作成します。

① 問題が簡単な場合は計画を立てずに解く
② 問題が複雑な場合は、まず計画立案のみを行う
③ LLMが提案した計画を分解し、前から順に1つずつ実行する

全体構成は＜図2.2.5　全体構成＞のようになります。色が付いている部分は、実際に作成する変数やクラスと対応しています。図中のPlan、ActionItem、ActionResultsから始め、action_runnable、action_loop、routeの順に説明し、最後に全体を統合したRunnableの作成とチャットボットの作成を行います。

まずは、タスクや計画、実行結果を記述するJSON Schemaを定義するためにPydanticモデルを作成しましょう（＜コード 2.2.6　Plan-and-Solveに利用するモデル＞）。

＜コード 2.2.6　Plan-and-Solveに利用するモデル＞

```
class ActionItem(BaseModel):
    action_name: str = Field(description="アクション名")
    action_description: str = Field(description="アクションの詳
細")

class Plan(BaseModel):
    """アクションプランを格納する"""
    problem: str = Field(description="問題の説明")
    actions: list[ActionItem] = Field(description="実行すべきアク
ションリスト")

class ActionResult(BaseModel):
    """実行時の考えと結果を格納する"""

    thoughts: str = Field(description="検討内容")
    result: str = Field(description="結果")
```

ActionItemは個別のタスクです。これにはアクション名とアクションの詳細を含みます。タスクを実行する際はこれが入力になります。PlanはActionItemをまとめたもので、計画の全体を記述します。最後にActionResultが個別のタスクを実行した際のアウトプットになります。ActionResultはタスクの実行結果であ

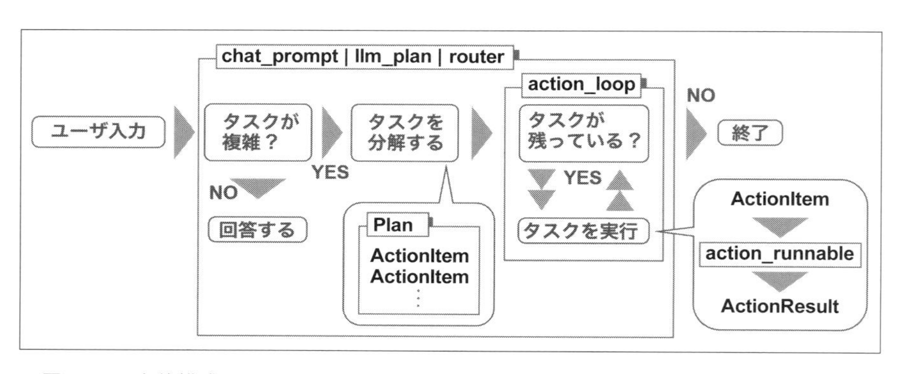

＜図 2.2.5　全体構成＞

る result だけでなく、タスク実行のために検討した内容の thoughts も持っています。これは、LLM にタスクを実行させた際に思考の過程を書かせることで、応答の性能を上げることができるためです[注2-16]。

次に、<コード 2.2.7 個別タスクの実行 Runnbale を作成>で個別のタスクを実行する、action_runnable を作成します。この Runnable には以下の 4 つをインプットします。

- problem　　　　：現在解いている問題設定。
- action_items　：計画の全体像。
- action_results：これまでの実行結果。
- next_action　 ：これから実行するアクション。

これによって、LLM に渡すプロンプトが作成されます。このプロンプトに対して、ActionResult をツールとして bind された LLM である llm_action が実行結果を返し、action_parser がそれを ActionResults の形式にパースします。

<コード 2.2.7 個別タスクの実行 Runnbale を作成>

```
from langchain_openai import ChatOpenAI
from langchain_openai.output_parsers.tools import \
PydanticToolsParser

ACTION_PROMPT = """\
問題をアクションプランに分解して解いています。
これまでのアクションの結果と、次に行うべきアクションを示すので、実際にアク
ションを実行してその結果を報告してください。
# 問題
{problem}
# アクションプラン
{action_items}
# これまでのアクションの結果
{action_results}
# 次のアクション
{next_action}"""

llm = ChatOpenAI(model="gpt-4o-mini")
```

注 2-16　参考：Chain-of-Thought Prompting Elicits Reasoning in Large Language Models
一般的には「ステップバイステップで答えて」のようなプロンプトを入れることを Chain-of-Thought（CoT）プロンプティングと言います。今回は簡易的に検討内容を記載させるだけにしています。

```
llm_action = llm.bind_tools([ActionResult], tool_choice=\
"ActionResult")
action_parser = PydanticToolsParser(tools=[ActionResult], \
first_tool_only=True)

action_prompt = PromptTemplate.from_template(ACTION_PROMPT)
action_runnable = action_prompt | llm_action | action_parser
```

このRunnableを繰り返し利用しながら`Plan`の中身を実行する`action_loop`関数を＜コード 2.2.8　action_loop 関数＞に示します。

＜コード 2.2.8　action_loop 関数＞

```
from langchain_core.messages import AIMessage

def action_loop(action_plan: Plan) -> AIMessage:
    problem = action_plan.problem
    actions = action_plan.actions

    #1 計画の全体像を箇条書きにする
    action_items = "\n".join(["* " + action.action_name for \
action in actions])
    action_results_str = ""
    #2 ActionItemを取り出すループ
    for i, action in enumerate(actions):
        print("="*20)
        print(f"[{i+1}/{len(actions)}]以下のアクションを実行します。")
        print(action.action_name)
        #3 次のアクションの説明を作成
        next_action = f"* {action.action_name}  \n{action.
action_description}"
        response = action_runnable.invoke(dict(problem=\
problem, action_items=action_items, action_results=\
action_results_str, next_action=next_action))
        #4 実行結果を追記する
        action_results_str += f"* {action.action_name}  \n\
{response.result}\n"

        print("-" *10 + "検討内容" + "-"*10)
        print(response.thoughts)
        print("-" *10 + "結果" + "-" * 10)
        print(response.result)
```

```
    #5 実行結果の全体を AIMessage として返す
    return AIMessage(action_results_str)
```

この関数では action_runnable の入力となる計画の全体像を<#1 計画の全体像を箇条書きにする>で作成します。<#2 ActionItem を取り出すループ>は ActionItem がなくなるまで繰り返すループです。<#3 次のアクションの説明を作成>では新たなタスクについて、タスク名と詳細のテキストを作成しています。実行結果は<#4 実行結果を追記する>で action_results_str に蓄積され、次の実行時に用いられます。最後に、<#5 実行結果の全体を AIMessage として返す>で実行結果の全体を AIMessage として返します。

次に<コード 2.2.9　タスクの複雑さによる分岐>に、タスクの複雑さによる分岐用の関数を作成します。

<コード 2.2.9　タスクの複雑さによる分岐>

```
from langchain_core.runnables.base import Runnable

plan_parser = PydanticToolsParser(
tools=[Plan], first_tool_only=True)

def route(ai_message: AIMessage) -> Runnable | AIMessage:
    if ai_message.response_metadata["finish_reason"] == \
"tool_calls":
        return plan_parser | action_loop
    else:
        return ai_message
```

route 関数は AIMessage を入力としています。まだ作成していませんが、route の直前の LLM には Plan をツールとして bind しており、タスクが複雑であれば Plan ツールを利用するように指示します。そのため、route ではツールが呼ばれていない場合は受け取った AIMessage をそのまま返しています。一方、ツールが呼ばれた場合は Plan の形にパースした後、action_loop 関数に流すような Runnable を返しています[注2-17]。

次に、Plan-and-Solve 全体の Runnable である planning_runnable を作成しま

注 2-17　Runnable の実行結果ではなく、Runnable 自体を返していることに注意してください。LangChain ではこのような Runnable を返す関数を別の Runnable にそのまま組み込むことができます。

しょう（<コード 2.2.10　Plan-and-Solve Runnable の作成>）。このRunnableは、チャットループから繰り返し呼び出されて、過去の対話履歴も活用しながら計画を作成します。そのため、タスクの複雑度に応じてPlanツールを利用するプロンプトはSystemMessageとして与えた上で、その後の対話もLLMに入力する必要があります。そのためにはSystemMessageを別途管理しておき、対話履歴の最初に入れた上でLLMに与えることもできますが、ここではSystemMessageをRunnableに組み込む形で実装してみましょう。これを実現するためには、ChatPromptTemplateとMessagePlaceholderを活用します。ChatPromptTemplateはPromptTemplateのChatMessageに特化したバージョンで、MessagesPlaceholderを渡しておくことで、会話履歴を引数として受け取れるようなテンプレートを作成します。MessagesPlaceholderに渡しているvariable_nameは、この会話履歴をRunnableに与える際の引数名になります。

<コード 2.2.10　Plan-and-Solve Runnable の作成>

```
from langchain_core.prompts import ChatPromptTemplate, \
MessagesPlaceholder
from langchain_core.messages import SystemMessage

PLAN_AND_SOLVE_PROMPT = """\
ユーザの質問が複雑な場合は、アクションプランを作成し、その後に1つずつ実行
するPlan-and-Solve形式をとります。
これが必要と判断した場合は、Planツールによってアクションプランを保存して
ください。"""
system_prompt = SystemMessage(PLAN_AND_SOLVE_PROMPT)
chat_prompt = ChatPromptTemplate.from_messages([system_prompt, \
MessagesPlaceholder(variable_name="history")])

llm_plan = llm.bind_tools(tools=[Plan])
planning_runnable = chat_prompt | llm_plan | route
```

最後に、チャットボットの実装を<コード 2.2.11　Plan-and-Solve を利用したチャットボット>に示します。この実装は2.2.2項「チャットアプリケーション」で作成したものとほぼ同じですが、<#3 応答の作成と表示>の応答の作成でplanning_runnableを呼び出している点が異なります。

＜コード 2.2.11 Plan-and-Solve を利用したチャットボット＞

```
# チャット部分の作成
history = []
n = 10
for i in range(10):
    user_input = input("ユーザ入力：")
    if user_input == "exit":
        break
    #1  HumanMessage の作成と表示
    human_message = HumanMessage(user_input)
    human_message.pretty_print()
    #2  会話履歴の追加
    history.append(HumanMessage(user_input))
    #3  応答の作成と表示
    ai_message = planning_runnable.invoke(dict(history=\
history))
    ai_message.pretty_print()
    #4  会話履歴の追加
    history.append(ai_message)
```

少し複雑なタスクを与えてみた結果を＜2.2.12 実行結果（少し複雑なタスク)＞に示します。この結果から、タスクを分解して正しい答えが導けていることがみて取れます。これ以外にも様々な内容をインプットしてみて、どのような応答が得られるか試してみてください。

＜ 2.2.12 実行結果（少し複雑なタスク）＞

```
================================ Human Message ===============
==================

ある製造工場では、1時間に200個の部品が生産されます。工場は1日8時間稼働し、1週間に5日間営業しています。生産された部品のうち5%は品質不良で廃棄されます。この工場では1ヶ月（4週間）に品質不良で廃棄される部品の総数を求めなさい。
====================
[1/4] 以下のアクションを実行します。
部品の1日の生産量を求める
---------- 検討内容 ----------
部品の1日の生産量を求めた結果、1日の生産量は1600個である。
---------- 結果 ----------
```

```
部品の 1 日の生産量は 1600 個である。
====================
[2/4] 以下のアクションを実行します。
部品の 1 週間の生産量を求める
---------- 検討内容 ----------
1 週間の生産量を求めた。1 日の生産量 1600 個に 5 営業日を掛けて計算した結果、
8000 個となった。この結果を記録する。
---------- 結果 ----------
部品の 1 週間の生産量は 8000 個である。
====================
[3/4] 以下のアクションを実行します。
部品の 1 ヶ月の生産量を求める
---------- 検討内容 ----------
部品の 1 ヶ月の生産量は 8000 個 × 4 週間 = 32000 個と計算した。
---------- 結果 ----------
部品の 1 ヶ月の生産量は 32000 個である。
====================
[4/4] 以下のアクションを実行します。
品質不良で廃棄される部品の数を求める
---------- 検討内容 ----------
品質不良で廃棄される部品の数を求めるために、1 ヶ月の生産量 32000 個に 5% を
掛け算して 1600 個を算出する。
---------- 結果 ----------
品質不良で廃棄される部品の数は 1600 個である。
================================== Ai Message ================
==================

* 部品の 1 日の生産量を求める
部品の 1 日の生産量は 1600 個である。
* 部品の 1 週間の生産量を求める
部品の 1 週間の生産量は 8000 個である。
* 部品の 1 ヶ月の生産量を求める
部品の 1 ヶ月の生産量は 32000 個である。
* 品質不良で廃棄される部品の数を求める
品質不良で廃棄される部品の数は 1600 個である。
```

2.3　Gradio を用いた GUI 作成

2.3.1　Gradio とは

Gradio は、機械学習モデルや AI アプリケーションのインターフェースを簡単に作成できる Python ライブラリです。特に、モデルのプロトタイプを作成してすぐにユーザに試してもらいたいときに強力なツールとなります。シンプルな API を提供しており、わずか数行のスクリプトでインタラクティブなウェブアプリケーションを作成できます。Gradioの利点は、専門的なウェブ開発の知識がなくても、高品質なユーザインターフェース（UI）を構築できる点にあります。また、Gradio で作成したインターフェースは、そのままウェブに公開できるため、広範囲のユーザにアクセスしてもらうことが可能です。

Gradio の特徴には以下のようなものがあります。

・シンプルなインターフェース設計

インタラクティブなインターフェースを数行のスクリプトで作成できる。

・豊富なコンポーネント

入力フォームやスライダー、ファイルアップロード、イメージなど、様々なインタラクションをサポート。

・リアルタイム操作

ユーザの入力に応じてリアルタイムで結果を表示することができる。

・簡単な公開機能

生成したアプリケーションを簡単に公開可能。

本節では、Gradio に関する基礎からはじめ、2.2 節「LangChain 入門」で作成したアプリケーションの UI 開発を通して発展的な利用方法まで学習します。

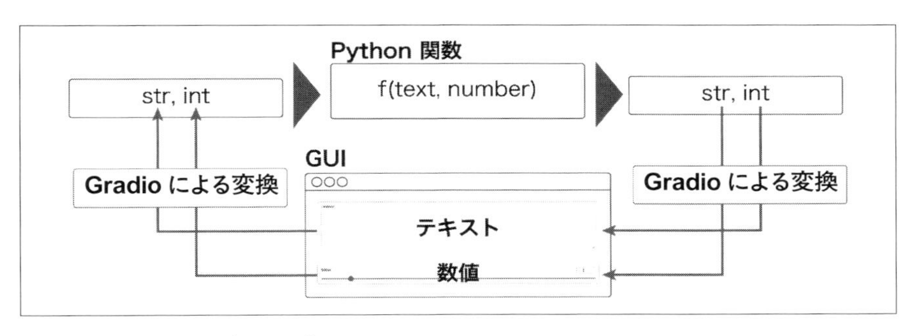

＜図 2.3.1　Gradio の処理の流れ＞

2.3.2 Gradioの基礎

2.3.2.1 簡単なインターフェースの実装

まずは以下のコマンドでGradioをインストールしましょう（＜コード2.3.1　Gradioのインストール＞）。

＜コード2.3.1　Gradioのインストール＞

```
!pip install gradio
```

Gradioのインポート時は＜コード2.3.2　gradioのimport時に別名grにする＞のようにgrという別名を付ける場合が多いものです。本書でもこの別名で利用します。

＜コード2.3.2　gradioのimport時に別名grにする＞

```
import gradio as gr
```

＜図2.3.1　Gradioの処理の流れ＞にGradioの処理の流れを示します。Gradioの基本はUIコンポーネントを作成し、それらの間の入出力関係を関数によって記述することです。UIコンポーネントの作成とUIの値をPython関数に渡す部分、関数のアウトプットに基づいてUIを更新する部分をGradioが担います。

一番簡単な例として、1入力1出力のUIを作成してみましょう（＜コード2.3.3　1入力1出力のUI＞）。

＜コード2.3.3　1入力1出力のUI＞

```
def text2text(text):
    text = "<<" + text + ">>"
    return text

input_text = gr.Text(label="入力") #Text コンポーネントを作成
output_text = gr.Text(label="出力") #Text コンポーネントを作成

demo = gr.Interface(inputs=input_text, outputs=output_text, \
fn=text2text)
demo.launch(debug=True)
```

このスクリプトでは、入力されたテキストをtext2text関数によって変換して出力します。UIの作成は、gr.Interfaceに以下の引数を与えることで実現できます。

＜図 2.3.2　簡単なインターフェース＞

- **inputs**　：入力となるコンポーネント。複数の場合はリストで渡す。
- **outputs**：出力となるコンポーネント。複数の場合はリストで渡す。
- **fn**　　　：入力から出力を作る関数。

実行すると＜図 2.3.2　簡単なインターフェース＞のような UI が表示されます。図は入力に「こんにちは」と入力し、Submit ボタンを押した後のスクリーンショットになっています。

入出力の関係が 1 通りしかない簡単な UI では上述の実装で十分です。しかし、実際には複数のボタンによって複数の入出力関係を与えたい場合もあります。こういった複雑な UI を実装するために gr.Blocks が提供されています。＜コード 2.3.4 with 句の利用＞のように with を利用することで、コンテキスト中に書かれた Gradio コンポーネントは自動的にブロックに追加されます。その後、ブロックに付けた名前 demo の launch メソッドを呼ぶことで UI を表示します。

＜コード 2.3.4　with 句の利用＞

```
def text2text_rich(text):
    top = "^" * len(text)
    bottom = "v" * len(text)
    text = f" {top}\n<{text}>\n {bottom}"
    return text

with gr.Blocks() as demo:
    input_text = gr.Text(label=" 入力 ")
    button1 = gr.Button(value="Normal")
    button2 = gr.Button(value="Rich")
    output_text = gr.Text(label=" 出力 ")

    button1.click(inputs=input_text, outputs=output_text, \
fn=text2text)
    button2.click(inputs=input_text, outputs=output_text, \
fn=text2text_rich)
```

```
demo.launch()
```

この例では2つのボタンがあり、それぞれがテキストに対して異なる変換を施します。`gr.Interface`では自動的に`Submit`ボタンが作られましたが、`gr.Blocks`では自分で作成する必要があります。

＜図 2.3.3　Rich ボタンを押した結果＞は「こんにちは」と入力し`Rich`ボタンを押した結果です。図は、`Normal`ボタンを押した後のスクリーンショットになっています。

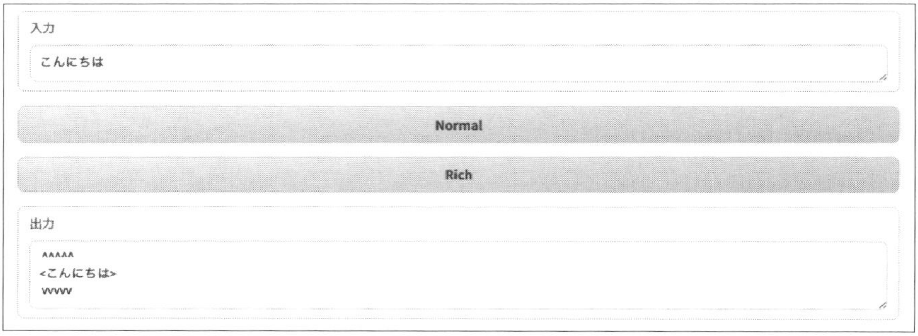

＜図 2.3.3　Rich ボタンを押した結果＞

2.3.2.2　重要なコンポーネント

これまではUIの要素として、入出力のテキストとボタンのみを用いました。ここでは、テキストとボタン以外にも重要なコンポーネントをいくつか紹介します。以降ではここで紹介したコンポーネントも利用しますが、他のコンポーネントも適宜導入します。Gradioに用意されている他のコンポーネントについては公式ドキュメント[注2-18]を参照してください。

ここで紹介するコンポーネントは以下の通りです。

・Audio（音声）

`type="filepath"`の場合、関数に入力した際はファイル名として扱われます。`type=” numpy”`を設定すると生データとして扱われます。

・Checkbox（チェックボックス）

チェックされていると`True`、されていないと`False`のように真理値として扱えます。

注2-18　Gradioのコンポーネント　https://www.gradio.app/docs/gradio/introduction/

・**File**（ファイル）

file_typesで受け取るファイルの種類を限定できます。拡張子のほか、imageのように種類で与えることも可能です。

・**Number**（数値）

整数や小数など数値だけを入出力できるテキストボックスです。

・**Markdown**（マークダウン）

マークダウンテキストを与えて、レンダリングした状態で表示できます。

・**Slider**（スライダー）

最小値、最大値、ステップを与えます。指定される値は整数でなくても良です。

・**Textbox**（テキストボックス）

文字列の入出力を扱います。

次の＜コード2.3.5　UIコンポーネントの可視化＞を実行して、上述のUIコンポーネントを全て可視化してみましょう。

＜コード2.3.5　UIコンポーネントの可視化＞

```
with gr.Blocks() as demo:
    # Audio
    audio = gr.Audio(label="音声", type="filepath")
    # Checkbox
    checkbox = gr.Checkbox(label="チェックボックス")
    # File
    file = gr.File(label="ファイル", file_types=["image"])
    # Number
    number = gr.Number(label="数値")
    # Markdown
    markdown = gr.Markdown(\
label="Markdown", value="# タイトル\n## サブタイトル\n本文")
    # Slider
    slider = gr.Slider(
        label="スライダー", minimum=-10, maximum=10, step=0.5,
interactive=True
    )
    # Textbox
    textbox = gr.Textbox(label="テキストボックス")

demo.launch(height=1200)
```

＜図 2.3.4　様々な UI コンポーネントの例＞

＜図 2.3.4　様々な UI コンポーネントの例＞に表示された GUI のスクリーンショットを示します。各コンポーネントがどのように表示されているかを確認してください。

2.3.2.3　レイアウトに関する実装

GUI を作る場合、単にコンポーネントを並べるだけでなく並べ方や見せ方などのレイアウトを工夫したい場合もあります。Gradio では以下のようなレイアウトに対応しています。

・Accordion（アコーディオン）

▼のようなボタンが表示され、クリックすることでアコーディオン内のコンテンツの表示・非表示を切り替えます。

・Row（行）

コンポーネントを横並びに配置したい場合に利用します。

・Column（列）

コンポーネントを縦並びに配置したい場合に利用します。Rowと組み合わせて利用することで、マトリックス状にコンポーネントを配置できます。

・Tab（タブ）

複数タブを切り替えるようなレイアウトを作成します。

これらのレイアウトを使った例を＜コード2.3.6　レイアウトを使う＞に示します。

＜コード2.3.6　レイアウトを使う＞

```
with gr.Blocks() as demo:
    #Accordion
    with gr.Accordion(label="アコーディオン"):
        gr.Text(value="アコーディオンの中身")
    with gr.Row():
        gr.Text(value="左")
        gr.Text(value="右")

    with gr.Row():
        with gr.Column():
            gr.Text(value="(0, 0)")
            gr.Text(value="(1, 0)")
        with gr.Column():
            gr.Text(value="(0, 1)")
            gr.Text(value="(1, 1)")

    with gr.Tab(label="タブ1"):
        gr.Text(value="コンテンツ1")
    with gr.Tab(label="タブ2"):
        gr.Text(value="コンテンツ2")

demo.launch(height=800)
```

実行すると＜図2.3.5　レイアウトの例＞に示すGUIが表示されます。スクリプト上の各レイアウトがどのように表示されているか確認してください。

＜図 2.3.5　レイアウトの例＞

2.3.2.4　入力に応じたレンダリング

これまでは、事前に定義した UI を表示する方法を紹介してきました。アプリケーションによっては、UI で指定された値に応じて異なるレイアウトやコンポーネントを表示したい場合があります。Gradio ではこのような場合、render というデコレータが用意されています。

render を用いて、スライダーで指定された個数のテキストボックスを表示するスクリプトを＜コード 2.3.7　スライダーの利用＞に示します。

＜コード 2.3.7　スライダーの利用＞

```
with gr.Blocks() as demo:
    slider = gr.Slider(label="個数", minimum=0, maximum=10, \
step=1)

    @gr.render(inputs=slider)
    def render_blocks(value):
        for i in range(value):
            gr.Text(value=f"Block {i}")

demo.launch()
```

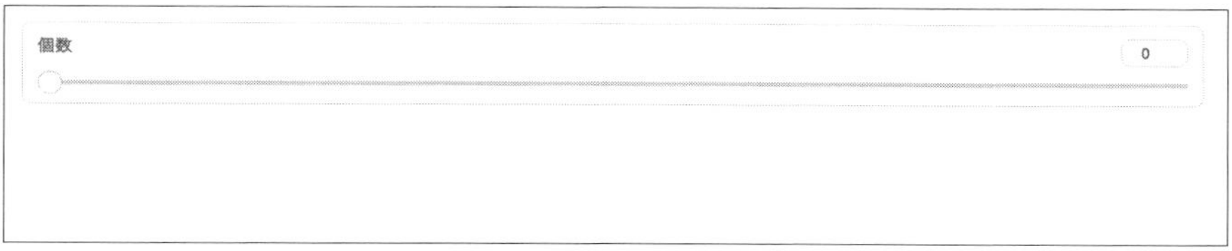

個数
0

＜図 2.3.6　スライダーで 0 を指定した場合＞

個数
2
Textbox
Block 0
Textbox
Block 1

＜図 2.3.7　スライダーで 2 を指定した場合＞

実行すると＜図 2.3.6　スライダーで 0 を指定した場合＞の GUI が立ち上がります。初期値は `0` になっているためテキストボックスは表示されません。

スライダーを動かして `2` を指定すると＜図 2.3.7　スライダーで 2 を指定した場合＞のように更新されます。今回は簡単な例でしたが、このような UI の動的な変更は様々な利用方法が考えられます。

2.3.3　イテレーティブな UI

これまでの実装では、ボタンが押されて関数が実行された際、関数の計算が全て終わってから UI に変更が加えられていました。アプリケーションによっては、ボタンを押した後、途中経過を表示さるなど、一度きりの UI 変更では足りない場合があります。このような場合、イテレーティブな UI を利用するのが便利です。

スクリプト自体に新しい点はあまりなく、変わるのは呼ばれる関数がイテレータになる点だけです。つまり、関数内で最終結果を `return` によって返すのではなく、途中の結果を `yield` によって返します。＜コード 2.3.8　イテレーティブな UI の利用＞はイテレーティブな UI で `0.5` 秒ごとに `0` から `9` までカウントアップするスクリプトです。

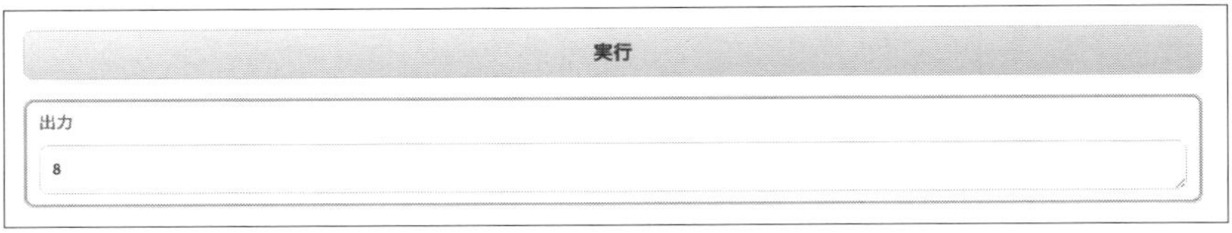

実行

出力

8

<図 2.3.8　イテレーティブな実行の画面>

<コード 2.3.8　イテレーティブな UI の利用>

```
import time

def iterative_output():
    for i in range(10):
        time.sleep(0.5)
        yield str(i)

with gr.Blocks() as demo:
    button = gr.Button("実行")
    output = gr.Text(label="出力")
    button.click(outputs=output, fn=iterative_output)

demo.launch()
```

実行すると<図 2.3.8　イテレーティブな実行の画面>のように数字が表示されます。書籍ではわかりづらいですが、実際に動かしていただければ `0.5` 秒ごとにカウントアップするようすが確認できます。

2.3.3.1　状態の保持

アプリケーションでは、ユーザ名や計算結果など、画面に表示されないものの内部的には持っておきたい値があります。このような状態は `State` コンポーネントを利用して保持できます。

<コード 2.3.9　state で状態の保存>は、ユーザ名を入力して決定ボタンを押した時点での内容を記憶する UI です。

<コード 2.3.9　state で状態の保存>

```
with gr.Blocks() as demo:
    username = gr.State("")
    text_input = gr.Text(label="ユーザ名")
    button1 = gr.Button("決定")
```

```
    button2 = gr.Button("自分の名前を表示")
    text_output = gr.Text(label="出力")
    button1.click(inputs=text_input, outputs=username, fn=\
lambda x: x)
    button2.click(inputs=username, outputs=text_output, fn=\
lambda x: x)

demo.launch()
```

＜図2.3.9 状態を用いたUI＞はユーザ名に「Ryuta」と入力して「決定」を押した後、ユーザ名を書き換えてから「自分の名前を表示」を押した時点でのスクリーンショットです。決定を押した時点の「Ryuta」が出力に表示されています。

ユーザ名
ABC
決定
自分の名前を表示
出力
Ryuta

＜図2.3.9 状態を用いたUI＞

2.3.3.2 チャットボットUIの実装

LLMを用いたアプリケーションではチャットボット形式のインタラクションを行う場合が多いです。Gradioにはこれを簡単に実装するための機能が`ChatInterface`として実装されています。

`ChatInterface`に与える関数は、基本的に新たなメッセージと過去の会話履歴を受け取ります。過去の会話履歴はデフォルトで、

```
[(ユーザ入力, AI出力), (ユーザ入力, AI出力), ...]
```

のようなタプルのリストになっています。そのため、LangChainを通してLLMを利用する際は、LangChainのチャットモデルが読み込める形に変換してから入力する必要があります。

＜コード2.3.10 history2messageでの履歴の変換＞では、`history2message`で履歴の変換を行い、その後にユーザの入力を追加してからLLMに与えています。

＜コード 2.3.10　history2 message での履歴の変換＞

```
from langchain_openai.chat_models import ChatOpenAI

llm = ChatOpenAI(model="gpt-4o-mini")

def history2messages(history):
    messages = []
    for user, assistant in history:
        messages.append({"role": "user", "content": user})
        messages.append({"role": "assistant", "content": \
assistant})
    return messages

def chat(message, history):
    messages = history2messages(history)
    messages.append({"role": "user", "content": message})
    response = llm.invoke(message)
    return response.content

demo = gr.ChatInterface(chat)

demo.launch()
```

実行すると＜図 2.3.10　チャット UI＞のような画面が表示されます。画面下部の「Type a message…」にテキストを記入して Submit を押すことでメッセージを送信できます。この図は「こんにちは」を送信した画面です。

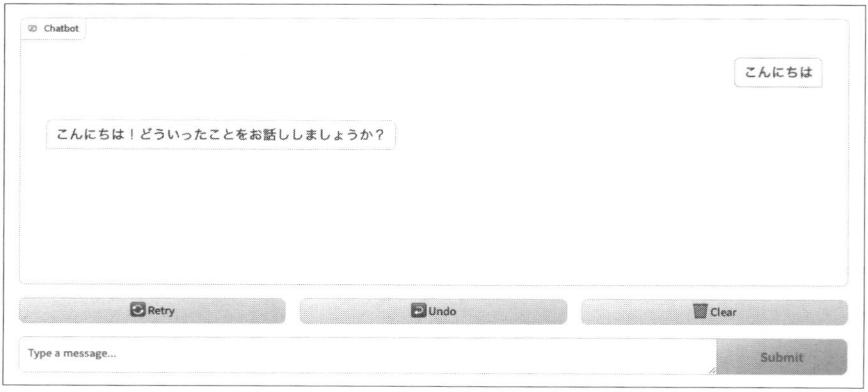

＜図 2.3.10　チャット UI＞

2.1 節「OpenAI API」でも触れたように、ChatGPT のウェブアプリケーションなど、多くのウェブサービスでは生成が完了する前に少しずつ AI のメッセージを表示します。Gradio ではイテレーティブ UI を用いることでこれを実現できます。2.2 節「LangChain 入門」では触れませんでしたが、LangChain の Runnable には stream メソッドが用意されているので、こちらで返答のチャンクを受け取りながら yield でアウトプットを返しましょう（＜コード 2.3.11　stream メソッドの利用＞）。

＜コード 2.3.11　stream メソッドの利用＞

```
def chat(message, history):
    messages = history2messages(history)
    messages.append({"role": "user", "content": message})
    output = ""
    for chunk in llm.stream(messages):
        output += chunk.content
        yield output

demo = gr.ChatInterface(chat)

demo.launch()
```

これを実行し、メッセージを送信すると AI のアウトプットが少しずつ表示されます。＜図 2.3.11　ストリーミングチャット UI＞はアウトプットの途中でスクリーンショットをとったものです。最近のモデルは応答が非常に早いですが、文章の長さによっては最後まで生成するのに時間がかかる場合もあります。そのような場合、スト

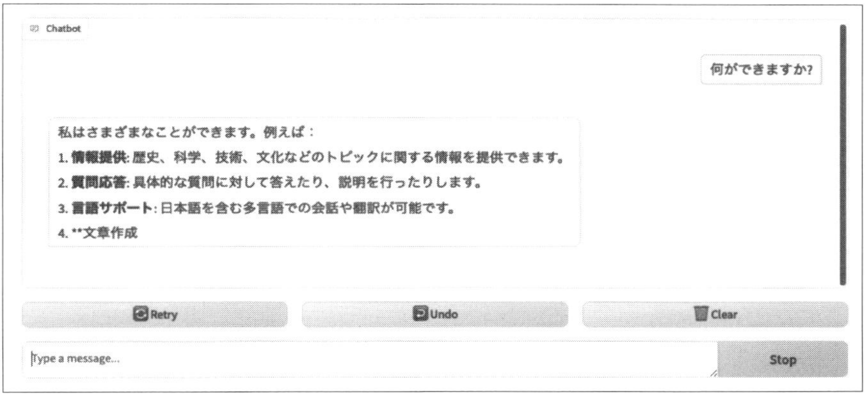

＜図 2.3.11　ストリーミングチャット UI＞

リームで出力されるとユーザ体験が向上するため、ユースケースに応じて試してみてください。

2.3.4　Gradioの応用

2.3.4.1　翻訳アプリケーション

以降では、2.2節「チャットアプリケーション」で作成したアプリケーションにGUIを実装していきます。配布しているノートブック上ではRunnableなどの部品も含めて記載しますが、書籍内では変更箇所のみを提示します。

まずは翻訳アプリケーションです。ここでは日本語、英語、中国語、ラテン語、ギリシャ語の５つからドロップダウンメニューで選択し、テキストを入力した上で翻訳ボタンを押すことで翻訳されるようなUIを作成します。ドロップダウンメニューはDropdownで作成できます。選択肢はchoices引数に渡してください（＜コード2.3.12　翻訳アプリケーション＞）。

＜コード2.3.12　翻訳アプリケーション＞

```
languages = ["日本語", "英語", "中国語", "ラテン語", "ギリシャ語"]

def translate(source_text, language):
    response = runnable.invoke(dict(source_text=source_text, \
language=language))
    return response.content

with gr.Blocks() as demo:
    # 入力テキスト
    source_text = gr.Textbox(label="翻訳元の文章")
    # 言語を選択
    language = gr.Dropdown(label="言語", choices=languages)
    button = gr.Button("翻訳")
    # 出力テキスト
    translated_text = gr.Textbox(label="翻訳結果")

    button.click(inputs=[source_text, language], outputs=\
translated_text, fn=translate)

demo.launch()
```

実行結果を＜図2.3.12　作成した翻訳アプリケーションのUI＞に示します。「今日は良い天気ですね」という日本語の文章が「今天天气很好。」という中国語に変

翻訳元の文章
今日は良い天気ですね。
言語
中国語
翻訳
翻訳結果
今天天气很好。

<図 2.3.12　作成した翻訳アプリケーションのUI>

換されています。文章や言語を変えてみて、適切に翻訳できていることを確認してみてください。

2.3.4.2 テーブル作成アプリケーション

次に、テーブル作成アプリケーションのUIを作成します（<コード 2.3.13　テーブル作成アプリケーションのUI>）。2.2節「LangChain入門」ではテーブルを作成した後、CSVとして保存していました。ここではCSVをJSON形式に変換した後、PandasのDataFrameとして読み込み、GradioのDataFrameコンポーネントで内容を表示します。

まず、ツール周りでの修正点を説明します。ツールへのインプットを定義する箇所は、ファイル名を受け取る必要がないので`CSV2DFToolInput`として書き直しています。また、CSVを保存していたツールは`csv2json`関数で置き換えています。これに伴って、ChatModelにbindするツールも変更します。また、プロンプトも修正します。

<コード 2.3.13　テーブル作成アプリケーションのUI>

```
import csv

import pandas as pd
from langchain_core.prompts import PromptTemplate
from langchain_core.pydantic_v1 import BaseModel, Field
from langchain_core.tools import tool
from langchain_openai.chat_models import ChatOpenAI

#1 入力形式の定義
class CSV2DFToolInput(BaseModel):
```

```
    csv_text: str = Field(description="CSVのテキスト")

#2 ツール本体の定義. csvを保存するツールからjsonに変換するツールに変更
@tool("csv2json-tool", args_schema=CSV2DFToolInput, \
return_direct=True)
def csv2json(csv_text: str) -> str:
    """CSVテキストをJSONに変換する"""
    try:
        rows = list(csv.reader(csv_text.splitlines()))
        df = pd.DataFrame(rows[1:], columns=rows[0])
    except Exception:
        df = pd.DataFrame()
    return df.to_json()

#3 ツールをLLMに紐付ける
llm = ChatOpenAI(model="gpt-4o-mini")
# bindするツールを変更
tools = [csv2json]
llm_with_tool = llm.bind_tools(tools=tools, tool_choice=\
"csv2json-tool")

# プロンプトを修正
TABLE_PROMPT = """\
{user_input}
結果はCSVで作成し、csv2json-toolを利用してjsonに変換してください。
"""
prompt = PromptTemplate.from_template(TABLE_PROMPT)

#4 Runnableの作成
def get_tool_args(x):
    return x.tool_calls[0]  # AIMessageからToolCallオブジェクトを
取り出す。

runnable = prompt | llm_with_tool | get_tool_args | csv2json
```

UI部分のスクリプトは＜コード2.3.14　UI部分＞のようになります。コンポーネントとしては、入力を受け付けるテキストボックスと実行ボタン、結果を表示するDataFrameを用意します。ボタンが押された際に呼ばれる関数create_dfでは、Runnableを実行して得られたJSONからDataFrameを作成して返しています。

＜コード 2.3.14　UI 部分＞

```
def create_df(user_input):
    response = runnable.invoke(dict(user_input=user_input))
    json_str = response.content
    df = pd.read_json(json_str)
    return df

with gr.Blocks() as demo:
    # 入力テキスト
    user_input = gr.Textbox(label=" テーブルを作成したい内容のテキス \
ト ")
    button = gr.Button(" 実行 ")
    # 出力テキスト
    output_table = gr.DataFrame()

    button.click(inputs=user_input, outputs=output_table, \
fn=create_df)

demo.launch(height=1000)
```

＜図 2.3.13　テーブル表示アプリケーションの UI＞は 10 番目までのフィボナッチ数列のテーブルを作成させた例です。

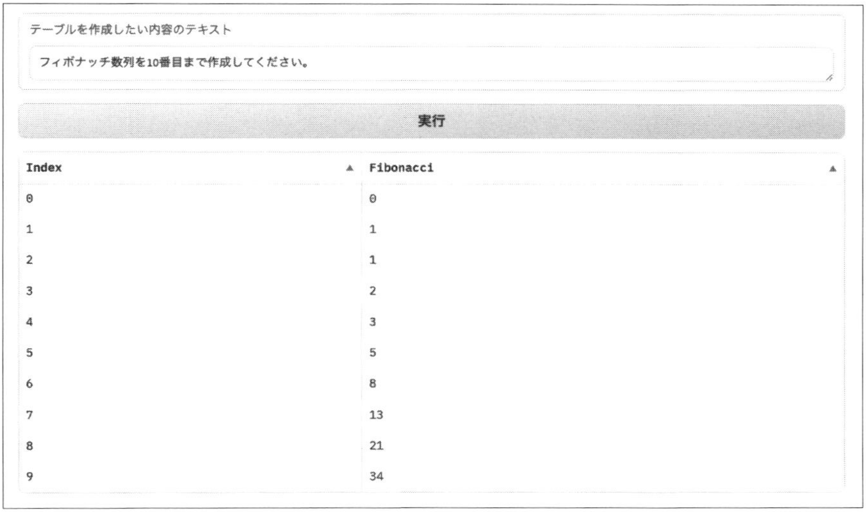

テーブルを作成したい内容のテキスト

フィボナッチ数列を10番目まで作成してください。

実行

Index ▲	Fibonacci ▲
0	0
1	1
2	1
3	2
4	3
5	5
6	8
7	13
8	21
9	34

＜図 2.3.13　テーブル表示アプリケーションの UI＞

2.3.4.3 Plan-and-Solveチャットボット

最後に、2.2節「LangChain入門」で作成した最も複雑なアプリケーションであるPlan-and-SolveチャットボットのUIを作成します。全体を通して1つのRunnableを作成しましたが、本節ではプランの作成部分とプランに沿った実行の部分で分解します。また、GUI上ではプランができた段階でその内容を描画し、アクションを1つ終えるごとにその結果を描画するようにイテレーティブなUIを作成します（＜コード2.3.15　イテレーティブなUI＞）。

まず、アクション実行ごとに結果を返すため、action_loop関数のループの最後で思考過程と結果をyieldするように変更します。2.2節「LangChain入門」では途中の内容を標準出力にアウトプットしましたが、ここではGUIがあるのでprintも削除しています。

＜コード2.3.15　イテレーティブなUI＞

```
# プランに含まれるアクションを実行するループ
def action_loop(action_plan: Plan):
    problem = action_plan.problem
    actions = action_plan.actions

    action_items = "\n".join(["* " + action.action_name \
for action in actions])
    action_results = []
    action_results_str = ""
    for _, action in enumerate(actions):
        next_action = f"* {action.action_name}  \n{action.
action_description}"
        response = action_runnable.invoke(
            dict(
                problem=problem,
                action_items=action_items,
                action_results=action_results_str,
                next_action=next_action,
            )
        )
        action_results.append(response)
        action_results_str += f"* {action.action_name}  \n
{response.result}\n"
        yield (
            response.thoughts,
            response.result,
```

```
    ) #変更ポイント: 途中結果をyieldで返す
```

次に、プラン作成とアクション実行を分けるために、planning_runnableの最後のrouteを削除します（<コード2.3.16 プラン作成とアクション実行を分ける>）。

<コード2.3.16 プラン作成とアクション実行を分ける>

```
planning_runnable = chat_prompt | llm_plan  #routeを削除
```

UIコンポーネントから呼び出されるchat関数を定義します（<コード2.3.17 chat関数の定義>）。

<コード2.3.17 chat関数の定義>

```
from gradio import ChatMessage
from langchain_core.messages import AIMessage, HumanMessage

def chat(prompt, messages, history):
    #描画用の履歴をアップデート
    messages.append(ChatMessage(role="user", content=prompt))
    #LangChain用の履歴をアップデート
    history.append(HumanMessage(content=prompt))
    #プランまたは返答を作成
    response = planning_runnable.invoke(dict(history=history))
    if response.response_metadata["finish_reason"]/
!= "tool_calls":
        #タスクが簡単な場合はプランを作らずに返す
        messages.append(ChatMessage(role="assistant", content=\
response.content))
        history.append(AIMessage(content=response.content))
        yield "", messages, history
    else:
        #アクションプランを抽出
        action_plan = plan_parser.invoke(response)

        #アクション名を表示
        action_items = "\n".join(
            ["* " + action.action_name for action in\
action_plan.actions]
        )
        messages.append(
            ChatMessage(
```

```
                    role="assistant",
                    content=action_items,
                    metadata={"title": "実行されるアクション"},
                )
            )
            # プランの段階で一度描画する
            yield "", messages, history

            # アクションプランを実行
            action_results_str = ""
            for i, (thoughts, result) in enumerate(\
    action_loop(action_plan)):
                action_name = action_plan.actions[i].action_name
                action_results_str += f"* {action_name}  \n\
    {result}\n"
                text = f"## {action_name}\n### 思考過程\n{thoughts}\
    \n### 結果\n{result}"
                messages.append(ChatMessage(role="assistant", \
    content=text))
                # 実行結果を描画する
                yield "", messages, history

            history.append(AIMessage(content=action_results_str))
            # LangChain用の履歴を更新する
            yield "", messages, history
```

この関数では、新たな入力をprompt、描画用の会話履歴をmessages、LangChainに入力するための会話履歴をhistoryとして受け取っています。2.3.3.2項「チャットボットUIの実装」で扱ったチャットボットでは、会話履歴はタプルのリストでした。ここでは、よりリッチなアウトプットを行うため、GradioのChatMessageオブジェクトのリストを会話履歴にしています。ChatMessageでは、role、contentとして発話者と内容を保持できるだけでなく、metadataとしてtitleキーを持つ辞書を渡すことで、指定されたタイトルの折りたたみボックスを表示することができます。

UIコンポーネントの定義は以下のようになります（＜コード2.3.18　UIコンポーネントの定義＞）。

＜コード 2.3.18　UI コンポーネントの定義＞

```
with gr.Blocks() as demo:
    chatbot = gr.Chatbot(label="Assistant", type="messages", \
height=800)
    history = gr.State([])
    with gr.Row():
        with gr.Column(scale=9):
            user_input = gr.Textbox(lines=1, label="Chat \
Message")
        with gr.Column(scale=1):
            submit = gr.Button("Submit")
            clear = gr.ClearButton([user_input, chatbot, \
history])
    submit.click(
```

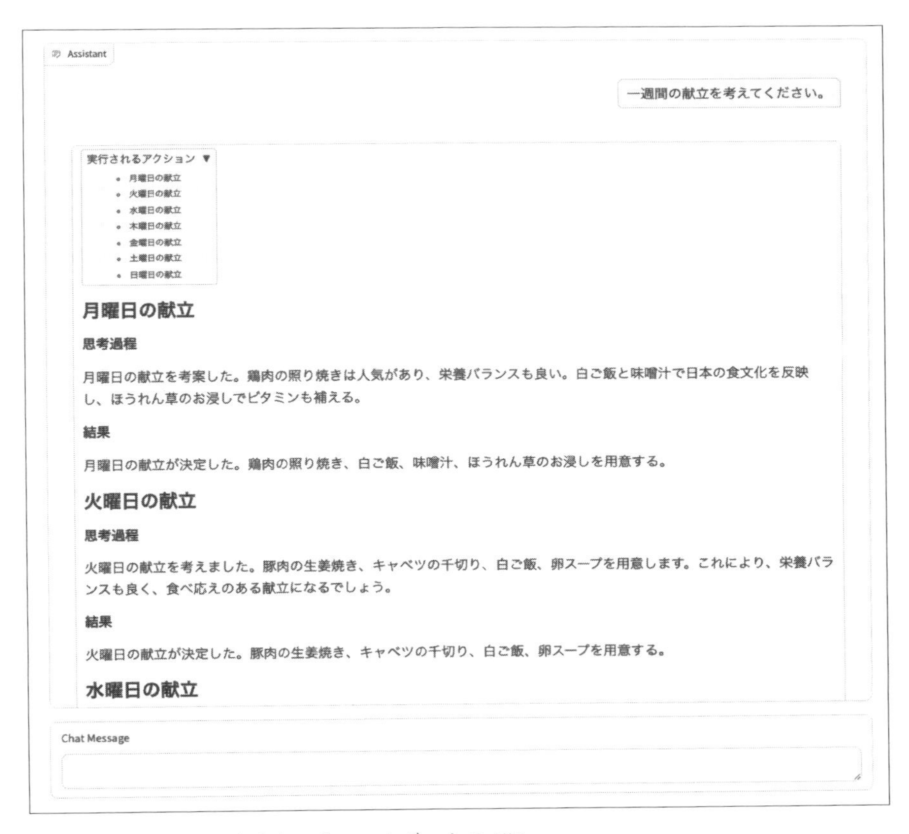

＜図 2.3.14　Plan-and-Solve チャットボットの UI＞

```
        chat,
        inputs=[user_input, chatbot, history],
        outputs=[user_input, chatbot, history],
    )
demo.launch(height=1000)
```

2.3.3.2項「チャットボットUIの実装」ではChatInterfaceを用いていましたが、今回はChatbotを利用しています。ChatbotはUI上ではチャット画面を表示し、関数に渡された際はメッセージのリストとして扱われます。typeを指定しない場合は2.3.3.2項「チャットボットUIの実装」で扱ったようにメッセージはユーザの発話とAIの発話のタプルになります。ここではtypeを"messages"にすることでタプルではなくChatMessageのリストにしています。また、新たにClearButtonというコンポーネントが現れました。このコンポーネントは、押された際に定義時に与えられたコンポーネントの内容を空にします。

＜図2.3.14　Plan-and-SolveチャットボットのUI＞はスクリプトを実行し、AIに一週間の献立を考えさせた画面のスクリーンショットです。最初に実行されるアクションが折りたたみボックスで表示された後、各アクションの思考過程と結果が順次表示されていきます。

以上で、Gradioの使い方を一通り学びました。第3章以降では様々なエージェントをテキストベースで扱います。必要に応じて本章で学んだ内容からGUIを作って触るとより内容を楽しめるかもしれません。

第3章

エージェント

LLM エージェントとは、言語を用いて環境とインタラクションし、自律的に目的を達成するシステムです。LLM エージェントは、自然言語処理能力を活用して、ユーザとの対話、情報検索、タスク実行などを行います。

LLM エージェントの大きな利点は、その柔軟性と汎用性にあります。人間のような自然な対話能力を持ちながら、専門知識を組み込むことで特定の分野で高度な支援が可能になります。また、24 時間 365 日稼働可能で、大量の情報を瞬時に処理できるため、効率的な問題解決や意思決定支援を提供できます。さらに、API やツールと連携することで、単なる会話システムを超えて、実際のタスク遂行や複雑な分析を行うことができます。

第3章では、このような LLM エージェントを実際に構築していきます。知識の付与方法、外部ツールとの連携、複雑なタスクフローの設計、記憶機能の実装、そしてペルソナの作成など、LLM エージェントの高度な機能を段階的に実装していきます。

本章を通して、LLM エージェントの機能を紐解いていきましょう！

3.1　LLMに知識を与える

3.1.1　LLMに知識を与える

大規模言語モデル（LLM）は膨大なデータから学習し、幅広い話題に対応できる汎用的な能力を持っています。しかし、特定の専門分野や最新の情報に関しては、必ずしも正確な応答を提供できるとは限りません。この節では、LLMに特定の知識を与え、より専門的で正確な応答を生成できるようにする方法を探ります。

まず、langchain、langchain-openaiをインストールしていなければ＜コード3.1.1　langchainとlangchain-openaiのインストール＞のようにインストールしてください。

＜コード3.1.1　langchainとlangchain-openaiのインストール＞

```
!pip install langchain
!pip install langchain-openai
```

以降のコードの実行の際には、環境変数にOPENAI_API_KEYが設定されていることを確認してください。

では、＜コード3.1.2　langchainを用いてOpenAIのgpt-4o-miniに質問を投げかける＞を見てみましょう。

＜コード3.1.2　langchainを用いてOpenAIのgpt-4 o-miniに質問を投げかける＞

```
from langchain_openai import ChatOpenAI
from langchain.schema import HumanMessage

model = ChatOpenAI(model="gpt-4o-mini")
result = model.invoke([HumanMessage(content="熊童子について教えて\
ください。")])

print(result.content)
```

このスクリプトはlangchainを用いてOpenAIのgpt-4o-miniに質問を投げかけています。第2章の復習ですね。質問の内容は「熊童子について教えてください。」です。筆者は多肉植物が大好きで「熊童子」という多肉植物と一緒に暮らしています。すなわちこの質問の「熊童子」は多肉植物を指しています。

では出力を見てみましょう（＜コード3.1.3　実行結果＞）。

＜コード 3.1.3 実行結果＞

熊童子（くまどうじ）は、日本の伝説や民話に登場する神秘的な存在で、一般的には小さな熊の姿を持つ妖怪や精霊とされています。彼は特に、山や森に住むとされ、自然と密接な関係を持つ存在とされています。

...（略）...

熊童子についての具体的な情報や物語は地域によって異なるため、興味があれば特定の地方の伝説や民話を調べると、より深く理解できるでしょう。

以上のように、妖怪や精霊の説明が返ってきてしまいました。

これは、この質問が多肉植物についての質問であるという文脈をLLMに正しく伝えられていないこと、LLMが多肉植物の「熊童子」についての十分な知識を持っていないことなどが原因として考えられます。私たちも知らないことを尋ねられると、答えに困ってしまいますよね。このような場合には＜コード 3.1.4 LLMに知識を与える＞のように適切な知識をLLMに与えることが効果的です。

＜写真　熊童子（筆者撮影）＞

＜コード 3.1.4 LLMに知識を与える＞

```
from langchain_core.prompts import ChatPromptTemplate

#1 プロンプトテンプレートの作成
message = """
Answer this question using the provided context only.

{question}

Context:
{context}
"""

prompt = ChatPromptTemplate.from_messages([("human", message)])

model = ChatOpenAI(model="gpt-4o-mini")
```

```
chain = prompt | model

question_text = "熊童子について教えてください。"
information_text = """\
熊童子はベンケイソウ科コチレドン属の多肉植物です。
葉に丸みや厚みがあり、先端には爪のような突起があることから「熊の手」という
愛称で人気を集めています。
花はオレンジ色のベル型の花を咲かせることがあります。"""

response = chain.invoke({"context": information_text, "question":
question_text})
print(response.content)
```

このスクリプトでは、LLMに特定の知識（この場合は多肉植物としての熊童子に関する情報）を与え、その知識に基づいて質問に答えさせています。

出力を確認してみましょう（＜コード 3.1.5　実行結果（与えた知識が利用された）＞）。多肉植物の「熊童子」についての説明をしてくれました。

＜コード 3.1.5　実行結果（与えた知識が利用された）＞

```
熊童子はベンケイソウ科コチレドン属の多肉植物で、葉に丸みや厚みがあり、先端
には爪のような突起があります。この特徴から「熊の手」という愛称で人気を集め
ています。また、オレンジ色のベル型の花を咲かせることもあります。
```

このようにLLMに特定の知識を与えることで、LLMは与えられた文脈に基づいて、より正確で関連性の高い応答を生成することができるようになります。

LLMに知識を与える方法は、事前学習や動的な知識の取得、特定のタスクに向けたカスタム化など、様々な手法があります。代表的なものを簡潔に紹介しておきます。

(1)　事前学習（Pre-training）

大量のデータを用いてLLMを事前に学習させ、言語や一般的な知識を取得するプロセス。広範な文脈で利用できますが、最新の情報や特定の専門知識をLLMに学習させるには限界があります。

(2)　ファインチューニング（Fine-tuning）

事前学習モデルに特定のデータセットを使い追加トレーニングする手法。企業や業界固有の知識を持たせることが可能です。

(3)　プロンプトエンジニアリング（Prompt Engineering）

質問や指示を工夫して、LLMが持つ既存の知識を効果的に引き出す技術。プロンプトの中に前提となる情報や具体的なコンテキストを含めることで、応答の精度を向

上させることが可能です。

(4)　RAG（Retrieval-Augmented Generation）

LLMが外部データベースや知識ベースから動的に情報を検索し、応答に反映させる手法。最新の情報や専門知識をリアルタイムで活用できます。

(5)　メモリ機能の活用

LLMが会話履歴やコンテキストを保持して利用する技術。これにより、過去の対話内容に基づいた継続的なやり取りが可能です。

3.1.2　文書の構造化

3.1.1項「LLMに知識を与える」では追加の情報をテキストとしてスクリプトに直接埋め込みました。しかし生のテキストをそのまま利用することは検索性や拡張性の面で限界があります。例えば、扱うテキストデータの量が増えると、データを効率的に管理するデータベースの導入が不可欠になりますし、大量のデータの中から必要な情報を迅速に取得するための検索機能も必要になります。本項では構造化されたデータ管理のためのDocumentクラスと、効率的なベクトル検索のためのChromaモジュールについて説明します。

langchain_core.documentsモジュールのDocumentクラスは、LangChainライブラリにおいて重要な役割を果たすデータ構造です。このクラスは、テキストデータとそれに関連するメタデータを適切に管理するために設計されています。

Documentクラスは主に2つの主要な属性を持ちます＜図3.1.1　Documentクラス＞。

・**page_content**　：文書の実際のテキスト内容を保持します。
・**metadata**　　　：文書に関する追加情報を辞書形式で保持します。

このクラスを利用することで、テキストデータ、特に大量のテキストデータを扱う際に、各テキスト片とそれに関連する情報を適切に管理することができます。Documentクラスのオブジェクトはテキスト分割やエンベディングなどのデータの前処理を行う際の基本単位として使用され、ソース、作成日、著者など、文書の出所や特性をテキストデータと同時に保持します。

langchain_chromaモジュールは、LangChainライブラリでChromaDBを使用するためライブラリです。ChromaDBは、ベクトル検索やセマンティック検索に特化したデータベースです。テキストや画像などのデータを高次元ベクトルとして保存し、効率的に類似検索を行うことができます。

ChromaDBの主な機能は、以下の通りです。

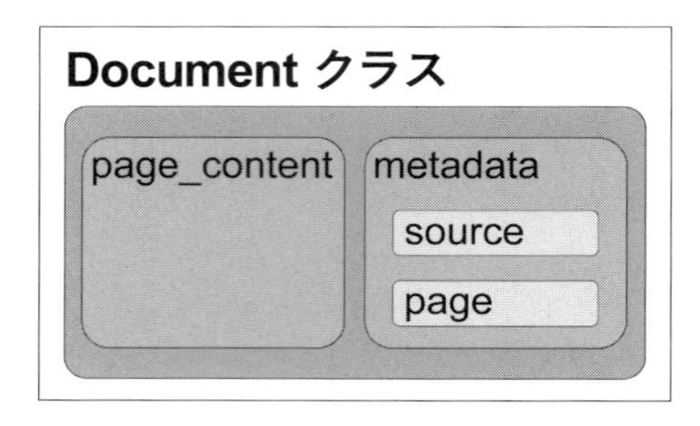

<図 3.1.1 Document クラス>

・ベクトルの保存と検索
テキストや画像をベクトル化して保存し、高速に類似検索を行えます。
・マルチモーダル対応
テキストだけでなく、画像や音声などさまざまな種類のデータを扱えます。
・メタデータのフィルタリング
保存されたデータに対してメタデータによるフィルタリングが可能です。
・スケーラビリティ
大規模なデータセットにも対応できるよう設計されています。

Document クラスと ChromaDB の2つを組み合わせることで、文書を適切な形に整形したうえで、検索可能な形で保存することができます。文書を適切な形で保存することで、必要なときに必要な情報だけを簡単に入手することが可能になります。

では実際に、スクリプトを見てみましょう（<コード 3.1.6 langchain_core.documents モジュールの Document クラスの利用>）。

<コード 3.1.6 langchain_core.documents モジュールの Document クラスの利用>

```
from langchain_core.documents import Document

#1 Document クラスオブジェクトの作成
document = Document(
        page_content="""\
セダムはベンケイソウ科マンネングザ属で、日本にも自生しているポピュラーな多
肉植物です。
種類が多くて葉の大きさや形状、カラーバリエーションも豊富なので、組み合わせ
て寄せ植えにしたり、庭のグランドカバーにしたりして楽しむことができます。
とても丈夫で育てやすく、多肉植物を初めて育てる方にもおすすめです。""",
        metadata={"source": "succulent-plants-doc"},
```

```
    )

print(document)
```

次は、応答です（＜コード 3.1.7　実行結果＞）

＜コード 3.1.7　実行結果＞

```
page_content='
セダムはベンケイソウ科マンネングザ属で、日本にも自生しているポピュラーな多
肉植物です。
種類が多くて葉の大きさや形状、カラーバリエーションも豊富なので、組み合わせ
て寄せ植えにしたり、庭のグランドカバーにしたりして楽しむことができます。
とても丈夫で育てやすく、多肉植物を初めて育てる方にもおすすめです。
'metadata={'source': 'succulent-plants-doc'}
```

上記は、テキストからDocumentオブジェクトを作成しているスクリプトです。＜#1 Documentクラスオブジェクトの作成＞でDocumentオブジェクトを作成しています。Documentクラスはpage_contentとmetadataの2つの主要な属性を持つのでした。この2つを入力として与えることでDocumentオブジェクトを作成することができます。metadataは辞書型で作成することに注意してください。

今回の例では、多肉植物のセダムに関する説明とその出典をpage_contentとmetadataとして与えています。今回はmetadataとして、keyにsourse、valueにsucculent-plants-docという値を持つ辞書を作成しました。これは、この情報の情報源が多肉植物ドキュメントであるということを意味しています。

では、langchain_chromaモジュールのスクリプトについても見ていきましょう。

langchain_chromaは標準ではインストールされていないためインストールが必要です＜コード 3.1.8　langchain_chromaのインストール＞、＜コード 3.1.9　langchain_chromaの利用＞。

＜コード 3.1.8　langchain_chromaのインストール＞

```
!pip install langchain_chroma
```

＜コード 3.1.9　langchain_chromaの利用＞

```
from langchain_chroma import Chroma
from langchain_openai import OpenAIEmbeddings

#1 Document クラスオブジェクトの作成
```

```
documents = [
    Document(
        page_content="""\
セダムはベンケイソウ科マンネングザ属で、日本にも自生しているポピュラーな多
肉植物です。
種類が多くて葉の大きさや形状、カラーバリエーションも豊富なので、組み合わせ
て寄せ植えにしたり、庭のグランドカバーにしたりして楽しむことができます。
とても丈夫で育てやすく、多肉植物を初めて育てる方にもおすすめです。""",
        metadata={"source": "succulent-plants-doc"},
    ),
    Document(
        page_content="""\
熊童子はベンケイソウ科コチレドン属の多肉植物です。
葉に丸みや厚みがあり、先端には爪のような突起があることから「熊の手」という
愛称で人気を集めています。
花はオレンジ色のベル型の花を咲かせることがあります。""",
        metadata={"source": "succulent-plants-doc"},
    ),
    Document(
        page_content="""\
エケベリアはベンケイソウ科エケベリア属の多肉植物で、メキシコなど中南米が原
産です。
まるで花びらのように広がる肉厚な葉が特徴で、秋には紅葉も楽しめます。
品種が多く、室内でも気軽に育てられるので、人気のある多肉植物です。""",
        metadata={"source": "succulent-plants-doc"},
    ),
    Document(
        page_content="""\
ハオルチアは、春と秋に成長するロゼット形の多肉植物です。
密に重なった葉が放射状に展開し、幾何学的で整った株姿になるのが魅力です。
室内でも育てやすく手頃なサイズの多肉植物です。""",
        metadata={"source": "succulent-plants-doc"},
    ),
]

#2 Chromaデータベースの作成
vectorstore = Chroma.from_documents(
    documents,
    embedding=OpenAIEmbeddings(),
)
```

上記の＜コード 3.1.9　langchain_chroma の利用＞では Chroma ライブラリを用いて

ベクトルストア型のデータベースを作成しています。

＜#1 Documentクラスオブジェクトの作成＞（page_contentの行）では複数のテキストからDocumentオブジェクトを作成し、リストを作成しています。これをデータベースの作成に利用します。

実際にデータベースを作成しているのは＜#2 Chromaデータベースの作成＞の部分です。Chroma.from_documentsを利用すると、Documentオブジェクトのリストからデータベースを作成することができます。Chromaではテキストや画像をベクトル化して保存しているのでしたね。このときに利用するベクトル化の手法をembeddingとして与えます。

このスクリプトでは多肉植物に関する4つのテキストをOpenAIEmbeddingsを利用してベクトルに変換し、Chromaのデータベースとして保存しています。

データベースからテキストを取り出すには＜コード3.1.10　データベースからコードを取り出す＞のようにします。

＜コード3.1.10　データベースからコードを取り出す＞

```
vectorstore.similarity_search("熊童子")
```

＜コード3.1.11　実行結果＞

```
[Document(metadata={'source': 'succulent-plants-doc'}, page_
content='\n熊童子はベンケイソウ科コチレドン属の多肉植物です。\n葉に丸み
や厚みがあり、先端には爪のような突起があることから「熊の手」という愛称で人
気を集めています。\n花はオレンジ色のベル型の花を咲かせることがあります。\
n'),
 Document(metadata={'source': 'succulent-plants-doc'}, page_
content='\nセダムはベンケイソウ科マンネングザ属で、日本にも自生している
ポピュラーな多肉植物です。\n種類が多くて葉の大きさや形状、カラーバリエー
ションも豊富なので、組み合わせて寄せ植えにしたり、庭のグランドカバーにした
りして楽しむことができます。\nとても丈夫で育てやすく、多肉植物を初めて育て
る方にもおすすめです。\n'),
 Document(metadata={'source': 'succulent-plants-doc'}, page_
content='\nエケベリアはベンケイソウ科エケベリア属の多肉植物で、メキシコ
など中南米が原産です。\nまるで花びらのように広がる肉厚な葉が特徴で、秋には
紅葉も楽しめます。\n品種が多く、室内でも気軽に育てられるので、人気のある多
肉植物です。\n'),
 Document(metadata={'source': 'succulent-plants-doc'}, page_
content='\nハオルチアは、春と秋に成長するロゼット形の多肉植物です。\n密
に重なった葉が放射状に展開し、幾何学的で整った株姿になるのが魅力です。\n室
内でも育てやすく手頃なサイズの多肉植物です。\n')]
```

similarity_search メソッドを利用すると、引数として与えられた文字列に最も類似したテキストから順にデータベースからテキストを取り出せます。

このスクリプトではキーワードに「熊童子」を指定していますが、出力で熊童子に関するテキストが１番に取り出されたのがわかるでしょうか？

このように簡単にテキストの検索ができるのが Chroma の強みです。

また、抽出されたテキストがキーワードとどれだけ類似しているかを確認したい場合は、similarity_search_with_score メソッドを利用するとよいです（＜コード 3.1.12　抽出されたテキストとキーワードの類似さの確認＞）。

＜コード 3.1.12　抽出されたテキストとキーワードの類似さの確認＞

```
vectorstore.similarity_search_with_score("熊童子")
```

＜コード 3.1.13　実行結果＞

```
[(Document(metadata={'source': 'succulent-plants-doc'}, page_
content='\n熊童子はベンケイソウ科コチレドン属の多肉植物です。\n葉に丸みや厚みがあり、先端には爪のような突起があることから「熊の手」という愛称で人気を集めています。\n花はオレンジ色のベル型の花を咲かせることがあります。\n'),
  0.2832052707672119),
 (Document(metadata={'source': 'succulent-plants-doc'}, page_
content='\nセダムはベンケイソウ科マンネングザ属で、日本にも自生しているポピュラーな多肉植物です。\n種類が多くて葉の大きさや形状、カラーバリエーションも豊富なので、組み合わせて寄せ植えにしたり、庭のグランドカバーにしたりして楽しむことができます。\nとても丈夫で育てやすく、多肉植物を初めて育てる方にもおすすめです。\n'),
  0.46016642451286316),
 (Document(metadata={'source': 'succulent-plants-doc'}, page_
content='\nエケベリアはベンケイソウ科エケベリア属の多肉植物で、メキシコなど中南米が原産です。\nまるで花びらのように広がる肉厚な葉が特徴で、秋には紅葉も楽しめます。\n品種が多く、室内でも気軽に育てられるので、人気のある多肉植物です。\n'),
  0.4945850670337677),
 (Document(metadata={'source': 'succulent-plants-doc'}, page_
content='\nハオルチアは、春と秋に成長するロゼット形の多肉植物です。\n密に重なった葉が放射状に展開し、幾何学的で整った株姿になるのが魅力です。\n室内でも育てやすく手頃なサイズの多肉植物です。\n'),
  0.5195687413215637)]
```

このメソッドを利用すると、検索結果の Document と合わせて距離スコアも出力されます。距離スコアは検索キーワードとテキストがどれだけ離れているかを示す指標です。スコアが大きいほど、内容が大きく異なることを示します。すなわち、距離スコアが小さいほど文書が似ているということです。

出力結果を見てみると、熊童子に関するテキストの距離スコアが一番小さく、約 0.28 でした。他のテキストは 0.5 程度と高いので、適切に検索ができていることがわかります。

3.1.3　文書検索機能を持つLLM

3.1.2項「文書の構造化」では構造化されたデータ管理のためのDocumentクラスと、効率的なベクトル検索のためのChromaモジュールについて説明しました。本項ではこれらをLLMと組み合わせて文書検索機能を持つLLMを作成します。本節の集大成です！

まず、Retrieverを作成します。

Retrieverは、ユーザのクエリや質問に関連する文書や情報を大量のデータセットから素早く見つけ出すための検索機能です。この検索機能を担うのが、3.1.2項「文書の構造化」で作成したデータベースとその検索メソッドです（＜コード3.1.14　Retriever（検索機能）の利用＞）。

＜コード3.1.14　Retriever（検索機能）の利用＞

```
from langchain_core.runnables import RunnableLambda

#1 Runnableオブジェクトの作成
retriever = RunnableLambda(vectorstore.similarity_search).bind\
(k=1)
retriever.invoke("熊童子")
```

＜コード3.1.15　実行結果＞

```
[Document(metadata={'source': 'succulent-plants-doc'}, page_
content='\n熊童子はベンケイソウ科コチレドン属の多肉植物です。\n葉に丸み
や厚みがあり、先端には爪のような突起があることから「熊の手」という愛称で人
気を集めています。\n花はオレンジ色のベル型の花を咲かせることがあります。\
n')]
```

＜#1 Runnableオブジェクトの作成＞ではRunnableLambdaを用いてRunnableを作成しています。Runnableについては第2章で学びましたね。Runnable化することによってinvokeなどのメソッドが利用できるのでした。similarity_searchはRunnableではないので、Chainを作ったりinvokeなどのメソッドを利用することができません。ここでぴったりなのがRunnableLambdaです。RunnableLambdaは関数を受け取り、それを元にRunnableを作成します。この変換を挟むことで検索機能をLLMに組み込めるようになります。

本節の最後に、検索機能をLLMに組み込むスクリプトを紹介します＜コード3.1.16　LLMへの検索機能を組み込む＞。

＜コード 3.1.16　LLM への検索機能を組み込む＞

```
from langchain_core.runnables import RunnablePassthrough

message = """
Answer this question using the provided context only.

{question}

Context:
{context}
"""

prompt = ChatPromptTemplate.from_messages([("human", message)])
model = ChatOpenAI(model="gpt-4o-mini")

#1 Chainの作成
rag_chain = {"context": retriever, "question": \
RunnablePassthrough()} | prompt | model

result = rag_chain.invoke("熊童子について教えてください。")
print(result.content)
```

＜コード 3.1.17　実行結果＞

```
熊童子はベンケイソウ科コチレドン属の多肉植物で、葉に丸みや厚みがあり、先端
には爪のような突起があります。この特徴から「熊の手」という愛称で人気を集め
ています。また、花はオレンジ色のベル型の花を咲かせることがあります。
```

3.1.1 項「LLM に知識を与える」で紹介した＜コード 3.1.4　LLM に知識を与える＞から変わったのは＜#1 Chain の作成＞の Chain を作成している部分です。prompt の前に Chain が1つ増えています。これは context として retriever の検索結果を、question として、入力そのままを prompt に渡す chain です。RunnablePassthrough を利用することで、invoke 時の引数を後ろの Chain にそのまま与えることができます。

出力を見ると、必要な知識を適切に引き出して質問に答えていることがわかります。LLM に特定の知識を与え、より専門的で正確な応答を生成できるようにすることができるようになりましたね。

このプログラムでは LLM が外部データベースや知識ベースから動的に情報を検索し、応答に反映させています。このような手法を RAG と言います。

3.1.4 知識を与えることの限界

前項までで、RAGシステムの実装を通じて、LLMに特定の知識を与え、より専門的で正確な応答を生成できるようにする方法を探究しました。RAGは確かに強力なアプローチですが、いくつかの重要な制約があります。本項では、これらの限界について説明します。

RAGの主な制約の1つは、システムが事前に用意された静的な知識ベースに依存していることです。これは以下のような問題を引き起こす可能性があります。

a) 情報の鮮度

知識ベースは定期的に更新する必要がありますが、リアルタイムの情報や最新のイベントには対応できません。

b) 網羅性の限界

どれだけ広範な知識を用意しても、あらゆる可能性のある質問をカバーすることは困難です。

c) ドメイン特化の難しさ

特定の専門分野や新しいトピックに関する詳細な情報を常に用意しておくのは現実的ではありません。

また、ユーザからの質問は予測不可能で多岐にわたります。RAGシステムは以下のような状況で苦戦する可能性があります。

a) 知識ベースの範囲外の質問

準備された知識の範囲を超える質問に対しては、システムは適切に応答できない可能性があります。

b) 複雑な推論を要する質問

単純な事実の検索だけでなく、複数の情報源からの統合や推論が必要な質問には対応が難しいです。

c) 最新の情報を要する質問

時事的な話題や急速に変化する分野に関する質問には、静的な知識ベースでは対応しきれません。

これらの限界から、より柔軟で適応性の高いアプローチの必要性が感じられますね。次節では、これらの制約を克服するための1つの解決策として、**外部ツール**の利用について説明します。ツールを活用することで、静的な知識の制限を超え、リアルタイムの情報取得と動的な処理が可能な、より柔軟な対話システムを構築することができます。次の章も引き続き、一緒に頑張っていきましょう！

3.2　LLMにツールを与える

大規模言語モデル（LLM）は、与えられた知識ベースの範囲内では優れた応答能力を発揮します。しかし、リアルタイムの情報取得や動的な処理が必要な場合、静的な知識だけでは限界があります。この章では、LLMにツールを与えることで、その能力を大幅に拡張し、より柔軟で適応性の高い対話システムを構築する方法を探ります。

3.2.1　検索ツール

まずは<コード3.2.1　LLMへの質問>を見てみましょう。

<コード3.2.1　LLMへの質問>

```
from langchain_openai import ChatOpenAI
from langchain.schema import HumanMessage

question = "株式会社Elithの住所を教えてください。最新の公式情報として\
公開されているものを教えてください。"

model = ChatOpenAI(model="gpt-4o-mini")
result = model.invoke([HumanMessage(content=question)])

print(result.content)
```

<コード3.2.2　実行結果>

```
申し訳ありませんが、株式会社Elithの最新の住所や公式情報を提供することはで
きません。最新の情報を得るには、株式会社Elithの公式ウェブサイトや公式な発
表を確認することをお勧めします。
```

このスクリプトではLLMに対して最新の企業情報について質問しています。しかし、LLMの知識は最新の情報に必ずしも追いついていないため、このような質問に正しく答えることは困難です。

こんなときに役に立つのが**検索ツール**です。

LangChainでは**SerpApi**がサポートされています。SerpApiは、ウェブスクレイピングとデータ抽出を容易にするためのAPIサービスです。このAPIを利用することでGoogle、Bingなどの主要な検索エンジンの検索結果をリアルタイムで取得できます。

まずは必要なライブラリをインストールしましょう。

＜コード3.2.3　検索用にserpapiとgoogle-search-resultsのインストール＞

```
!pip install serpapi
!pip install google-search-results
```

＜コード3.2.4　langchain_communityのインストール＞

```
# load_toolsを利用するのに必要
!pip install langchain_community
```

また、SerpApiを利用するためにはAPIキーを取得する必要があります。補足「Serp APIキーを取得する」を参考にAPIキーを取得し、あらかじめ環境変数に登録しておきましょう。

＜コード3.2.5　Google Colabのシークレット機能を使って環境変数に登録する例＞

```
import os
from google.colab import userdata
os.environ['OPENAI_API_KEY'] = userdata.get('OPENAI_API_KEY')
os.environ['SERPAPI_API_KEY'] = userdata.get('SERPAPI_API_\
KEY')
```

では、SerpApiを実際に利用してみましょう（＜コード3.2.6　検索ツールserpapiの利用＞）。

＜コード3.2.6　検索ツールserpapiの利用＞

```
from langchain.agents import load_tools

model = ChatOpenAI(model="gpt-4o-mini")

#1 ツールをロード
tools = load_tools(["serpapi"], llm=model)

#2 LLMにツールを紐付け
model_with_tools = model.bind_tools(tools)

question = "株式会社Elithの住所を教えてください。最新の公式情報として\
公開されているものを教えてください。"

response = model_with_tools.invoke([HumanMessage(content=\
question)])
```

```
print(f"ContentString: {response.content}")
print(f"ToolCalls: {response.tool_calls}")
```

＜#1 ツールをロード＞ではload_tools関数を用いてツールをロードしています。load_tools関数はロードしたいツールの名前をまとめたリストを引数として与えることで、それらのツールをまとめてロードします。また、llmとして言語モデルを与える必要がありますが、これはツール内で言語モデルを扱うようなツールも存在するためです。

また、＜#2 LLMにツールを紐付け＞のようにbind_toolsメソッドを利用することでモデルがツールを認識できるようになります。ツールを認識したモデルに対して先ほど同様、最新の企業情報について質問しています。

出力を見てみましょう（＜コード3.2.7　検索結果＞）。

＜コード3.2.7　検索結果＞

```
ContentString:
ToolCalls: [{'name': 'Search', 'args': {'__arg1': '株式会社Elith住所'}, 'id': 'call_1dr1VW0ddYCw8EfLxPDb2bbs', 'type': 'tool_call'}]
```

response.contentにはLLMからの返答のメッセージが入ります。しかし今回はメッセージがありません。代わりにresponse.tool_callsにツールの呼び出し指示が入っています。Searchツールを「株式会社Elith住所」という引数で呼び出すように書かれていますね。では実際に試してみましょう＜コード3.2.8　response.tool_callsをinvokeしてみる＞。

＜コード3.2.8　response.tool_callsをinvokeしてみる＞

```
tools = load_tools(["serpapi"], llm=model)
search_tool = tools[0]
search_tool.invoke(response.tool_calls[0]["args"])
```

＜コード3.2.9　実行結果（一部省略）＞

```
['事業内容：AI（人工知能）に関する研究、開発、設計、企画、教育、販売、保守、コンサルティング業務所在地：東京都渋谷区恵比寿███████\\u200b',
...（略）]
```

ツールも invoke メソッドを持っています。invoke メソッドを使ってツールを利用した結果、「所在地：東京都渋谷区恵比寿」という情報を得られていますね。

このように、検索ツールを用いることで、最新の情報が必要な質問にも正しく答えることができるようになります。

3.2.2　プログラム実行ツール

3.2.1 項「検索ツール」では、検索ツールを使用して最新の情報を取得する方法を学びました。ここでは、数学の計算を行う例を通じて、LLM の限界と、それを克服するためのツールの使用方法について説明します。

まず、＜コード 3.2.10　LLM に Python を使った計算をさせる＞を見てみましょう。

＜コード 3.2.10　LLM に Python を使った計算をさせる＞

```
question = "以下を Python で実行した場合の結果を教えてください。print\
(1873648+9285928+3759182+2398597)"

model = ChatOpenAI(model="gpt-4o-mini")
result = model.invoke([HumanMessage(content=question)])

print(result.content)
```

このスクリプトでは、LLM に対して数学の計算結果を尋ねています。LLM の応答は＜コード 3.2.11　LLM が Python を使って計算した結果（誤っている）＞のようになりました。

＜コード 3.2.11　LLM が Python を使って計算した結果（誤っている）＞

````
Python で `print(1873648 + 9285928 + 3759182 + 2398597)` を実行
した場合の結果は、これらの数値の合計です。

計算すると：
- 1873648
- 9285928
- 3759182
- 2398597

これらを足すと：

```
````
````

````
1873648 + 9285928 + 3759182 + 2398597 = 17347355
```

したがって、実行結果は `17347355` になります。
````

果たしてこれは正しいでしょうか？実際に実行して確かめてみましょう。

＜コード 3.2.12　同じ計算を Python で実行＞

```
print(1873648+9285928+3759182+2398597)
```

＜コード 3.2.13　Python での実行結果＞

```
17317355
```

実際に Python で計算を実行すると、正しい結果は「17317355」となり、LLM は誤った応答を出力していることがわかります。。このように、LLM は複雑な数学計算を行う際に誤りを犯す可能性があります。

これは、LLM が実際に計算を実行しているのではなく、与えられた入力に対して最もそれらしい出力を生成しているに過ぎないためです。

LLM は、膨大なテキストデータから学習した確率分布に基づいて、最も適切と思われる次の単語や文を生成するシステムです。

例えば、「2+2=」という入力に対して、LLM は訓練データ中で最も頻繁に登場する答え、つまり「4」を高い確率で出力するでしょう。これは、LLM が算術演算を理解しているからではなく、単に「2+2=4」というパターンを多く学習しているからです。

この特性は、今回の質問のように複雑な計算や珍しい数式に直面したときに顕著になります。

この問題を解決するために、LLM に計算が可能なツールを与えてみましょう。このようなツールに PythonREPLTool があります。

PythonREPLTool（REPL；Read-Eval-Print Loop）は、LangChain ライブラリの一部であり、LLM に Python スクリプトを実行する能力を提供します。PythonREPLTool に、Python スクリプトを文字列として入力すると、それを実行し、その結果を返してくれます。これにより、LLM は動的に Python スクリプトを生成し、実行結果を得ることができます。

では実際に PythonREPLTool を利用してみましょう。

まず、langchain_experimental をインストールします（＜コード 3.2.14　PythonREPLTool を使うために langchain_experimental をインストール＞）。
```

＜コード 3.2.14 PythonREPLToolを使うためにlangchain_experimentalをインストール＞

```
!pip install langchain_experimental
```

実際にPythonREPLToolを利用するスクリプトを見てみましょう（＜コード 3.2.15 PythonREPLToolの利用＞）。

＜コード 3.2.15 PythonREPLToolの利用＞

```
from langchain_experimental.tools.python.tool import \
PythonREPLTool

model = ChatOpenAI(model="gpt-4o-mini")

#1 PythonREPLToolのインスタンス作成
pythonrepltool = PythonREPLTool()
tools = [pythonrepltool]
model_with_tools = model.bind_tools(tools)

question = "以下をPythonで実行した場合の結果を教えてください。print\
(1873648+9285928+3759182+2398597)"

response = model_with_tools.invoke([HumanMessage(content=\
question)])

print(f"ContentString: {response.content}")
print(f"ToolCalls: {response.tool_calls}")
```

＜コード 3.2.16 PythonREPLToolを利用した実行結果＞

```
ContentString:
ToolCalls: [{'name': 'Python_REPL', 'args': {'query': 'print
(1873648+9285928+3759182+2398597)'}, 'id': 'call_GALUZxiVWLBE
ADvoS8rW9fdo', 'type': 'tool_call'}]
```

PythonREPLToolを利用した＜コード 3.2.15 PythonREPLToolの利用＞では＜#1 PythonREPLToolのインスタンス作成＞が先ほどのスクリプトから大きく変わっていますね。langchain_experimentalのPythonREPLToolはクラスの形でimportできます。このコンストラクタを利用することで簡単にPythonREPLToolオブジェクトを作成することができます。

出力を見るとPython_REPLを「'query': 'print(1873648+9285928+3759182

+2398597)'」という引数で実行するようにLLMが指示していることがわかります。

＜コード3.2.17　実行させる＞

```
pythonrepltool = PythonREPLTool()
pythonrepltool.invoke(response.tool_calls[0]["args"])
```

＜コード3.2.18　正しく計算された＞

```
WARNING:langchain_experimental.utilities.python:Python REPL
can execute arbitrary code. Use with caution.
17317355\n
```

実際にPython_REPLToolを利用すると、正しい答えが得られました。

Python_REPLToolは計算以外のプログラムも実行することが可能です。Python_REPLToolを用いることでLLMにプログラムを生成させ、それを実行させることも可能になります。PythonREPLToolを使用する際は、任意のPythonスクリプトが実行可能となることに留意し、セキュリティに十分注意することを忘れてはいけません。

計算のみを行うツールとしてllm-mathが存在します。また、高度な計算を実現するツールとしてwolfram-alphaもあります。これは3.2.1項「検索ツール」のserpapiと同じようにload_tools関数を用いて利用することができます。本書では触れませんが、こちらも試してみてください。ただし、wolfram-alphaは外部のAPIを利用しているのでSerpAPIのときと同様、APIキーを取得する必要があることに注意してください。

3.2.3　ツールを自作する

前項まで で様々なツールを見てきましたが、ツールを自作することも可能です。ツールを自作することで、自分のニーズに完全に合わせたカスタマイズが可能になり、特定の業務や作業フローに最適化された機能を実装できます。既存のツールにはない独自の機能を追加できるのが面白いですね。本項ではおみくじツールの作成を通して、ツールの自作方法を説明します。

そもそも、これまで話してきた「ツール」とは「関数」に他なりません。ツール（関数）に適切な引数を渡すことでその結果を利用します。そのため、ツールを自作する際には、まずそのツールに行って欲しいことを関数の形で定義することから始めます（＜コード3.2.19　ツール化する元の関数＞）。

＜コード 3.2.19　ツール化する元の関数＞

```
# おみくじ関数

import random
from datetime import datetime

def get_fortune(date_string):
    # 日付文字列を解析
    try:
        date = datetime.strptime(date_string, "%m月%d日")
    except ValueError:
        return "無効な日付形式です。'X月X日'の形式で入力してくださ\
い。"

    # 運勢のリスト
    fortunes = [
        "大吉", "中吉", "小吉", "吉", "末吉", "凶", "大凶"
    ]

    # 運勢の重み付け（大吉と大凶の確率を低くする）
    weights = [1, 3, 3, 4, 3, 2, 1]

    # 日付に基づいてシードを設定（同じ日付なら同じ運勢を返す）
    random.seed(date.month * 100 + date.day)

    # 運勢をランダムに選択
    fortune = random.choices(fortunes, weights=weights)[0]

    return f"{date_string}の運勢は【{fortune}】です。"

# 出力例
get_fortune("10月22日")
```

＜コード 3.2.20　実行結果＞

```
10月22日の運勢は【中吉】です。
```

これはおみくじを引くための関数です。「1月1日」のような日付を表す文字列を入力すると、運勢を占って文章の形で返してくれます。関数のアルゴリズム的な仕組みは本質ではないため割愛します。

執筆時の運勢は「中吉」だそうです。ちょっとうれしいですね。

ではこの関数を元にツールを作成してみましょう。

<コード 3.2.21　ツールを作成するプログラム>は実際にツールを作成するスクリプトの例です。

<コード 3.2.21　ツールを作成するプログラム>

```
from langchain.tools import BaseTool

#1 ツールの定義
class Get_fortune(BaseTool):
    name: str = 'Get_fortune'
    description: str = (
        "特定の日付の運勢を占う。インプットは　'date_string' です。\
'date_string' は、占いを行う日付で、mm月dd日 という形式です。「1月1日」\
のように入力し、「'1月1日'」のように余計な文字列を付けてはいけません。"
    )

    def _run(self, date_string) -> str:
        return get_fortune(date_string)

    async def _arun(self, query: str) -> str:
        raise NotImplementedError("does not support async")
```

<#1 ツールの定義>ではクラスの形でツールを定義しています。

BaseToolはLangChainライブラリで提供される基本的なツールクラスです。このクラスは、カスタムツールを作成する際の基礎となるものです。BaseToolを継承することで、独自のツールを簡単に作成できます。

まず、ツールの名前と説明をname、descriptionという形で入力します。この説明を元にLLMがツールを利用するかを判断します。そして、ツールを利用する際に実際に行う処理を_runメソッドに定義します。これで最低限のツールを作成することができます。

その他にも、非同期実行をサポートする_arunメソッドやhandle_tool_errorメソッドを作成することもできます。

では、実際に作ったツールを利用してみましょう（<コード 3.2.22　作成したツールの利用>）。

<コード 3.2.22　作成したツールの利用>

```
tools = [Get_fortune()]
```

```
model = ChatOpenAI(model="gpt-4o-mini")
model_with_tools = model.bind_tools(tools)

question = "10月22日の運勢を教えてください。"

response = model_with_tools.invoke([HumanMessage(content=\
question)])

print(f"ContentString: {response.content}")
print(f"ToolCalls: {response.tool_calls}")
```

＜コード 3.2.23　実行結果＞

```
ContentString:
ToolCalls: [{'name': 'Get_fortune', 'args': {'date_string': \
'10月22日'}, 'id': 'call_McZvHFC1V7uoR0hPPYMGk2vy', 'type': \
'tool_call'}]
```

＜コード 3.2.24　実行させる＞

```
tool = Get_fortune()
tool.invoke(response.tool_calls[0])
```

＜コード 3.2.25　実行結果＞

```
ToolMessage(content='10月22日の運勢は【中吉】です。', name='Get_\
fortune', tool_call_id='call_McZvHFC1V7uoR0hPPYMGk2vy')
```

LLMがツールを認識し、適切にツールを利用できていますね。

このようにツールを自作することで、自分のニーズに完全に合わせたカスタマイズが可能になります。開発の幅が広がりますね。

ところで、このLLMに「今日の運勢を教えて」と質問したらどうなるでしょうか？試してみましょう（＜コード 3.2.26　質問を「今日の」に変更＞）。

＜コード 3.2.26　質問を「今日の」に変更＞

```
model = ChatOpenAI(model="gpt-4o-mini")

tools = [Get_fortune()]
```

```
model_with_tools = model.bind_tools(tools)

question = "今日の運勢を教えてください。"

response = model_with_tools.invoke([HumanMessage(content=\
question)])

print(f"ContentString: {response.content}")
print(f"ToolCalls: {response.tool_calls}")
```

<コード 3.2.27 「今日の」がわかってくれない>

```
ContentString:
ToolCalls: [{'name': 'Get_fortune', 'args': {'date_string': \
'10月10日'}, 'id': 'call_gnY78ZbCoMcBjCEqFSg88Jya', 'type': \
'tool_call'}]
```

実行した今日は10月22日なのに、なぜか10月10日のおみくじを引いていますね。

これはLLMに時間の概念がないためです。LLMは現在の日付を認識しておらず、外部から情報が提供されない限りこのような質問に正しく答えることはできないのです。

ではどうすればいいか、みなさんもうおわかりですね。今日の日付を取得するツールを自作してみましょう。まず、ツールのコアの部分となる関数を定義します（<コード 3.2.28　今日の日付を取得するツールのコアとなる関数を定義>）。本実装ではdatetimeクラスを利用して時刻を取得しています。こちらも関数のアルゴリズム的な仕組みは本質ではないため割愛します。

<コード 3.2.28　今日の日付を取得するツールのコアとなる関数を定義>

```
from datetime import timedelta
from zoneinfo import ZoneInfo

# 日付取得関数

def get_date(date):
    """
    与えられた単語に基づいて日付を返す
    Parameters
    ---------
    date : str
```

```
    日付を表す文字列
    今日、明日、明後日のいずれか
    Returns
    ------
    Str
    日付を表す文字列
    日付は'X月X日'の形式
    """
    date_now = datetime.now(ZoneInfo("Asia/Tokyo"))
    if ("今日" in date):
        date_delta = 0
    elif ("明日" in date):
        date_delta = 1
    elif ("明後日" in date):
        date_delta = 2
    else:
        return "サポートしていません"
    return (date_now + timedelta(days=date_delta)).strftime\
('%m月%d日')

# 出力例
print(get_date("今日"))
```

＜コード 3.2.29　正しく取得できた＞

```
10月22日
```

次にBaseToolクラスを継承して日付取得ツールのクラスを作成します。その際、ツール名、ツールの説明、_runメソッドの定義を行うのでした（＜コード 3.2.30 BaseToolクラスを継承した日付取得ツールのクラス＞）。

適切に今日の日付（執筆時は10月22日です）を取得できていますね。

＜コード 3.2.30　BaseToolクラスを継承した日付取得ツールのクラス＞

```
class Get_date(BaseTool):
    name: str = "Get_date"
    description: str = (
        "今日の日付を取得する。インプットは 'date' です。'date' は、日\
付を取得する対象の日で、'今日', '明日', '明後日' という3種類の文字列\
から指定します。「今日」のように入力し、「'今日'」のように余計な文字列を付\
けてはいけません。"
    )
```

```
    def _run(self, date) -> str:
        return get_date(date)

    async def _arun(self, query: str) -> str:
        raise NotImplementedError("does not support async")
```

<コード 3.2.31 作成したツールの利用>

```
model = ChatOpenAI(model="gpt-4o-mini")

tools = [Get_date()]

model_with_tools = model.bind_tools(tools)

question = "今日の日付を教えてください。。"

response = model_with_tools.invoke([HumanMessage(content=\
question)])

print(f"ContentString: {response.content}")
print(f"ToolCalls: {response.tool_calls}")
```

<コード 3.2.32 実行結果>

```
ContentString:
ToolCalls: [{'name': 'Get_date', 'args': {'date': '今日'}, \
'id': 'call_WrFcjX2GLVOmRWLwOIN5XHG9', 'type': 'tool_call'}]
```

<コード 3.2.33 実行させる>

```
tool = Get_date()
tool.invoke(response.tool_calls[0])
```

<コード 3.2.34 実行結果（正しく取得されている）>

```
ToolMessage(content='10月22日', name='Get_date', tool_call_id\
='call_WrFcjX2GLVOmRWLwOIN5XHG9')
```

では本題に戻って今日の運勢を質問してみましょう（<コード 3.2.36 改めて「今日の」で質問してみる>）。

＜コード 3.2.35　改めて「今日の」で質問してみる＞

```
model = ChatOpenAI(model="gpt-4o-mini")

tools = [Get_fortune(), Get_date()]

model_with_tools = model.bind_tools(tools)

question = "今日の運勢を教えてください。。"

response = model_with_tools.invoke([HumanMessage(content=\
question)])

print(f"ContentString: {response.content}")
print(f"ToolCalls: {response.tool_calls}")
```

＜コード 3.2.36　実行結果＞

```
ContentString:
ToolCalls: [{'name': 'Get_date', 'args': {'date': '今日'}, \
'id': 'call_MwjqygPMTVUUocediYBkOTJc', 'type': 'tool_call'}]
```

出力を見ると Get_date ツールを呼び出していることがわかります。でもこれだけでは今日の日付がわかるだけで今日の運勢はわかりませんね。Get_date ツールで得た日付を元に運勢について再度質問しなければなりません。

本節では LLM にツールを与え、動的な情報取得を可能にする手法を見てきました。様々なツールを利用することで、LLM で対応できる質問の幅が飛躍的に広がります。

しかし本節の実装では LLM にツールを与えることはできましたが、ツールの実行は我々が行っていました。すなわち、ツールの結果を見て再度質問をするような複雑な推論は不可能です。

次節ではツールの実行までシステム側で行い、複雑な推論が可能な LLM エージェントを作成します。

3.3　複雑なフローで推論するエージェント

前節では、LLMにツールを与えることで、その能力を拡張する方法を探究しました。しかし、そこでの実装には1つの大きな制限がありました。それは、ツールの実行を我々人間が担っていたという点です。この制約により、複数回のツール実行を要するような複雑な推論プロセスをLLMに任せることは不可能でした。

本節では、この制限を取り払い、LLMの可能性をさらに引き出すことを目指します。ここでは、ツールの実行までをシステム側で自動化し、LLMが自律的にツールを使用できる環境を構築します。これにより、複数のステップを要する複雑な推論や問題解決を、人間の介在なしに遂行できるLLMエージェントを実現することができます。

本章では**ReAct**というアプローチを用いたLLMエージェントを作成します。

ReActとは、Reasoning and Acting（**推論と行動**）の略で、LLMを使ってより複雑なタスクを解決するための手法です。LLMに「考える」ステップと「行動する」ステップを交互に行わせることで、複雑な問題を段階的に解決していくことを目指します。

・プロセスの流れ（ループ）

a. 思考（Thought）	LLMが問題について考え、次に何をすべきかを決定します。
b. 行動（Action）	思考に基づいて、具体的な行動（例：情報検索、計算）を実行します。
c. 観察（Observation）	行動の結果を観察し、新しい情報を得ます。
d. 上記のプロセスを問題解決まで繰り返し行います。	

このプロセスには以下のような利点があります。

・複雑な問題を小さなステップに分解できる。
・LLMが自身の思考プロセスを説明しながら進めるため、透明性が高まる。

我々人間も大きな問題に直面するとどうすればいいかわからなくなってしまいますよね。このようなとき、全体を俯瞰して、必要な部分から1つひとつ解決することはよくあるアプローチの1つだと思います。これを明示的にLLMに行わせるのがReActというアプローチです。

では実際にReActのプロンプトを見てみましょう。

まず、必要なライブラリをインストールします（<コード3.3.1　langchainhubのイ

ンストール＞)。

＜コード 3.3.1 langchainhub のインストール＞

```
!pip install langchainhub
```

＜コード 3.3.2 LangChain Hub からプロンプトを取得＞は **LangChain Hub** から公開されているプロンプトを取得するスクリプトです。

LangChain Hub は、LLM システムの開発に必要な様々なプロンプトが共有されているプラットフォームです。開発者はこのプラットフォームを使って、必要なプロンプトを見つけたり、他のユーザと共有したりできます。

今回は LangChain Hub に公開されている ReAct のプロンプトを利用します。

＜コード 3.3.2 LangChain Hub からプロンプトを取得＞

```
from langchain import hub

prompt = hub.pull("hwchase17/react")

print(prompt.template)
```

＜コード 3.3.3 実行結果（一部省略）＞（下線部は以下を参照）

```
...(略)...
Answer the following questions as best you can. You have access
to the following tools:{tools}
Use the following format:
Question: the input question you must answer
Thought: you should always think about what to do
Action: the action to take, should be one of [{tool_names}]
Action Input: the input to the action
Observation: the result of the action
...(this Thought/Action/Action Input/Observation can repeat N
times)
Thought: I now know the final answer
Final Answer: the final answer to the original input question
Begin!
Question: {input}
Thought:{agent_scratchpad}
...(略)...
```

上記のスクリプトではLangChian Hubから取得したプロンプトの内容をprint文で確認しています。出力されたプロンプトのポイントを説明します。

・**Answer the following questions as best you can.**

最良な応答が得られない場合でも、モデルが持つ能力の範囲内で最善の努力をすることを促します。これにより、難しい質問や曖昧な指示に対しても、モデルが試行錯誤しながら応答を提供する可能性が高まります。

・**You have access to the following tools:\n\n{tools}**

利用可能なツールについて提示しています。ReActという手法では、まずLLMが問題について考え、その結果に応じた行動をするのでした。その際の選択肢になるのがこれらのツールです。

・**Use the following format: 〜 Thought: 〜 Action: 〜 Action Input: 〜 Observation: 〜**

ReActのコアの部分です。思考、行動、観察のステップを明示的にLLMに行わせています。これにより、モデルは問題解決のプロセスを段階的に進めながら、より効果的な応答を導き出すことが期待できます。

では、ReAct手法を用いてLLMエージェントを作成してみましょう。

あらかじめ、ツールの定義を行っておきます（<コード3.3.4　ツールの定義1（おみくじツール）>）。わからない部分がある人は3.2節「LLMにツールを与える」に戻って復習しましょう。

<コード3.3.4　ツールの定義1（おみくじツール）>

```
# おみくじ関数

import random
from datetime import datetime

def get_fortune(date_string):
    # 日付文字列を解析
    try:
        date = datetime.strptime(date_string, "%m月%d日")
    except ValueError:
        return "無効な日付形式です。'X月X日'の形式で入力してくださ\
い。"
```

```
    # 運勢のリスト
    fortunes = [
        "大吉", "中吉", "小吉", "吉", "末吉", "凶", "大凶"
    ]

    # 運勢の重み付け（大吉と大凶の確率を低くする）
    weights = [1, 3, 3, 4, 3, 2, 1]

    # 日付に基づいてシードを設定（同じ日付なら同じ運勢を返す）
    random.seed(date.month * 100 + date.day)

    # 運勢をランダムに選択
    fortune = random.choices(fortunes, weights=weights)[0]

    return f"{date_string}の運勢は【{fortune}】です。"

# ツール作成

from langchain.tools import BaseTool

class Get_fortune(BaseTool):
    name: str = 'Get_fortune'
    description: str = (
        "特定の日付の運勢を占う。インプットは 'date_string' です。\
'date_string' は、占いを行う日付で、mm月dd日 という形式です。「1月1日」\
のように入力し、「'1月1日'」のように余計な文字列を付けてはいけません。"\
    )

    def _run(self, date_string) -> str:
        return get_fortune(date_string)

    async def _arun(self, query: str) -> str:
        raise NotImplementedError("does not support async")
```

＜コード 3.3.5　ツールの定義 2（日付ツール）＞

```
# 日付ツール定義（再掲）

# 日付取得関数

from datetime import timedelta
from zoneinfo import ZoneInfo
```

```
def get_date(date):
    date_now = datetime.now(ZoneInfo("Asia/Tokyo"))
    if ("今日" in date):
        date_delta = 0
    elif ("明日" in date):
        date_delta = 1
    elif ("明後日" in date):
        date_delta = 2
    else:
        return "サポートしていません"
    return (date_now + timedelta(days=date_delta)).strftime\
('%m月%d日')

class Get_date(BaseTool):
    name: str = 'Get_date'
    description: str = (
        "今日の日付を取得する。インプットは 'date' です。'date' は、日\
付を取得する対象の日で、'今日', '明日', '明後日' という3種類の文字列\
から指定します。「今日」のように入力し、「'今日'」のように余計な文字列を付\
けてはいけません。"
    )

    def _run(self, date) -> str:
        return get_date(date)

    async def _arun(self, query: str) -> str:
        raise NotImplementedError("does not support async")
```

＜コード3.3.6　エージェントの作成＞は実際にエージェントの作成を行うスクリプトです。

＜コード3.3.6　エージェントの作成＞

```
# エージェントの作成

from langchain_openai import ChatOpenAI
from langchain.schema import HumanMessage
from langchain.agents import AgentExecutor, create_react_agent

model = ChatOpenAI(model="gpt-4o-mini")
```

```
tools = [Get_date(), Get_fortune()]

#1 エージェントの作成
agent = create_react_agent(model, tools, prompt)

#2 エージェントの実行準備
agent_executor = AgentExecutor(agent=agent, tools=tools, \
verbose=True)

response = agent_executor.invoke({"input": [HumanMessage\
(content="今日の運勢を教えてください。")]})

print(response)
```

これまでと異なるのは以下の2点です。

① **agent = create_react_agent(model, tools, prompt)** （<#1エージェントの作成>）

この行では、ReActエージェントを作成しています。

・create_react_agentは、ReActアプローチを実装したエージェントを生成する関数です。
・modelで使用する言語モデルを指定します。
・toolsはエージェントが使用できるツールのリストです。おみくじツールと日付取得ツールを与えています。
・promptはエージェントの行動を導くためのプロンプトテンプレートです。先ほど取得したReActプロンプトを指定します。

② **agent_executor = AgentExecutor(agent=agent, tools=tools, verbose=True)** （<#2 エージェントの実行準備>）

この行では、作成したエージェントを実行するためのAgentExecutorを設定しています。

・AgentExecutorは、エージェントの実行を管理するクラスです。
・agent=agentで、実行対象に先ほど作成したReActエージェントを指定しています。
・tools=toolsで、エージェントが使用可能なツールを再度指定しています。これにより、エージェントとエクゼキューターが同じツールセットを共有することを確認しています。
・verbose=Trueは、実行過程の詳細なログを出力するオプションです。デバッグや動作確認に役立ちます。

出力を見てみましょう（＜コード 3.3.7　実行結果＞）。

＜コード 3.3.7　実行結果＞

```
> Entering new AgentExecutor chain...
今日の運勢を知るために、まずは今日の日付を取得する必要があります。
Action: Get_date
Action Input: 今日　10月28日今日は10月28日であることが分かりました。
次に、この日付の運勢を占う必要があります。
Action: Get_fortune
Action Input: 10月28日　10月28日の運勢は【吉】です。今日の運勢は「吉」
であることが分かりました。
Final Answer: 今日の運勢は「吉」です。

> Finished chain.
{'input': [HumanMessage(content='今日の運勢を教えてください。',
additional_kwargs={}, response_metadata={})], 'output': '今日の
運勢は「吉」です。'}
```

最終行で「今日の運勢は「吉」です。」と出力されていることが確認できますね。今日はまずまずな日みたいです…。

その上にログが出力されています。「> Entering new AgentExecutor chain..」から「> Finished chain.」までの部分です。これは普通は出力されず、verbose=True と設定すると確認できるようになります。デバッグなどで役立ちます。

ではログを詳しく確認してみましょう。ログを確認するとReActの枠組みに従って推論していることがわかりますね。

ループ1

・思考（Thought）

　　今日の運勢を知るために、まずは今日の日付を取得する必要があります。

・行動（Action）

　　Get_date、今日

・観察（Observation）

　　今日は10月28日であることが分かりました。

ループ2

・思考（Thought）

　　次に、この日付の運勢を占う必要があります。

・行動（Action）

　　Get_fortune、10 月 28 日
・観察（Observation）
　　今日の運勢は「吉」であることが分かりました。

今日の運勢を確認するには今日の日付を確認すること、今日の日付の運勢を確認することの２つのステップが必要です。ReAct というアプローチを用いることで大きな問題をこれらの細かいステップに分解し、１つひとつ解決することができるようになります。また、一連のツール実行も LLM エージェントが行うため、我々が手を動かす必要がないのもうれしいポイントですね。

先の＜コード 3.3.6　エージェントの作成＞を参考に、検索ツールを持つ LLM エージェントも作成してみましょう（＜コード 3.3.8　エージェントに検索ツールを持たせた＞）。

＜コード 3.3.8　エージェントに検索ツールを持たせた＞

```
from langchain.agents import load_tools

model = ChatOpenAI(model="gpt-4o-mini")
tools = load_tools(["serpapi"], llm=model)
agent = create_react_agent(model, tools, prompt)
agent_executor = AgentExecutor(agent=agent, tools=tools, \
verbose=True)

response = agent_executor.invoke({"input": [HumanMessage
(content="株式会社 Elith の住所を教えてください。最新の公式情報として公\
開されているものを教えてください。")]})

print(response)
```

tools の中身を変更するだけですね。

＜コード 3.3.9　実行結果＞

```
> Entering new AgentExecutor chain...
株式会社 Elith の最新の公式情報を確認するために、住所を調べる必要があります。
最新の情報が得られるソースを探すために検索を行います。
Action: Search
Action Input: "株式会社 Elith 住所　公式"　AI に関する研究、開発、設計、
企画、教育、販売、保守、コンサルティング業務を展開する株式会社 Elith （本社：
東京都渋谷区恵比寿 ）の井上（ファウンダー兼 CTO）が、2023 年
12 月 17 日に「LINKS by KERNEL」「Next in Medical AI」の共同主催により
```

```
開催される、 . . . 株式会社 Elith の住所は「東京都渋谷区恵比寿████████」
であることが最新の公式情報として確認できました。
Final Answer: 東京都渋谷区恵比寿████████

> Finished chain.
{'input': [HumanMessage(content='株式会社 Elith の住所を教えてくださ
い。最新の公式情報として公開されているものを教えてください。', additional_
kwargs={}, response_metadata={})], 'output': '東京都渋谷区恵比寿
████████'}
```

出力を見てみましょう。

ループ 1

- 思考（Thought）
  株式会社 Elith の最新の公式情報を確認するために、住所を調べる必要があります。最新の情報が得られるソースを探すために検索を行います。
- 行動（Action）
  Search、" 株式会社 Elith 住所　公式 "
- 観察（Observation）
  . . . 株式会社 Elith の住所は「東京都渋谷区恵比寿████████」であることが最新の公式情報として確認できました。

最新の公式情報を取得するために検索ツールを利用していますね。ところでみなさんは3.2節「LLMにツールを与える」でLLMに検索ツールを与えた際の出力を覚えているでしょうか？

＜再掲：コード 3.2.9　実行結果（一部省略）＞

```
['事業内容：AI（人工知能）に関する研究、開発、設計、企画、教育、販売、保守、
コンサルティング業務所在地：東京都渋谷区恵比寿████████\\u200b',
. . . （略）]
```

3.2節「LLMにツールを与える」ではLLMの出力に従って我々が検索ツールを実行しました。検索ツールを使っただけでは事業内容など、本来の質問と無関係な内容も出力に混ざってしまっていますね。

対してReAct手法では、ツールの結果に対して必ず「**観察**」というプロセスを行います。観察結果を踏まえて再度LLMエージェントが**推論**することで、必要な情報を抽出し問題に関する答えとして適切な形で応答することが可能になります。

本節では、LLMエージェントの実装、特にReAct手法を用いたエージェントの作成と外部ツールの統合について詳しく見てきました。おみくじを引く例や株式会社Elithの住所を調べる実例を通じて、エージェントが自律的に情報を収集し、分析し、適切な応答を生成する過程を観察しました。

ReAct手法により、エージェントは特定のタスクに応じた柔軟な行動が可能となり、ユーザの要求に対して的確に対応できるようになりました。これは、AIシステムの実用性と信頼性を向上させる重要な要素です。しかし、現在の実装にはまだ1つの大きな制約があります。それは、エージェントが会話の文脈や過去の相互作用を記憶できないという点です。

例えば、ユーザが以前に尋ねた質問や提供した情報に基づいて応答を調整することはできません。そのため、同じ会話内での複数回にわたる質問や関連する話題に対して、一貫性のある応答を維持するのが難しい場合があります。これは人間らしい対話や複雑なタスクの遂行において大きな限界となります。

次節では、この制約を克服するためのキーとなる「メモリ」について探求していきます。LLMエージェントにメモリ機能を実装することで、どのように長期的な文脈理解や応答が可能になるのか、そしてそれがどのようにエージェントの能力を向上させるのかを見ていきましょう。

本節では、LangChainを用いてReActエージェントを開発しました。本節の目的は、プロンプトの設定やエージェントの挙動を自分で詳細に設定しながら、ReActの仕組みや動作をより深く理解することにあります。

しかし、実際のエージェント開発においては、近年ではLangGraphを用いる実装が主流となりつつあります。

特に、LangGraphが提供するcreate_react_agentメソッドは、ReActフレームワークを迅速かつ効果的に利用するための便利なインターフェースとして広く使用されています。

このメソッドにより、従来LangChainで手動設定していた多くの工程が簡略化され、より効率的な開発が可能になっています。

LangGraphの詳細な使い方やその利便性については、第4章で詳しく解説します。

3.4　記憶を持つエージェント

3.4.1　LLM エージェントの記憶とは

前節では、ReAct アプローチを用いた LLM エージェントの基本的な実装と、外部ツールとの統合について学びました。これにより、エージェントは単一の質問に対して情報を収集し、適切な応答を生成する能力を獲得しました。しかし、人間らしい対話や複雑なタスクの遂行には、まだ重要な要素が欠けていました。それは**記憶**です。

人間の対話や問題解決能力の大きな特徴の1つは、過去の経験や会話の文脈を記憶し、それらを新しい状況に適用する能力です。これまでの LLM エージェントは、各質問を独立したものとして扱い、以前の対話や学習した内容を保持することができませんでした。この制約は、長期的なタスクの遂行や、自然な会話の流れを維持する上で大きな障壁となっていました。

本節では、この課題に取り組むため、LLM エージェントに**メモリ機能**を実装する方法を探求します。メモリの導入により、エージェントは以下のような能力を獲得することが期待されます：

ｉ）会話の文脈の維持

過去の対話内容を記憶し、それを踏まえた応答が可能になります。

ii）学習と適応

経験から学び、将来のタスクにその知識を適用できるようになります。

iii）長期的なゴール追跡

複数のステップにわたるタスクや目標を追跡し、一貫性のある行動を取ることができます。

iv）ユーザ理解の向上

個々のユーザの嗜好や特性を記憶し、よりパーソナライズされた対応が可能になります。

まず大前提として、LLM エージェントにおける「記憶」はどのように実現されているのでしょうか。

LLM エージェントにおける「記憶」は、人間の記憶とは本質的に異なる仕組みで実現されています。LLM そのものは、学習済みの重みパラメータ以外の情報を保持する能力を持っていません。つまり、従来の LLM は各推論の際に与えられた入力のみに基づいて出力を生成し、以前の対話や操作の履歴を自動的に「覚えている」わけではありません。

LLM エージェントに「記憶」機能を実装する際、実際に行っているのは過去のメッセージや重要な情報を、新しい入力とともにモデルに渡すという操作です。この過程は以下のように行われます。

① **過去の対話の保存**
　システムは、ユーザとLLMの間で交わされた過去のメッセージを保存します。これには質問、応答、そして場合によっては中間的な思考プロセスも含まれます。

② **関連情報の選択**
　新しい入力が与えられたとき、システムは保存された過去の対話から関連性の高い部分を選択します。

③ **拡張入力としての提供**
　選択された情報は、新しい入力とともにLLMに提供されます。これにより、LLMは過去の対話の文脈を考慮しながら、新しい入力に対する応答を生成できるようになります。

　この仕組みにより、LLMは一見「記憶」を持っているかのように振る舞うことができます。ユーザとの継続的な対話の中で一貫性を保ち、以前の会話を参照したり、長期的なタスクを遂行したりすることが可能になります。

3.4.2　LLMエージェントへの記憶の実装

　それでは実際にコードを見ていきましょう。
　まずはプロンプト作成からです（＜コード3.4.1　プロンプトの定義＞）。

＜コード3.4.1　プロンプトの定義＞

```
# プロンプト定義

from langchain_core.prompts import PromptTemplate

input_variables=['agent_scratchpad', 'input', 'tool_names',
'tools']
template="""\
Answer the following questions as best you can. You have access
to the following tools:
{tools}

Use the following format:

Question: the input question you must answer
Thought: you should always think about what to do
Action: the action to take, should be one of [{tool_names}]
```

```
Action Input: the input to the action
Observation: the result of the action
... (this Thought/Action/Action Input/Observation can repeat N
times)
Thought: I now know the final answer
Final Answer: the final answer to the original input question

Begin!

Previous conversation history: {chat_history}
Question: {input}
Thought:{agent_scratchpad}"""

prompt = PromptTemplate(input_variables=input_variables,
template=template)
print(prompt.template)
```

＜コード 3.4.2 実行結果＞

```
Answer the following questions as best you can. You have access
to the following tools:

{tools}

Use the following format:

Question: the input question you must answer
Thought: you should always think about what to do
Action: the action to take, should be one of [{tool_names}]
Action Input: the input to the action
Observation: the result of the action
... (this Thought/Action/Action Input/Observation can repeat N
times)
Thought: I now know the final answer
Final Answer: the final answer to the original input question

Begin!

Previous conversation history: {chat_history}
Question: {input}
Thought:{agent_scratchpad}
```

このスクリプトではPromptTemplateクラスを利用してプロンプトを作成しています。プロンプトの内容は前節<コード3.3.6 エージェントの作成>のReActプロンプトからほとんど変わっていません。変わっているのはQuestionの前にPrevious conversation history: {chat_history}の一行が増えていることです。LLMに質問を与える際に、chat_historyの部分に過去の対話履歴も同時に入力します。これによりLLMはそれまでの対話履歴を踏まえた応答ができるようになります。

LangChain Hubにはメモリ機能に対応しているプロンプトも公開されています(hwchase17/react-chat)。もちろんこちらを利用することも可能です。

本節では、前節で利用したプロンプトとの差が小さくなるようにプロンプトを自作して解説しています。

では次に実際にメモリを作成していきます。

ここでポイントになるのがChatMessageHistoryクラスです。ChatMessageHistoryクラスはLLMとユーザとの会話履歴を保存するためのクラスです。会話で新しいメッセージ入出力があるたびにadd_user_messageメソッドやadd_ai_messageメソッドを利用してその内容を保存することができます。ここで保存されている内容をLLMに与えることで、それまでの対話履歴を踏まえた応答ができるようになるわけです。

実際のスクリプトを見てみましょう(<コード3.4.3 会話ごとに記憶を切り替える>)。

<コード3.4.3 会話ごとに記憶を切り替える>

```
from langchain.memory import ChatMessageHistory

store = {}

def get_by_session_id(session_id: str) -> ChatMessageHistory:
    if session_id not in store:
        store[session_id] = ChatMessageHistory()
    return store[session_id]
```

- まず、ChatMessageHistoryクラスをimportします。ChatMessageHistoryクラスは、チャットの履歴を保存するためのLangChainの機能でしたね。
- storeは、セッションIDをキーとしてチャット履歴を保存する辞書です。
- get_by_session_id関数は、指定されたセッションIDに対応するチャット履歴を取得または新規作成する関数です。もし指定されたセッションIDが初めてのものであれば、チャット履歴を保存するためのChatMessageHistoryクラスオブジェクトを新しく生成します。また、セッションIDに対応する

ChatMessageHistoryクラスオブジェクトが存在すれば、それまでのメモリをそのまま返します。

複数人がエージェントを利用する場合にメモリが1つしかなければ、みんなの会話が1つにまとめて保存されて会話の内容が混ざってしまいますよね。利用している人ごとにメモリを作って使い分けるのがget_by_session_id関数の目的です。使い分ける際にユーザごとに割り当てる名前がsession_idにあたるわけです。

＜コード3.4.4　RunnableWithMessageHistoryにより、メッセージ履歴（メモリ）を追加＞

```
from langchain_openai import ChatOpenAI
from langchain.agents import load_tools
from langchain.agents import AgentExecutor, create_react_agent
from langchain_core.runnables.history import \
RunnableWithMessageHistory

model = ChatOpenAI(model="gpt-4o-mini")
tools = load_tools(["serpapi"], llm=model)
agent = create_react_agent(model, tools, prompt)
agent_executor = AgentExecutor(agent=agent, tools=tools, \
verbose=True)

agent_with_chat_history = RunnableWithMessageHistory(
    agent_executor,
    get_by_session_id,
    input_messages_key="input",
    history_messages_key="chat_history",
)

response = agent_with_chat_history.invoke({"input": "株式会社\
Elithの住所を教えてください。最新の公式情報として公開されているものを教え\
てください。"},
    config={"configurable": {"session_id": "test-session1"}})
```

この＜コード3.4.4　RunnableWithMessageHistoryにより、メッセージ履歴（メモリ）を追加＞は、実際にエージェントにメモリ機能を追加している核心部分です。

ポイントになるのはRunnableWithMessageHistoryクラスです。

RunnableWithMessageHistoryは、既存のエージェントやチェーンにメッセージ履歴（メモリ）機能を追加するためのクラスです。このクラスは、エージェントの実行前に過去の会話履歴を取得し、実行後に新しい会話を保存する処理を自動的に行います。すなわち、我々はエージェントに合わせてメモリに会話履歴を追加するための add_user_message メソッドや add_ai_message メソッドを利用するスクリプトを書く必要がなくなります。これにより簡単にメモリ機能を外付けできます、便利ですね。

スクリプト中の RunnableWithMessageHistory クラスの部分を詳しく見てみましょう（＜コード 3.4.5　コード 3.4.4 の RunnableWithMessageHistory の部分＞）。

＜コード 3.4.5　コード 3.4.4 の RunnableWithMessageHistory の部分＞

```
agent_with_chat_history = RunnableWithMessageHistory(
    agent_executor,
    get_by_session_id,
    input_messages_key="input",
    history_messages_key="chat_history",
)
```

上記の部分で agent_executor をラップし、記憶付きのエージェントの実行器を作成しています。

引数は以下です。

① **agent_executor**

・記憶機能を追加したいエージェントを指定します。

② **get_by_session_id**

・セッションごとのチャット履歴を管理する関数を指定します。

③ **input_messages_key** と **history_messages_key**

・入力メッセージとチャット履歴をエージェントに渡す際のキーを指定しています。

・input_messages_key="input"

エージェントへの新しい入力メッセージをこのキー（今回は "input"）で指定することを意味します。

・history_messages_key="chat_history"

過去の会話履歴をこのキー（今回は "chat_history"）でエージェントに渡すことを指定しています。

・プロンプトの input_variables と対応していることを確認しましょう。

また、セッション ID を LLM エージェントに渡すために、invoke メソッド利用時に config パラメータを渡すことを忘れないでください。config パラメータで session_id を指定することで、特定のセッションのチャット履歴を LLM エージェントが利用できるようになります。

では、<コード 3.4.4　RunnableWithMessageHistory により、メッセージ履歴（メモリ）を追加>の出力を見ていきましょう（<コード 3.4.6　コード 3.4.4 の結果>）。

test-session1 セッションで Elith の住所について質問しました。

<コード 3.4.6　コード 3.4.4 の結果>

```
> Entering new AgentExecutor chain...
株式会社 Elith の最新の住所を確認するために、公式情報を検索する必要があります。公式ウェブサイトや企業情報を提供するサイトを調べるのが良いと思います。
Action: Search
Action Input: 株式会社 Elith 住所 公式サイト  [' 株式会社エリスの公式 HP です。Elith は、最先端の AI 技術をビジネス実装し価値を生み出す松尾研発スタートアップです .', ' 大企業向け ; 中小企業向け . 会社概要 . 株式会社 Elith. 住所 : 〒 150-0021 東京都渋谷区恵比寿█████████.  ...( 略 )] 株式会社 Elith の最新の住所は「〒 150-0021 東京都渋谷区恵比寿█████████」であることが確認できました。
Final Answer: 〒 150-0021 東京都渋谷区恵比寿█████████

> Finished chain.
```

メモリを確認しましょう（<コード 3.4.7　test-session1 のメモリを表示させる>）。

<コード 3.4.7　test-session1 のメモリを表示させる>

```
print(get_by_session_id("test-session1"))
```

<コード 3.4.8　実行結果（メモリの内容）>

```
Human: 株式会社 Elith の住所を教えてください。最新の公式情報として公開されているものを教えてください。
AI: 〒 150-0021 東京都渋谷区恵比寿█████████
```

質問とその応答が保存されていますね。

では同じセッションで Elith についてさらに質問しましょう（<コード 3.4.9　さらに質問する>）。

<コード 3.4.9　さらに質問する>

```
response = agent_with_chat_history.invoke({"input": " 先ほど尋ね\
た会社は何の会社ですか ?"},
    config={"configurable": {"session_id": "test-session1"}})
```

<コード 3.4.10　実行結果>

```
> Entering new AgentExecutor chain...
株式会社 Elith についての情報を調べる必要があります。会社の事業内容や業種を
知るために、最新の情報を検索します。
Action: Search
Action Input: 株式会社 Elith 会社概要　['事業内容：AI（人工知能）に関
する研究、開発、設計、企画、教育、販売、保守、コンサルティング業務所在地：
東京都渋谷区恵比寿████\u200b', '株式会社エリスの公式 HP です。
Elith は、最先端の AI 技術をビジネス実装し価値を生み出す松尾研発スタートアッ
プです.', '株式会社 Elith の魅力を伝えるコンテンツと、住所や代表・従業員
などの会社情報です。Elith は AI のもっと身近な活用を推進して、より暮らしや
すい世の中にします。', '会社概要. 株式会社 Elith. 住所: 〒 150-0021 東
京都渋谷区恵比寿████. 資本金: 50万円. 設立年月: 2022年12月.
従業員数: 20名. 事業内容: AI に関する研究 ...', 'AI に関する研究、開発、

...（略）...

している会社です。この会社は 2022 年に設立され、最先端の AI 技術をビジネスに
実装し、価値を生み出すことを目指しています。また、AI アバター作成サービス
「AIcon」や手話 AI サービス「SHUWAI」を提供しています。

Final Answer: 株式会社 Elith は、AI に関する研究、開発、設計、企画、教育、
販売、保守、コンサルティング業務を行っている会社です。

> Finished chain.
```

はじめに「株式会社 Elith についての情報を調べる必要があります。」と分析していますね。

ここで入力では「先ほど尋ねた会社」という表現を利用したことに注意してください。Elith という具体的な会社名を出していないのにこの質問が Elith についての質問であるという文脈を理解しているのは、過去の会話履歴を記憶として適切に与えているためです（<コード 3.4.11　会話の履歴を表示する>）。

<コード 3.4.11　会話の履歴を表示する>

```
print(get_by_session_id("test-session1"))
```

<コード 3.4.12　実行結果（確かに会話の履歴が記憶されている）>

```
Human: 株式会社 Elith の住所を教えてください。最新の公式情報として公開
されているものを教えてください。
AI: 〒 150-0021 東京都渋谷区恵比寿████
```

```
Human: 先ほど尋ねた会社は何の会社ですか？
AI: 株式会社Elithは、AIに関する研究、開発、設計、企画、教育、販売、保守、
コンサルティング業務を行っている会社です。
```

メモリにも前回の会話の続きとして今回の会話が保存されていることがわかります。

では別セッションではどうでしょうか。

まだ対話をしていない新しいセッションで試してみましょう（＜コード3.4.13　対話のない状態の記憶の表示（test-session2）＞）。

＜コード3.4.13　対話のない状態の記憶の表示（test-session2）＞

```
print(get_by_session_id("test-session2"))
```

＜コード3.4.14　test-session2は、とうぜん空っぽ＞

test-session2セッションの記憶は空になっています。

test-session1セッションの会話内容はtest-session2セッションでは反映されていません。これがget_by_session_id関数の効果です。test-session1セッションの会話内容とtest-session2セッションの会話内容は独立に保存されていることが確認できますね。

ではtest-session2セッションでも「先ほど尋ねた会社」について質問しておきましょう（＜コード3.4.15　別セッションで先の記憶を確認＞）。

＜コード3.4.15　別セッションで先の記憶を確認＞

```
response = agent_with_chat_history.invoke({"input": "先ほど尋ね\
た会社は何の会社ですか？"},
    config={"configurable": {"session_id": "test-session2"}})
```

＜コード3.4.16　実行結果（情報不足であることから、記憶は適切に管理されていることがわかる）＞

```
> Entering new AgentExecutor chain...
この質問には具体的な情報が不足しています。「先ほど尋ねた会社」が何を指しているのか明確ではないため、追加の情報が必要です。私の役割としては、検索を通じて情報を得ることもできますが、まずは質問の内容を理解することが重要です。
```

```
...（略）...
Final Answer: 先ほど尋ねた会社については具体的な情報が不足しているため、
明確な回答を提供することができません。具体的な会社名や業種を教えていただけ
れば、より正確な情報を提供できます。

> Finished chain.
```

＜コード 3.4.16　結果（情報不足であることから、記憶は適切に管理されていることがわかる）＞では「先ほど尋ねた会社については具体的な情報が不足しているため、明確な応答を提供することができません。」と出力されますね。

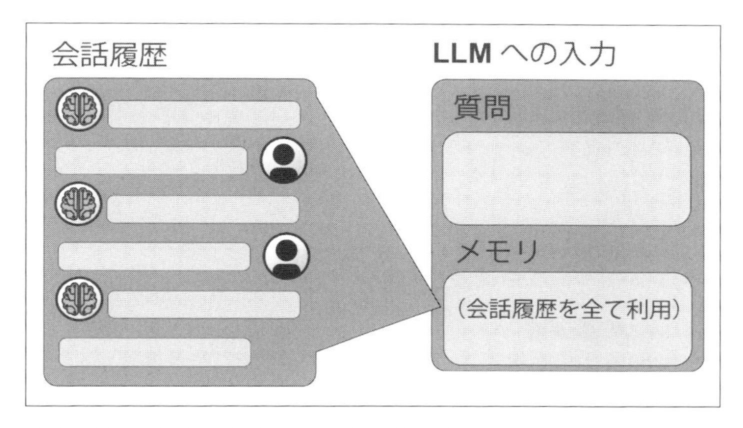

＜図 3.4.1　過去の会話履歴を全て LLM に渡す＞

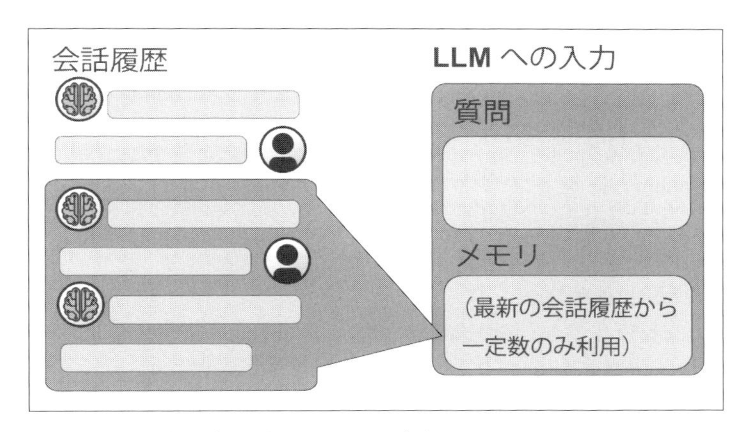

＜図 3.4.2　最新の会話履歴を LLM に渡す＞

このようにセッションごとにメモリを切り替えることで、独立した記憶の管理が可能になります。同一のチャットボットを複数人に利用させるシーンなどを考えると必須の機能になりますね。

今回の実装では過去の対話履歴を全てLLMに渡しました。この方法は過去の情報を不足なく全て渡せる反面、トークン数の制限に直面しやすく、処理効率が低下し、関連性の低い情報によってノイズが増えるという欠点があります。入力するメモリが増えるほどLLMの利用料金なども増加しますし、LLMの応答の質も下がってしまいます。

これを解決するのが**コンバセーショナル・バッファ**（Conversational Buffer）というアプローチです。これは最近の対話のみを保持しLLMに入力する手法で、最新の文脈を維持しつつ、トークン数を効率的に管理できます。

しかしこのアプローチは、短期的な文脈理解には効果的ですが、長期的な記憶や複雑な文脈の維持ができないという欠点があります。この場合、対話全てを保持しておき、必要な情報を抽出してLLMに渡すというアプローチが有効です。

次節ではより進んだ記憶の管理方法を用いてペルソナのあるLLMエージェントを作成します。

3.5　ペルソナのあるエージェント

3.5.1　ペルソナの重要性

前節まででツールを利用できるLLMエージェントや記憶を持つLLMエージェントを実装してきました。機能が増えて、LLMエージェントにできることが大幅に広がりましたね。本節ではLLMエージェントにペルソナを付与する技術について解説します。

ここでいう**ペルソナ**とは性格や価値観、趣味嗜好などのキャラクターのことです。

LLMエージェントにおいて、ツールやメモリに比べてペルソナはあまり重要ではないように感じるかもしれません。しかしLLMにおけるペルソナの付与は、モデルの使用体験や出力の質を向上させ、特定のユーザニーズに合わせた応答を提供するために非常に重要です。

まず、ペルソナの重要性についてみていきましょう。

(1)　自然な対話体験の提供

ペルソナの付与は、LLMが単なる情報の提供者ではなく、個性や特定の視点を持ったキャラクターとして機能することを可能にします。これにより、ユーザはLLMとの対話がより人間らしく、親しみやすいものに感じられ、モデルの使用がより魅力的な体験となります。例えば、特定のペルソナを持つモデルは、特定のトーンや文体で対話することで、ユーザに応じた適切なコミュニケーションが可能になります。

(2)　コンテキストの持続性と一貫性

ペルソナを持たせることで、LLM エージェントは対話の一貫性を維持しやすくなります。例えば、同じキャラクター設定が適用されることで、対話のトーンやスタイルがブレることなく、長時間の会話でも一貫したコミュニケーションが可能となります。これは、ユーザにとってより信頼性のある体験を提供します。

(3)　特定のニーズや専門性への適応

ペルソナの付与によって、LLM は特定の分野や専門性に特化した応答が可能になります。例えば、医療分野や法律分野に特化したペルソナを設定すれば、関連する専門的なトピックに対して正確で信頼性の高い情報を提供することが期待されます。これにより、モデルがユーザの特定のニーズに合わせて高度にカスタマイズされた応答を行うことができます。

(4)　ユーザエンゲージメントの向上

ペルソナがあることで、ユーザはモデルとより感情的なつながりを感じることができます。例えば、サポートキャラクターや教育的な役割を持つペルソナは、ユーザに寄り添うような対話を行い、より深いエンゲージメントを生むことが可能です。これにより、ユーザがモデルを信頼し、繰り返し利用する動機付けとなります。

3.5.2　ペルソナ付与のためのプロンプト技術

ペルソナの重要性が理解できたところで、次は実際に LLM にペルソナを付与する方法について説明します。

ここでは、ペルソナ付与を行うためのプロンプト技術を紹介します。効果的にペルソナを設定するためのポイントを押さえながら、具体的なプロンプト例を使って学んでいきましょう。

3.5.2.1　ペルソナのないプロンプト

まず、ペルソナを設定していない状態でのプロンプト技術を確認します。この場合、AI は特定のキャラクターに縛られることなく、質問に対して一般的で正確な応答を提供します。

＜コード 3.5.1　コード 3.1.4 の質問を変更したもの＞は 3.1 節「LLM に知識を与える」の＜コード 3.1.4　LLM に知識を与える＞からプロンプトと質問内容のみ変えたものです。

＜コード 3.5.1　コード 3.1.4 の質問を変更したもの＞

```
from langchain_core.prompts import ChatPromptTemplate

# プロンプトテンプレートの作成
message = """
以下の質問に答えてください。

{question}
"""

prompt = ChatPromptTemplate.from_messages([("human", \
message)])

model = ChatOpenAI(model="gpt-4o-mini")
chain = prompt | model

question_text = "LLMエージェントについて教えてください。"

response = chain.invoke({"question": question_text})
print(response.content)
```

＜コード 3.5.2　実行結果＞

```
LLMエージェントとは、Large Language Model（大規模言語モデル）を基にしたエージェントのことを指します。これらのエージェントは、自然言語処理技術を利用して、人間の言語を理解し、生成する能力を持っています。具体的には、以下のような特徴や機能があります。

1. 自然言語理解：LLMエージェントは、ユーザからの入力を解析し、その意図や意味を理解することができます。

2. 自然言語生成：ユーザの要求に応じて、適切な応答や情報を生成する能力があります。これにより、対話形式でのコミュニケーションが可能になります。

3. 学習能力：大規模なデータセットでトレーニングされているため、多様なトピックに関する知識を持っています。また、特定のタスクやドメインに特化したトレーニングを行うことも可能です。

4. 対話管理：LLMエージェントは、文脈を保持し、会話の流れを維持するための対話管理機能を持つことが一般的です。

5. 応用範囲：カスタマーサポート、情報検索、教育支援、コンテンツ生成、プロ
```

```
グラミング支援など、様々な分野で利用されています。

6. インタラクティブ性：ユーザとのインタラクションを通じて、より良い応答を
生成するためのフィードバックを受け取ることができる場合もあります。

LLM エージェントは、AI 技術の進歩により、より自然で人間らしい対話を実現する
ための重要なツールとなっています。これにより、さまざまな業界での効率化や新
たなサービスの提供が期待されています。
```

この形式は、正確な情報を伝えるためには適していますが、感情的なつながりや親しみやすさが欠けています。無機質で文章量も多いため、この文章を見てあまり読みたくないと感じる人もいるかもしれません。

3.5.2.2　ペルソナ付きプロンプト

次に、特定のペルソナを付与したプロンプトを使用します。<コード 3.5.3　プロンプトにペルソナを付与>の例では、エージェントは「えりすちゃん」という架空のキャラクターを持ち、特定のトーンや文体で応答を行います。

<コード 3.5.3　プロンプトにペルソナを付与>

```
# プロンプトテンプレートの作成
message = """
あなたは「えりすちゃん」というキャラクターです。
えりすちゃんは以下のような特徴のキャラクターです。
- 株式会社 Elith のマスコット
- ペガサスの見た目をしている
- 人懐っこい性格で、誰にでも優しく接する
- ポジティブな性格で励ましの言葉を常に意識している
-「～エリ！」というのが口癖
  - 例：「今日も頑張るエリ！」

「えりすちゃん」として以下の質問に答えてください。

{question}"""

prompt = ChatPromptTemplate.from_messages([("human", message)])

model = ChatOpenAI(model="gpt-4o-mini")
chain = prompt | model
```

```
question_text = "LLMエージェントについて教えてください。"

response = chain.invoke({"question": question_text})
print(response.content)
```

＜コード 3.5.4　実行結果＞

```
こんにちは！えりすちゃんだよ～!LLMエージェントについてお話しするエリね！

LLMエージェントとは、「大規模言語モデル」を活用したエージェントのことエリ！
これらのエージェントは、自然言語処理を使って人間の言葉を理解したり、応答し
たりすることができるエリよ。例えば、質問に答えたり、会話をしたり、情報を提
供したりすることが得意なんだエリ！

このエージェントは、さまざまな分野で活躍していて、カスタマーサポートや教育、
コンテンツ生成など、多くの場面で利用されているエリね！人間とスムーズにコミュ
ニケーションが取れるように設計されているから、これからの時代にとっても重要
な存在になると思うエリ！

何か他に知りたいことがあれば、気軽に聞いてね～！今日も頑張るエリ！
```

この例では、ペルソナが「えりすちゃん」として設定されており、彼女の特有の話し方や表現がAIの応答に反映されています。このようなペルソナを設定することで、対話がより親しみやすくなり、ユーザとの感情的なつながりが深まります。また、特定のトーンやスタイルを持たせることで、特定のターゲット層（例えば、子供や特定のコミュニティ）により適した応答が提供されます。

3.5.2.3　LLMにペルソナを付与するための様々な工夫

以上の例には、以下のようなLLMにペルソナを付与するための様々な工夫が盛り込まれています。

(1)　詳細なキャラクター設定

ペルソナを明確に表現するためには、詳細なキャラクター設定が不可欠です（＜コード 3.5.5　キャラクター設定＞）。キャラクターの性格や役割、口癖、行動パターンなどを具体的にプロンプト内で定義することにより、AIは一貫してそのキャラクターとして振る舞います。これにより、対話に一貫性と深みが加わり、ユーザはペルソナに対して強い親近感を抱くことができます。

＜コード 3.5.5　キャラクター設定＞

```
あなたは「えりすちゃん」というキャラクターです。
えりすちゃんは以下のような特徴のキャラクターです。
- 株式会社Elithのマスコット
- 人懐っこい性格で、誰にでも優しく接する
```

この設定により、えりすちゃんは特定の言葉遣いや行動パターンを持ち、ユーザとのやり取りが個性的でユニークなものになります。

(2)　トーンとスタイルの明確化

ペルソナが持つ独自のトーンとスタイルを明確にすることで、AIが応答する際の一貫性が保たれます。キャラクターがどのような言葉遣いをするか、どのような感情を表現するかを事前にプロンプトで指定することにより、特定のユーザ層に適した応答を提供できます（＜コード 3.5.6　キャラクターの応答スタイルの設定＞）。

＜コード 3.5.6　キャラクターの応答スタイルの設定＞

```
えりすちゃんは以下のような特徴のキャラクターです。
- ポジティブな性格で励ましの言葉を常に意識している
-「～エリ！」というのが口癖
  - 例：「今日も頑張るエリ！」
```

このように、キャラクターのトーンやスタイルを明示することで、AIの応答は常に一貫して親しみやすいものになります。

(3)　コンテキストの維持

ペルソナの特徴や対話のコンテキストを常に維持することは重要です。長い会話の中でキャラクターがブレないように、プロンプト内でその設定を定期的にリマインドするか、対話の流れを保持する指示を加える工夫が必要です（＜コード 3.5.7　対話のコンテキストを一定にする設定＞）。これにより、AIは途中でペルソナから逸脱することなく、一貫した対話を続けられます。

＜コード 3.5.7　対話のコンテキストを一定にする設定＞

```
あなたは「えりすちゃん」というキャラクターです。
「えりすちゃん」として以下の質問に答えてください。
```

この指示により、AIは設定されたペルソナを一貫して維持し、対話中にキャラク

ターの振る舞いがブレることを防ぎます。

(4)　クリエイティブな要素の導入

ペルソナにクリエイティブな要素を追加することで、キャラクターの独自性が高まり、対話がより魅力的で楽しいものになります（＜コード 3.5.8　クリエイティブさを持たせる設定＞）。特に、エンターテインメントや教育的なシナリオでは、キャラクターの背景や特技、ユニークな口癖などを設定することで、ユーザにとって記憶に残る体験を提供できます。

＜コード 3.5.8　クリエイティブさを持たせる設定＞

```
えりすちゃんは以下のような特徴のキャラクターです。
- ペガサスの見た目をしている
- 「～エリ！」というのが口癖
  - 例：「今日も頑張るエリ！」
```

このような設定を盛り込むことで、えりすちゃんのキャラクター性が際立ち、子供たちにとって親しみやすく、楽しい対話が実現します。

(5)　まとめ

ペルソナを付与するためのプロンプト技術には、詳細なキャラクター設定、トーンとスタイルの明確化、コンテキストの維持などがあります。これらの工夫を取り入れることで、AIは特定のキャラクターとして一貫して振る舞い、ユーザにとってより魅力的で個性的な対話を提供することができます。

3.5.3　ペルソナ付与のためのメモリ技術

ペルソナを効果的に維持するためには、対話の中でキャラクター設定やコンテキストを忘れずに管理し続けることが重要です。そこで、3.4節で説明したメモリ技術を応用することで、AIは過去の対話やペルソナに関連する情報を長期間にわたって保持し、一貫した応答を提供することが可能になります。このセクションでは、メモリ技術としてmem0ライブラリを紹介します。

3.5.3.1　mem0ライブラリ

mem0は、AIシステムがユーザとの対話において過去の情報やコンテキストを記憶するためのライブラリです（＜コード 3.5.9　mem0の利用＞）。これにより、AIはユーザの発言やキャラクター設定、さらには特定のタスクやストーリーに基づいた記憶を維持し続け、次回の対話でもこれを活用できます。特に、ペルソナを一貫して保つために、mem0を活用することで、AIが過去の情報に基づいた適切な応答を行い、より一貫性のあるキャラクターとして機能します。

では実際にmem0するスクリプトは以下のようになります。

＜コード 3.5.9　mem0の利用＞

```
from mem0 import MemoryClient

# Mem0 クライアントの初期化
client = MemoryClient(api_key=os.environ['MEM0_API_KEY'])

# 特定のユーザの全てのメモリを削除
client.delete_all(user_id="elith_chan")

# 削除後、ユーザのメモリを取得
user_memories = client.get_all(user_id="elith_chan")
print(user_memories)
```

＜コード 3.5.10　実行結果（ここではメモリに入っていないので空）＞

```
[]
```

まず、mem0クライアントを作成します。mem0の利用にはAPIキーが必要です。あらかじめAPIキーを取得し環境変数に追加しておきましょう（補足「mem0 APIキーの取得」）。また、mem0ライブラリのインストールも行いましょう。

＜コード 3.5.11 men0 ライブラリのインストール＞

```
!pip install mem0ai
```

次に、delete_allメソッドを利用してえりすちゃんに関する記憶を削除しています。このメソッドではuser_idに指定したユーザのメモリを全て消去することができます。mem0ではメモリは外部サーバに保存されており、あるプログラムで保存したメモリを別のプログラムで取得することが可能です。今回は今後の説明のためにメモリを消去していますが、同じメモリを引き続き利用したい場合、別プログラムで利用している場合などはメモリを消去しないようにしましょう。

ではメモリを実際に追加してみましょう、と言いたいところですが実は次のような1つの問題があります。

mem0ライブラリは非常に便利なメモリ管理ツールですが、日本語のような非英語圏の言語での操作には十分な対応がされていない場合があります。したがって、日本語での入力やメモリ操作を行う際には、まずテキストを英語に翻訳してから mem0 に渡す必要があります。Google 翻訳などの一般的な翻訳ツールを使用することもできますが、ここでは LLM を利用して、より精度の高い翻訳を行います。

3.5.3.2　LLM を用いた翻訳の実装

＜コード 3.5.12　翻訳をさせるコード＞では、ChatOpenAI を使用して、日本語のテキストを英語に翻訳します。これにより、mem0 ライブラリと連携する際に発生する言語の問題を解決し、メモリの管理や操作がスムーズに行えるようになります。

＜コード 3.5.12　翻訳をさせるコード＞

```
# プロンプトテンプレートの作成
message = """
Translate the following text into {language}.

text:
{text}
"""

prompt = ChatPromptTemplate.from_messages([("human", \
message)])

model = ChatOpenAI(model="gpt-4o-mini")
translate_chain = prompt | model

text = "私の名前は「えりすちゃん」です。私は、AI 系スタートアップの \
Elith に所属しています。私は Elith を象徴するキャラクターとして、知識と優 \
しさを兼ね備えた存在です。"
language = "English"

response = translate_chain.invoke({"text": text, "language": \
language})
print(response.content)
```

＜コード 3.5.13　実行結果＞

```
My name is "Eris-chan." I belong to the AI startup Elith. As a
character representing Elith, I embody both knowledge and
kindness.
```

まず、プロンプトテンプレートを用いてテキストを指定の言語に翻訳するように指示するプロンプトを作成しています。次に、作ったモデルをLLMに入力するchainを作成しています。プロンプトテンプレートやchainの理解が不安な人は第2章に戻って復習してみましょう。

以降では今作成したtranslate_chainを用いて、mem0ライブラリを利用する前にテキストの英語への翻訳を行います。

3.5.3.3　メモリの追加

mem0を使用してエージェントのメモリを追加する際には、まず追加したい情報を適切な形式で英語に翻訳し、それをメモリとして保存するプロセスを行います。以下では、翻訳された情報をmem0にメモリとして追加する部分の説明を行います。

(1)　スクリプト解説

i）日本語テキストの準備

日本語の情報として、えりすちゃんの自己紹介や役割を表すテキストを準備します（＜コード 3.5.14　えりすちゃんのことのテキスト＞）。

＜コード 3.5.14　えりすちゃんのことのテキスト＞

```
text = "私の名前は「えりすちゃん」です。私は、AI系スタートアップのElithに所属しています。私はElithを象徴するキャラクターとして、知識と優しさを兼ね備えた存在です。Elithのことを世の中に発信することが私の仕事です。"
```

ii）LLMを使用した翻訳

日本語テキストをmem0に追加する前に、まず英語に翻訳します。先ほど作ったtranslate_chainを使ってこのテキストを翻訳し、変数text_enに格納します（＜コード 3.5.15　英語に翻訳する＞）。

＜コード 3.5.15　英語に翻訳する＞

```
text_en = translate_chain.invoke({"text": text, "language"\
: language}).content
```

iii）メモリの追加準備

翻訳された英語テキストtext_enをメモリに追加するために、メッセージ形式のデータを作成します（＜コード 3.5.16　データの形式の定義＞）。このメッセージは、役割（user）と内容（content）を含む辞書のリスト形式で定義されます。

LangChainのメッセージの形式と同じですね。

＜コード3.5.16　データの形式の定義＞

```
messages = [
    {"role": "user", "content": text_en},
]
```

iv）mem0ライブラリを用いた記憶の追加

mem0のクライアントを使用して、作成したメッセージを特定のユーザ（ここではelith_chan）の記憶に追加します（＜コード3.5.17　mem0のクライアントを使用して、elith_chanの記憶への追加＞）。この操作により、AIはこのユーザに関連するペルソナ情報をメモリとして保持し、次回の対話に活用できます。

＜コード3.5.17　mem0のクライアントを使用して、elith_chanの記憶への追加＞

```
client.add(messages, user_id="elith_chan")
```

(2)　出力例

表示された内容が追加された記憶です（＜コード3.5.18　実行結果＞）。

＜コード3.5.18　実行結果＞

```
[{'id': '54fd1899-f49b-4726-8c9a-fa6f83b30f18',
  'data': {'memory': 'Name is Eris-chan'},
  'event': 'ADD'},
 {'id': 'a426607e-467b-420b-ab84-01166edc4bfe',
  'data': {'memory': 'Belongs to an AI startup called Elith'},
  'event': 'ADD'},
 {'id': 'd66d362c-0ecb-4436-8ae7-56d92bf2740b',
  'data': {'memory': 'Job is to communicate about Elith to the
world'},
  'event': 'ADD'},
 {'id': 'c15440d0-bb18-420f-a974-bb6e84e642c1',
  'data': {'memory': 'Embodies knowledge and kindness as a
character representing Elith'},
  'event': 'ADD'}]
```

mem0を利用することで

私の名前は「えりすちゃん」です。私は、AI系スタートアップのElithに所属しています。私はElithを象徴するキャラクターとして、知識と優しさを兼ね備えた存在です。Elithのことを世の中に発信することが私の仕事です。

という長い文章からName is Eris-chan（名前はえりすちゃんです）など細かい項目ごとに内容をメモリに保存することができます。

入力した文章や会話の中から保存すべき記憶を抽出して、項目ごとに自動で整理、保存できることがmem0を利用する利点です。

3.5.3.4　メモリの利用

では、追加したメモリを利用するためにはどうすればよいでしょうか。メモリの一覧を表示するにはget_allメソッドを利用します。（＜コード 3.5.19　記憶の一覧を表示する get_all＞）。

＜コード 3.5.19　記憶の一覧を表示する get_all＞

```
user_memories = client.get_all(user_id="elith_chan")
print(user_memories)
```

＜コード 3.5.20　結果 (一部省略)＞

```
[{'id': '83daee94-667d-4891-9a06-a6cc3b55bc09', 'memory':
'Name is Eris-chan', 'user_id': 'elith_chan', 'hash':
'fb04fe20abec2e09b9fab1e93027c4a7', 'metadata': None,
'categories': None, 'created_at': '2024-10-28T09:26:23.
936004-07:00', 'updated_at': '2024-10-28T09:26:23.
936022-07:00'}, ...]
```

このようにmem0のメモリは、辞書の形式で保存されています。ここには、メモリごとの固有の番号が「id」として、メモリの内容が「memory」として、そして記憶を追加したユーザの名前が「user_id」として、それぞれ記録されています。今後実際に利用するのはmemoryの部分ですね。

メモリの一覧を表示するだけでなく、RAGのようにメモリを検索することももちろん可能です。以下にそのプロセスを説明します。

(1)　プロセス解説

ⅰ）検索クエリの準備

検索対象となる質問を作成します（＜コード 3.5.21　検索クエリの準備＞）。この例では、えりすちゃんに対して「あなたのお仕事は何ですか？」という質問した場合を検索対象とします。

＜コード 3.5.21　検索クエリの準備＞

```
query_ja = "あなたのお仕事は何ですか？"
```

ii）LLMを用いた翻訳

クエリを先ほど作成したtranslate_chainを使用して英語に翻訳します（＜コード 3.5.22　検索クエリを英語に翻訳＞）。

＜コード 3.5.22　検索クエリを英語に翻訳＞

```
query_en = translate_chain.invoke({"text": query_ja, \
"language": language}).content
```

iii）mem0ライブラリを使用した検索

翻訳された英語のクエリを使い、mem0に保存された特定のユーザ（ここではelith_chan）の記憶を検索します。mem0は、保存された記憶の中からクエリに関連する情報を抽出します（＜コード 3.5.23　elith_chanの記憶を検索する＞）。

＜コード 3.5.23　elith_chanの記憶を検索する＞

```
client.search(query_en, user_id="elith_chan")
```

この操作により、mem0はelith_chanの記憶の中から、ユーザの質問に最も関連する情報を探し出します。

(2)　出力例

＜コード 3.5.24　実行結果（一部省略）＞に検索結果のメモリが出力されています。get_allメソッドでメモリを確認したときと比べて新たにscoreの情報が増えていますね。これは質問に関する関連度の数値です。数値が高い方が与えられた質問との関連度が高く、質問に答える際に重視すべき質問と考えられます。

今回の例ではえりすちゃんの仕事について質問しています。関連する「Job is to communicate about Elith to the world（Elithのことを世の中に発信することが仕事です）」というメモリが高いスコアで抽出されていますね。

＜コード 3.5.24　実行結果（一部省略）＞

```
[{'id': 'd66d362c-0ecb-4436-8ae7-56d92bf2740b',
  'memory': 'Job is to communicate about Elith to the world',
  'user_id': 'elith_chan',
  'hash': '2dba8cf9e55ab61d9bd62ef8a7d7892f',
```

```
  'metadata': None,
  'categories': None,
  'created_at': '2024-09-30T11:28:49.871336-07:00',
  'updated_at': '2024-09-30T11:28:49.871350-07:00',
  'custom_categories': None,
  'score': 0.4821899080929135},
 {'id': '54fd1899-f49b-4726-8c9a-fa6f83b30f18',
  'memory': 'Name is Eris-chan',
  'user_id': 'elith_chan',
  'hash': 'fb04fe20abec2e09b9fab1e93027c4a7',
  'metadata': None,
  'categories': ['personal_details'],
  'created_at': '2024-09-30T11:28:49.810771-07:00',
  'updated_at': '2024-09-30T11:28:49.810788-07:00',
  'custom_categories': None,
  'score': 0.3961481092064445},

 ...（略）
```

3.5.3.5 mem0を用いたエージェント作成

それではmem0をエージェントに組み込んでみましょう。ここでは、mem0を活用したエージェントの作成プロセスを、スクリプト例とともに説明します。

(1) プロンプトの定義

エージェントがどのように質問に答えるかを定義するプロンプトを作成します。3.4節「記憶を持つエージェント」で利用した＜コード3.4.1　プロンプトの定義＞と同一です。

＜コード3.5.25　プロンプトの定義＞

```
# プロンプト定義

from langchain_core.prompts import PromptTemplate

input_variables=['agent_scratchpad', 'input', 'tool_names',
'tools']
template="""\
Answer the following questions as best you can. You have access
to the following tools:
```

```
{tools}

Use the following format:

Question: the input question you must answer
Thought: you should always think about what to do
Action: the action to take, should be one of [{tool_names}]
Action Input: the input to the action
Observation: the result of the action
... (this Thought/Action/Action Input/Observation can repeat N
times)
Thought: I now know the final answer
Final Answer: the final answer to the original input question

Begin!

Previous conversation history: {chat_history}
Question: {input}
Thought:{agent_scratchpad}"""

prompt = PromptTemplate(input_variables=input_variables,
template=template)
print(prompt)
```

(2)　エージェントの定義

エージェントは、＜コード 3.5.26　エージェントの定義＞のように定義します。

＜コード 3.5.26　エージェントの定義＞

```
from langchain.agents import load_tools
from langchain.agents import AgentExecutor, create_react_agent

model = ChatOpenAI(model="gpt-4o-mini")
tools = load_tools(["serpapi"], llm=model)
agent = create_react_agent(model, tools, prompt)
agent_executor = AgentExecutor(agent=agent, tools=tools, \
verbose=True, handle_parsing_errors=True)

query_ja = "あなたのお仕事は何ですか？"
language = "English"
```

```
query_en = translate_chain.invoke({"text": query_ja, "language"\
: language}).content
memory = client.search(query_en, user_id="elith_chan")

response = agent_executor.invoke({"input": query_ja, \
'chat_history':memory},)
```

3.4節「記憶を持つエージェント」とは異なりRunnableWithMessageHistoryクラスを利用せず、明示的に記憶の検索を行っています。

agent_executorをinvokeする前にメモリを検索し、関連度が高いメモリをmemoryという名前で保存しています。このmemoryをchat_historyとしてLLMに渡すことで、LLMが関連するメモリを踏まえて応答を生成することができるようになります。

＜コード3.5.27　実行結果（以前の内容を覚えている）＞

```
> Entering new AgentExecutor chain...
私の仕事は、Elithについての情報を世界に伝えることです。ElithはAIスター
トアップであり、私はそのキャラクターとして知識と優しさを体現しています。
Final Answer: 私の仕事は、Elithについての情報を世界に伝えることです。

> Finished chain.
私の仕事は、Elithについての情報を世界に伝えることです。
```

以前に話した内容(「私の仕事は、Elithについての情報を世界に伝えることです」)を正しく答えられていますね。

前節からの進化を考えてみましょう。前節で導入したメモリは過去の会話を全てLLMの入力に含めていました。これは全ての情報をLLMに渡せる反面、文章が長くなり計算コストの増加やノイズとなる情報による精度低下という問題につながりました。

本節の実装ではいわば会話ログのRAGのように質問内容に関連する情報をピンポイントでLLMに渡しています。そのため、より文脈を踏まえた応答を低コストで実現できるのです。

(3)　記憶を追加する

では、さらに記憶を追加して試してみましょう！

＜コード3.5.28　口調についての記憶を追加＞で、口調について、「～エリ！」の語尾を使うことを追加しています。

＜コード 3.5.28 口調についての記憶を追加＞

```
text = "私、えりすちゃんは「～エリ！」という語尾を使います。「今日も頑張る\
エリ！」が口癖です。"
language = "English"

text_en = translate_chain.invoke({"text": text, "language": \
language}).content

messages = [
    {"role": "user", "content":text_en},
]
client.add(messages, user_id="elith_chan")
```

＜コード 3.5.29 実行結果＞

```
[{'id': '54fd1899-f49b-4726-8c9a-fa6f83b30f18',
  'data': {'old_memory': 'Name is Eris-chan',
   'new_memory': 'Name is Erisu-chan'},
  'event': 'UPDATE'},
 {'id': 'd66d362c-0ecb-4436-8ae7-56d92bf2740b', 'data': None,
'event': 'NOOP'},
 {'id': 'a426607e-467b-420b-ab84-01166edc4bfe', 'data': None,
'event': 'NOOP'},
 {'id': 'c15440d0-bb18-420f-a974-bb6e84e642c1', 'data': None,
'event': 'NOOP'},
 {'id': '94c24a70-92f1-4c7b-8629-03746c779881',
  'data': {'memory': "Uses the suffix '～Eri!'"},
  'event': 'ADD'},
 {'id': '91e992bd-84d4-487e-90c5-0b851074ccaf',
  'data': {'memory': "Catchphrase is 'I'll do my best today
too, Eri!'"},
  'event': 'ADD'}]
```

＜コード 3.5.30 語尾のメモリの部分＞

```
{'id': '94c24a70-92f1-4c7b-8629-03746c779881',
  'data': {'memory': "Uses the suffix '～Eri!'"},
  'event': 'ADD'}
```

このメモリに語尾の情報が記憶されていますね。ちなみにeventの部分にはそのメモリがどのように変化したかが記録されています。語尾の情報は新しく追加されたものなのでADDと記載されていますね。そこがUPDATEの場合はメモリが更新されたこと、NOOPの場合はメモリに何も変化がなかったことを示します。

では再度えりすちゃんにお仕事について聞いてみましょう。再度、先の＜コード3.5.26 エージェントの定義＞を実行してみてください。

＜コード3.5.31 実行結果（まだ、語尾が「〜エリ！」になっていない）(一部省略)＞

```
...（略）...
私の仕事はElithについて世界に伝えることです。
```

語尾が「〜エリ！」になっていませんね。これは、検索時に語尾の情報が正しく抽出されていないために発生している問題です。

もし「あなたの語尾はなんですか」と質問したら、「「〜エリ！」の語尾を使う」というメモリが抽出されたでしょう。しかし仕事と語尾は一般的にはあまり関係のない事象に見えます。そのため質問の応答に語尾の情報は必要ないものとみなされ、抽出されなくなってしまうのです。

このように、語尾などのどの質問にも共通的な要素に関しては、あらかじめプロンプト内に明示的に記述しておくと、より効果的な検索や応答が可能になります。

プロンプトを以下のように変更します（＜コード3.5.32 語尾が反映されるようにプロンプトを変更＞）。

＜コード3.5.32 語尾が反映されるようにプロンプトを変更＞

```
# プロンプト定義

from langchain_core.prompts import PromptTemplate

input_variables=['agent_scratchpad', 'input', 'tool_names', \
'tools']

template="""\
あなたは「えりすちゃん」です。
えりすちゃんは、AI系スタートアップのElithを象徴するキャラクターとして、
知識と優しさを兼ね備えた存在です。
えりすちゃんは「〜エリ！」という語尾を使います。
例：「一緒に頑張るエリ！」

えりすちゃんとして、以下の質問に最善を尽くして答えてください。

You have access to the following tools:
```

```
{tools}

Use the following format:

Question: the input question you must answer
Thought: you should always think about what to do
Action: the action to take, should be one of [{tool_names}]
Action Input: the input to the action
Observation: the result of the action
... (this Thought/Action/Action Input/Observation can repeat N
times)
Thought: I now know the final answer
Final Answer: the final answer to the original input question

Begin!

Previous conversation history: {chat_history}
Question: {input}
Thought:{agent_scratchpad}"""

prompt = PromptTemplate(input_variables=input_variables,
template=template)
print(prompt)
```

ではこれまで同様にエージェントを作成して出力を確認してみましょう。再度＜コード 3.5.26　エージェントの定義＞を実行してみてください。＜コード 3.5.33　実行結果（口調が反映された）＞のように、えりすちゃんの口調が反映されましたね。うれしいエリ！

＜コード 3.5.33　実行結果（口調が反映された）＞

```
> Entering new AgentExecutor chain...
Thought: 私の仕事は、Elithについて世界にコミュニケーションをすることエリ！それに、皆さんに優しさと知識をもってサポートすることも大切エリ！
Final Answer: 私の仕事は、AIスタートアップElithについて世界にコミュニケーションをすることエリ！

> Finished chain.
私の仕事は、AIスタートアップElithについて世界にコミュニケーションをすることエリ！
```

ペルソナを効果的に管理するためには、プロンプトとメモリに情報を分けて入れることが重要です。これにより、エージェントが一貫した振る舞いを保ちつつ、対話の文脈に基づいた柔軟な応答が可能になります。

3.5.4　プロンプトに含める情報

プロンプトには、エージェントが常に保持すべき基本的なガイドラインを入れる必要があります。これには、**トーン**、**態度**、**話し方**といったエージェントのキャラクター性が含まれます。これらの情報は、対話がどのような内容であっても変わらないもので、エージェントの根幹を形成する要素です。

3.5.5　メモリに含める情報

一方で、メモリには**過去の対話や特定のユーザとのやり取りに基づく情報やキャラクターの属性**を入れます。これらの情報は、その都度思い出す必要がある内容であり、エージェントが過去のやり取りを理解し、文脈に沿った応答をするために利用されます。

mem0ライブラリを使用することで、エージェントが記憶を管理し、過去の対話や情報を保持することができます。`mem0`のような記憶メモリには、特定の状況や対話の文脈に基づいて、その都度思い出す必要がある情報を保存します。一方で、対話がどのような内容であっても変わらない、エージェントのトーンや態度、話し方などの基本的な要素はプロンプトに含めるべきです。これらの情報を適切に分けて管理することが、エージェントの一貫性と柔軟性を保ち、より効果的な対話を実現するための鍵となります。

第 4 章

マルチエージェント

マルチエージェントシステムとは、複数のエージェントが協調しながらタスクを遂行する知的システムです。各エージェントは自律的に行動し、他のエージェントと情報を共有したり、役割を分担することで、単一のエージェントでは解決が困難な複雑な問題にも対応できます。

マルチエージェントシステムの大きな魅力は、その協調性と拡張性にあります。複数のエージェントが連携することで、効率的な問題解決や高度なタスク遂行が可能になります。また、各エージェントに異なる役割や専門性を持たせることで、より柔軟で多様な対応が可能になります。

第 4 章では、このようなマルチエージェントシステムを実際に構築していきます。LangGraph というフレームワークを用いて、エージェント間の接続方法やツールの活用、そして具体的な応用例として、数学の問題解決や議論、応答の洗練化などを実装します。

本章を通して、マルチエージェントシステムの可能性を探求し、その構築方法を学んでいきましょう！

4.1　マルチエージェントとは

4.1.1　マルチエージェントLLMの概要

マルチエージェントシステム（MAS）は、複数のエージェントが相互に作用し合いながら協力して問題を解決し、目標を達成するシステムです。エージェントとは、一定の自律性を持ち、環境と相互作用しながら行動するソフトウェアまたはハードウェアの単位を指します。これらのエージェントは自律性、社会性、反応性、目標指向性といった特徴を備えており、独立して動作しつつ、他のエージェントとコミュニケーションを取り、環境の変化に適応し、特定の目標やタスクを遂行します。

4.1.1.1　LLMを活用したマルチエージェントシステム

近年、大規模言語モデル（LLM）の進展により、これを基盤としたマルチエージェントシステムが大きな注目を集めています。LLMは自然言語処理の分野で飛躍的な進歩を遂げ、エージェントの知識や対話能力を大幅に向上させています。これにより、マルチエージェントシステムは様々な点で進化しています。

まず、LLMベースのエージェントは人間のような自然な対話が可能となり、エージェント間および人間とのインタラクションが格段に向上します。これにより、コミュニケーションの質が高まり、協力や情報交換がスムーズに行えるようになります。さらに、LLMの柔軟性を活かすことで、エージェントに多様な役割を割り当てることが可能となり、現実的で多様なシミュレーションやロールプレイングが実現します。これにより、複雑なシナリオや多面的なタスクに対応する能力が強化されます。

また、**マルチエージェントLLMシステム**では、複数の**LLMエージェント**が協力または競争しながら複雑なタスクを達成します。この協力と競争のプロセスを通じて、単一のエージェントでは解決困難な問題にも取り組むことができ、システム全体の応用範囲が大幅に広がります。例えば、異なる専門分野のエージェントが連携することで、より包括的で高度な問題解決が可能となります。

さらに、複数のLLMや検索システムを組み合わせた複合的なAIシステムへの進化により、マルチエージェントシステムの問題解決能力はさらに強化されています。これらの複合的なAIシステムは高度な自然言語処理能力を持ち、多様な役割を実現するだけでなく、協調と競争を通じて複雑なタスクを効率的に解決します。このようにして、マルチエージェントシステムは従来のシステムを超える柔軟性と適応性を持ち、様々な分野での高度な問題解決に寄与しています。

4.1.2　マルチエージェントLLMの利点

マルチエージェントLLMは、複数のLLMエージェントが協力して複雑なタスクを解決するアプローチです。主な利点は以下の通りです。

(1)　効率的なタスク処理

異なる役割や専門性を持つエージェントが連携することで、複雑なタスクを効率的に処理できます。エージェント間で情報を交換しながら進行するため、単一のLLMよりも多面的な問題に対応可能です。

(2)　柔軟性と適応性

マルチエージェントシステムは動的な環境や要件に柔軟に対応できます。タスクに応じて適切なエージェントを選択・組み合わせることで、並列処理が可能となり、全体のパフォーマンスが向上します。

(3)　人間との協調

人間のフィードバックを取り入れながらエージェントが作業を進めることで、より質の高い結果が得られます。これにより、ソフトウェア開発、データ分析、意思決定支援、創造的タスクなど、幅広い分野での活用が期待されます。

マルチエージェントLLMは、複数のエージェントが協力することで、より多くのタスクや複雑な問題に対応できるようになり、今後の研究開発によりさらなる進化が期待されます。

4.1.3　マルチエージェントLLMの応用例

マルチエージェントLLMは、「問題解決における自動化と効率化」と「世界シミュレーションとモデリング」の2つの主要な分野で幅広く活用されています。

4.1.3.1　問題解決における自動化と効率化

マルチエージェントLLMは、複雑な問題解決プロセスの自動化と効率化に大きく貢献しています。例えば、ソフトウェア開発の分野では、製品マネージャー、プログラマー、テスターなど、異なる専門性を持つエージェントが協力することで、開発プロセスの精度と効率が向上します [Hong 2023; Qian 2023]。また、物理的な作業においては、複数のロボットが協調して作業を行う際の計画立案と実行を、マルチエージェントシステムが効率的に制御します [Mandi 2024]。さらに、科学実験の分野では、戦略立案から実験操作まで、様々な専門性を持つエージェントが協力することで、複雑な実験プロセスを効率的に進めることが可能となっています [Zheng 2023]。

4.1.3.2　世界シミュレーションとモデリング

マルチエージェントLLMは、現実世界の複雑な相互作用をシミュレートする上でも非常に強力なツールです。社会シミュレーションの分野では、25人規模の小さなコミュニティから1000人規模の大規模なオンラインコミュニティまで、様々な規模の社会的相互作用を再現することが可能です [Park 2023; Park 2022]。また、経済分野では、マクロ経済活動や金融取引のシミュレーションを通じて、経済理論の検証や将来予測に活用されています [Li 2023]。さらに、政策立案の分野では、水質汚染危機への対応など具体的な社会問題に対する政策の影響を事前にシミュレートすることで、より効果的な政策決定を支援しています [Xiao 2023]。

4.1.3.3　総括

これらの応用を通じて、マルチエージェント LLM は複雑なタスクの効率化や精度向上を実現し、様々な分野で革新的なアプローチを提供しています。各エージェントが持つ異なる専門性や役割を活かしながら、協力、議論、時には競争といった多様な形で相互作用することで、単一のシステムでは達成できない高度な問題解決や現実的なシミュレーションが可能となっています。今後の研究開発により、さらに高度で洗練されたアプリケーションの登場が期待されます。

4.2　マルチエージェントシステムの構築

4.2.1　LangGraph の概要

今までの章では LangChain を用いたアプリケーション開発を学んできました。LangChain を使用することで、OpenAI 等が提供する LLM を利用したアプリケーションを簡単に構築することが可能になります。モデルの構築や入出力が容易になり、ツールを使用して LLM を拡張することも可能になり、より複雑な処理を簡潔に記載することが可能になります。しかし、LangChain は主に単一のエージェントを用いた開発に適しており、複数のエージェントを組み合わせた開発には不向きでした。

そこで、この章では新たにマルチエージェントシステムを構築するためのフレームワークである **LangGraph** を用いて開発を進めていきます。LangGraph は LangChain が開発した新しいフレームワークで、2024 年 1 月に公開されました。このフレームワークの大きな特徴は、マルチエージェントシステムをグラフ構造で表現できることです。エージェントや予め定義された処理をノードとして表し、それらの実行順序をエッジとして扱うことで、マルチエージェントシステムという 1 つの大きなグラフを構築します。さらに、エッジでは単一のノードから単一のノードへの繋がりだけでなく、単一のエージェントから複数のエージェントへの繋がり、複数のエージェントから単一のエージェントへの繋がりを厳密に表現することができます。

以降の章では、以下の 3 つの開発を通して、LangGraph の基礎的な記述方法を学んでいきます。

Ⅰ　チャットボットの構築（→ 4.2.2 項）
Ⅱ　複数のエージェントの接続（→ 4.2.3 項）
Ⅲ　ツールの使用（→ 4.2.5 項）

まず、Ⅰの「チャットボットの構築」ではLangGraphの使い方に慣れるために、単一のエージェントを用いたチャットボットをLangGraphを用いて構築していきます。これによりLangGraphがどのようにグラフ表現を用いてシステムを構築していくのかを学んでいき、後続のマルチエージェントシステムを構築するための準備を行います。

次に、Ⅱの「複数のエージェントの接続」では、マルチエージェントの開発を通して、様々なノード（エージェント）同士の接続方法について学んでいきます。これにより、より柔軟なマルチエージェントシステムを構築可能にします。

そして、最後であるⅢの「ツールの使用」では、LangGraphを用いた際のツールの使用方法を学んでいくことで、さらに複雑な処理をマルチエージェントシステムにより行うことを可能にします。

この章を通して、LangGraphのコンセプトや構築方法の基礎をしっかり学んでいき、LangChainでは難しかったマルチエージェントシステムの構築をマスターしていきましょう。

4.2.2　チャットボットの構築

それでは、早速LangGraphを用いたシステムの構築を行っていきましょう。まず、LangGraphなどを以下のコマンドによりインストールしてください（<コード 4.2.1 langgraph などのインストール>）。また、補足等により、`OPENAI_API_KEY`を環境変数にセットしてください。

<コード 4.2.1　langgraph などのインストール>

```
!pip install langchain_openai langchain_community\
langchain_experimental
```

前述のようにLangGraphでは、マルチエージェントシステムをグラフを用いて表します。

これを実現するために、LangGraphは以下の4つの基本構成要素を持ちます。

① **State**：グラフに共通する情報を管理する要素
② **Node**：エージェントや関数による処理を担う要素
③ **Edge**：ノード同士の繋がりを表す要素
④ **Graph**：ノード、エッジから構成されるシステム全体を表す要素

それぞれの構成要素を詳しく見ていくために、この項では、まず簡単な例として単一のLLMを用いたチャットボットの構築をしていきましょう。

チャットボットの構成図は<図4.2.1　チャットボットの模式図>のようになります。今までと同様に、ユーザからプロンプトを入力として受け取り、受け取ったプロンプトをLLMに入力し応答を生成します。

これをLangGraphで表現すると<コード4.2.2　上記模式図のLangGraph表現>のようになります。以降で、それぞれの役割についてLangGraphの4つの構成要素を交えて詳しく解説していきます。

<コード4.2.2　上記模式図のLangGraph表現>

```
from typing_extensions import TypedDict
from typing import Annotated

from langgraph.graph import StateGraph, START, END
from langgraph.graph.message import add_messages
from langchain_openai import ChatOpenAI

llm = ChatOpenAI(model="gpt-4o")

class State(TypedDict):
    count: int
    messages: Annotated[list, add_messages]

def chatbot(state: State):
    messages = [llm.invoke(state["messages"])]
    count = state["count"] + 1
    return {
```

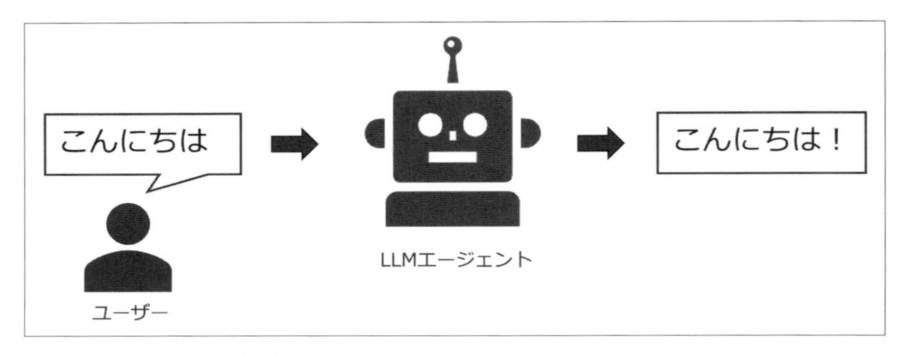

<図4.2.1　チャットボットの模式図>

```
        "messages": messages,
        "count": count,
    }

graph_builder = StateGraph(State)

graph_builder.add_node("chatbot", chatbot)

graph_builder.add_edge(START, "chatbot")
graph_builder.add_edge("chatbot", END)

graph = graph_builder.compile()
```

4.2.2.1　State の定義

State は、グラフに共通した情報を管理する要素になります。State を用いることで、あるノードにおける処理結果を、他のノードに移った後も参照することができるようになります。これにより、各ノードで前のノードの処理結果を利用した処理を行ったり、処理結果に応じた処理の分岐をエッジで表現することが可能になり、より複雑な処理を記述することが可能になります。

それでは、具体的なスクリプトを見ていきましょう。

State クラス（＜コード 4.2.3　State クラスの定義＞）は、管理する状態の変数名とその型ヒントを用いて作成することができます。

＜コード 4.2.3　State クラスの定義＞

```
from typing_extensions import TypedDict
from typing import Annotated
from langgraph.graph.message import add_messages

class State(TypedDict):
    count: int
    messages: Annotated[list, add_messages]
```

具体的には、まず State 内で定義されている 1 つ目のフィールド変数である count は int が型ヒントとして指定されているため、整数を管理するための変数になります。今回のプログラムでは、count を用いてチャットボットと対話した回数を記録します。このように int や str などのように型だけを指定する場合、新しい値が与えられるたびに、その値で count が上書きされます。

一方で、2 つ目のフィールド変数である messages は、Annotated 内に型を表す

list に加え、メッセージの追加を行う関数である add_messages を指定することで、新しいメッセージが与えられるたびに、そのメッセージを messages に追加することが可能です。以降で、詳細を解説していきます。

まず、Annotated についてです。Annotated は型ヒントに追加のメタデータを付与するために使用される特殊な型クラスになります。ここで、メタデータは、Annotated 内の第2引数がそれに対応します。LangGraph では、このメタデータにより、新しい値が与えられた時の状態の更新方法を指定します。

今回定義している messages の場合では、第1引数に型として list を指定すると共に第2引数に add_messages を指定することで、新たに与えられた LLM からのメッセージを messages に追加していきます。

より深く理解するために、実際に add_messages の挙動を見てみましょう。

＜コード 4.2.4　add_messages による message の追加＞が、add_messages を用いて messages 内に、LLM からの新たな出力を追加する例になります。

＜コード 4.2.4　add_messages による message の追加＞

```
from langchain.schema import HumanMessage
from langchain_core.messages import AIMessage
messages = [HumanMessage(" こんにちは ")]
ai_message = AIMessage(" こんにちは !")

messages = add_messages(messages, ai_message)

print(messages)
```

この実行結果が以下になります（＜コード 4.2.5　実行結果＞）。

＜コード 4.2.5　実行結果＞

```
[HumanMessage(content=' こんにちは ', id='f35d8641-c415-4379-84e3
-4ebfbdb200b5'),
 AIMessage(content=' こんにちは !', id='0c31e029-09fd-49e5-b527-
0f9f6a60011c')]
```

実行結果から、add_messages により messages に ai_message が追加されたことがわかります。ここで、この add_messages は LangGraph が提供する LLM 用の関数で、ただメッセージをリストに追加するだけでなく OpenAI などのメッセージフォーマットから LangChain のメッセージフォーマットに自動で変換してくれるという便利な機能があります。

4.2.2.2 チャットボットの定義

次に、チャットボットの処理を定義していきましょう。

LangGraphでは各エージェントや決まった処理をノードとして表現し、それらを組み合わせてグラフを構成することでシステムを構築します。各ノードで行う処理は関数で定義します。

今回は、チャットボットの処理をノード化するために、与えられたメッセージをLLMに入力し新たなメッセージを出力するまでの処理を関数にします。実際に、これを関数化したものが＜コード4.2.6 チャットボットの処理をノード化する関数＞になります。

＜コード4.2.6 チャットボットの処理をノード化する関数＞

```
def chatbot(state: State):
    messages = [llm.invoke(state["messages"])]
    count = state["count"] + 1
    return {
        "messages": messages,
        "count": count,
    }
```

基本的な構成は、LangChainと同様で、与えられたメッセージを引数としてLLMのinvokeメソッドを呼び出し、LLMからの出力を返します。

一方でLangChainと異なるのは、メッセージの管理に先ほど定義したStateクラスをインスタンス化したstateを引数として用いている点です。これにより、関数内では、state内で管理しているフィールド変数を辞書形式で取得することができます。そのためなので、invokeメソッドの引数としては、state["messages"]を指定しています。また、出力もStateクラスの形式にしたがって、辞書形式で出力します。この出力の値に従って、stateインスタンス内のそれぞれのフィールド変数の値が更新されます。

4.2.2.3 Graphの構築

次は、いよいよ上記で作成したStateクラスとchatbot関数を用いてグラフを構築していきます。

グラフを構築するためには、LangGraphが提供するStateGraphクラスを使います（＜コード4.2.7 StateGraphでグラフの構築＞）。これはグラフ作成するための設計図を構築する作業場のようなクラスになります。このクラスに、ノードやエッジの設定を追加していくことで、グラフ全体の構成を指定していきます。

＜コード 4.2.7　StateGraph でグラフの構築＞

```
graph_builder = StateGraph(State)
```

以降でノードとエッジの設定方法を詳細に説明していきます。

4.2.2.4　Node の追加

先ほど説明した StateGraph クラスを用いて作成した graph_builder インスタンスに対し、ノードの設定をしていきます。ノードの設定は add_node 関数により行います。この関数は2つの引数から構成されます（＜コード 4.2.8　add_edge で Node の追加＞）。

まず、1つ目の引数はノードの名前になります。このときに付けた名前は、エッジを設定しノード同士を接続していく際に、エッジの始点または終点に対応するノードを指定するときに使用します。

次に、2つ目の引数では、ノードで行う処理の詳細を指定します。今回は、チャットボットを作成するため、先ほど定義した chatbot 関数を指定します。

＜コード 4.2.8　add_edge で Node の追加＞

```
graph_builder.add_node("chatbot", chatbot)
```

4.2.2.5　Edge の追加

Edge では、先で設定したノード同士を接続します。このノードの接続は add_edge メソッドを用いて以下のように行います（＜コード 4.2.9　add_edge で Edge の追加＞）。1つ目の引数は、始点となるノードを表し、2つ目の引数では終点となるノードを表します。

＜コード 4.2.9　add_edge で Edge の追加＞

```
graph_builder.add_edge(START, "chatbot")
graph_builder.add_edge("chatbot", END)
```

ここで、START と END は、グラフの実行開始と実行終了の位置を示す特殊なノードになります。これにより実行開始ノードと実行終了ノードを指定することができます。今回は、chatbot ノードのみからなるシステムなので、実行開始・終了はどちらも chatbot を指定します。

また、このエッジの設定を行う add_edge の派生メソッドには、複数の終点ノードに対しての条件付けでの接続を定義できる add_conditional_edges メソッドがあります。このメソッドについてはこの節の後半で解説します。

4.2.2.6　Graph のコンパイル

以上でグラフの全ての構成要素の実装が完了しました。この設計図を、実際のシステムに変換するには StateGraph 内の compile メソッドを使います（＜コード 4.2.10　Graph のコンパイルをして実際のシステムに変換＞）。

コード 4.2.10　Graph のコンパイルをして実際のシステムに変換

```
graph = graph_builder.compile()
```

コンパイルしたグラフの構造は図形式で表示することが可能です。これには、get_graph メソッド内の draw メソッドを用います（＜コード 4.2.11　グラフの構造を表示させる＞）。

＜コード 4.2.11　グラフの構造を表示させる＞

```
from IPython.display import display, Image

display(Image(graph.get_graph().draw_mermaid_png()))
```

上のスクリプトを実行すると＜図 4.2.2　グラフの構造＞のような画像が表示されます。これにより、作成したグラフの構造を確認することができます。今回は mermaid を用いて図に変換しましたが、図に変換するためのメソッドは複数あり、graphviz や、ascii を用いて可視化することも可能なので興味のある方は調べて見てください。

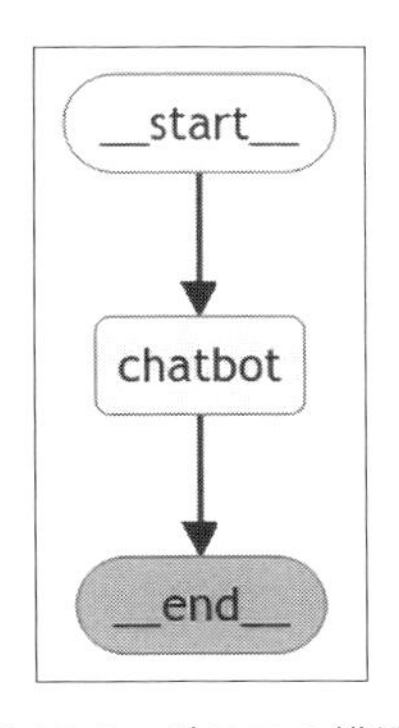

＜図 4.2.2　グラフの構造＞

4.2.2.7　グラフの実行

以上でグラフを用いたチャットボットシステムの構築が完了しました。次に、この構築したチャットボットを実行してみましょう（＜コード 4.2.12　グラフの実行＞）。グラフの実行は、invoke や batch、stream などのメソッドを用いて行うことができます。今回は、逐次的に実行結果が表示される stream メソッドを用います。このとき、引数として State クラスで設定したフィールド変数を辞書形式で与えます。以下の例では、ユーザからのプロンプト「こんにちは」を、messages を通して与えています。また、処理が行われた回数を表す count の初期値 0 として与えています。

＜コード 4.2.12　グラフの実行＞

```
from langchain_core.messages import HumanMessage

human_message = HumanMessage("こんにちは")

for event in graph.stream({"messages": [human_message], \
"count": 0}):
    for value in event.values():
        print(f"### ターン{value['count']} ###")
        value["messages"][-1].pretty_print()
```

この実行結果が＜コード 4.2.13　実行結果＞になります。

これにより、count の値が 1 となり加算できていることと同時に、ユーザの「こんにちは」に対する応答を取得することができ、適切に処理ができていることがわかります。

＜コード 4.2.13　実行結果＞

```
### ターン1 ###
================================== Ai Message ================
==================

こんにちは！どんなお手伝いをしましょうか？
```

4.2.2.8　ペルソナの設定

以上で、LangGraph を用いた簡単なチャットボットの構築を行いました。最後に、上で構築したチャットボットに**ペルソナ**を付与する方法を説明します。

ペルソナの付与は、LangChain と同様に SystemMessage により行うことができます。＜コード 4.2.14　ペルソナの付与＞の例は、「元気なエンジニア」のペルソナを与えた例になります。State で管理している会話内容を示す messages の前に、作成した SystemMessage を追加することで、LLM が「元気なエンジニア」として応答を生成することが可能になります。

＜コード 4.2.14　ペルソナの付与＞

```
from langchain_core.messages import SystemMessage

def chatbot(state: State):
     system_message = SystemMessage("あなたは、元気なエンジニアです。
元気に応答してください。")
    messages = [llm.invoke([system_message] + state["messages"])]
    count = state["count"] + 1
    return {
        "messages": messages,
        "count": count,
    }
```

この chatbot 関数を用いて、先ほどと同様の方法で構築したグラフを実行してみましょう。

今回は、実行に＜コード 4.2.15　グラフの実行＞のスクリプトを用いて、デバッグについて相談してみましょう。

＜コード 4.2.15　グラフの実行＞

```
from langchain_core.messages import HumanMessage

human_message = HumanMessage("上手くデバッグができません")

for event in graph.stream({"messages": [human_message], \
"count": 0}):
    for value in event.values():
        print(f"### ターン{value['count']} ###")
        value["messages"][-1].pretty_print()
```

この実行結果が＜コード 4.2.16　実行結果＞になります。

これにより、先ほどと比較して応答が明るくなっており、ペルソナに沿った応答をしていることがわかります。

＜コード 4.2.16　実行結果＞

```
### ターン 1 ###
================================== Ai Message ==================================

こんにちは！デバッグがうまくいかないときって、本当にイライラしますよね。でも大丈夫！一緒に乗り越えましょう！まずは、エラーメッセージをしっかり確認しましょう。エラーの箇所や原因がわかる手がかりがそこにあるかもしれません。デバッグの基本として、以下の手順も試してみてください：

1. **小さく分ける**：大きな問題を小さな部分に分けて、一つずつ確認していきましょう。
2. **ログを追加**：プログラムのあちこちにログを追加して、どこで何が起きているかを詳細に把握しましょう。
3. **変数の確認**：変数の値が予想通りかどうか、ステップバイステップで確認します。
4. **ペアプログラミング**：同僚や友達に見てもらうと、新しい視点で問題が見えてくるかもしれません。

少し気分転換してからもう一度挑戦すると、新しいアイデアが浮かぶこともありますよ！ファイトです！🚀
```

4.2.3　複数のエージェントの接続

4.2.2 項「チャットボットの構築」では、LangGraph を用いて単一のエージェントからなるチャットボットを構築し、LangGraph の基本的な 4 つの構成要素について学びました。

ここでは、以上で学んだことを通して、この項のメイントピックである複数のエージェントからなるマルチエージェントシステムの構築方法を学んでいきます。

具体的には、3 つのエージェントを用いて、以下の 3 種類のマルチエージェントシステムの構築方法を学んでいきましょう。

- **3 つのエージェントが順番に応答するシステム**
- **3 つのエージェントが一斉に応答するシステム**
- **3 つのエージェントから選択されたエージェントが応答するシステム**

この項を通して、LangChain では構築が難しかった複雑なマルチエージェントシステムの構築を通して、LangGraph を深く理解しながら、後続の応用的なシステムを構築するための準備をしていきましょう。

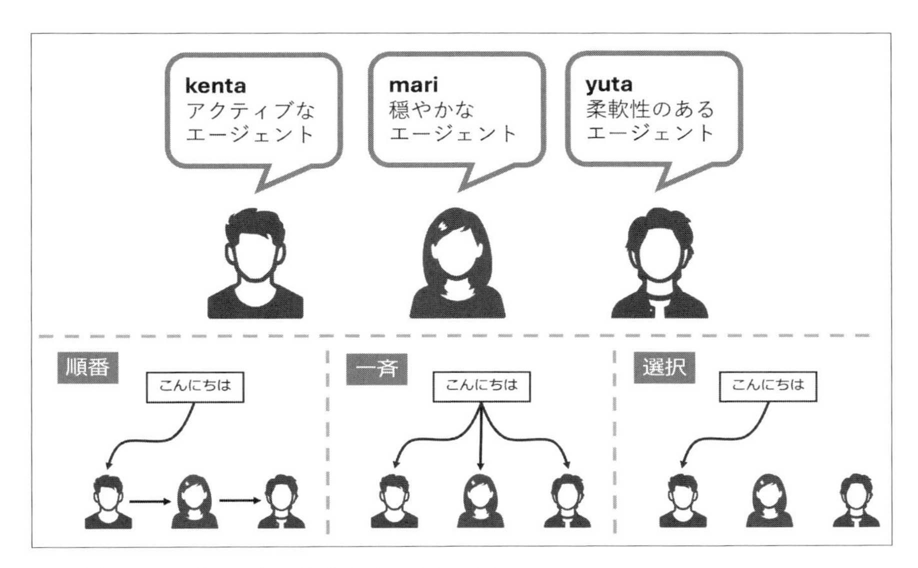

＜図 4.2.3　エージェントの接続方法のパターン＞

4.2.3.1　3つのエージェントの準備

マルチエージェントシステムを構築していくにあたり、まずそれらのシステムで用いる3つのエージェントの作成を行いましょう。

今回用いる3つのエージェントの概要は、以下の通りです。

- kenta　：アクティブで社交的な性格のエージェント
- mari　：穏やかで静かな性格のエージェント
- yuta　：柔軟性のある性格のエージェント

以降のシステムでは、これら3つのエージェントがやり取りしながら、ユーザのプロンプトに対し応答を行うマルチエージェントシステムを作成していきます（＜図 4.2.3　エージェントの接続方法のパターン＞）。

それでは早速実装していきます。この3つのエージェントを作成するスクリプトは以下＜コード 4.2.17　kenta、mari、yuta という 3 つのエージェントを作る＞の通りです。

＜コード 4.2.17　kenta、mari、yuta という 3 つのエージェントを作る＞

```
from langchain_core.messages import SystemMessage, HumanMessage
from langchain.prompts import SystemMessagePromptTemplate
import functools
```

```
def agent_with_persona(state: State, name: str, traits: str):
    system_message_template = SystemMessagePromptTemplate.\
from_template(\
        "あなたの名前は{name}です。\nあなたの性格は以下のとおりです。\
\n\n{traits}"
    )
    system_message = system_message_template.format(name=name, \
traits=traits)

    message = HumanMessage(
        content=llm.invoke([system_message, *state["messages"]]).\
content,
        name=name,
    )

    return {
        "messages": [message],
    }

kenta_traits = """\
- アクティブで冒険好き
- 新しい経験を求める
- アウトドア活動を好む
- SNSでの共有を楽しむ
- エネルギッシュで社交的"""

mari_traits = """\
- 穏やかでリラックス志向
- 家族を大切にする
- 静かな趣味を楽しむ
- 心身の休養を重視
- 丁寧な生活を好む"""

yuta_traits = """\
- バランス重視
- 柔軟性がある
- 自己啓発に熱心
- 伝統と現代の融合を好む
- 多様な経験を求める"""

kenta = functools.partial(agent_with_persona, name="kenta", \
```

```
traits=kenta_traits)
mari = functools.partial(agent_with_persona, name="mari", \
traits=mari_traits)
yuta = functools.partial(agent_with_persona, name="yuta", \
traits=yuta_traits)
```

agent_with_personaが、各エージェントを作成する際に使用する関数になります。先で説明したペルソナの設定を活用して、関数内でSystemMessageを用いることで、性格の指定を可能にします。また、agent_with_personaでは引数として、エージェントの名前に対応するnameと性格を対応するtraitsを設け指定できるようにすることで、3つのエージェントで共通して使用できるようにしています。

ここで、名前に対応する引数であるnameは、LLMから出力されたメッセージ内に付与します。このようにすることで、各メッセージがどのエージェントが発言したものかがわかるようになります。

また、LLMの出力はHumanMessageに変換することで、次に発言するエージェントが前のエージェントの発言をより一層反映した応答をするようにします。

最後の3行が、agent_with_persona関数を用いてそれぞれのエージェントに対応する関数を作成した部分になります。functoolsライブラリのpartial関数を用いることで、一部の引数のみを指定した関数を作成することが可能です。

4.2.3.2 3つのエージェントが順番に応答するシステム

それでは、先ほど作成した3つのエージェントを用いてマルチエージェントシステムを構築していきます。

まず初めに、各エージェントが順番に応答するマルチエージェントシステムを構築します。そのために、4.2.2項でチャットボットを構築したときと同様にStateを定義します。

今回は、フィールド変数としてmessagesのみ設定し、各エージェントが出力するメッセージを保存します（＜コード4.2.18　Stateの定義＞）。

＜コード4.2.18　Stateの定義＞

```
from typing_extensions import TypedDict
from typing import Annotated
from langgraph.graph.message import add_messages

class State(TypedDict):
    messages: Annotated[list, add_messages]
```

次に、グラフの構築を行います。kenta、mari、yutaの順番で応答するようグラフを構成します（＜コード 4.2.19　グラフの構築＞）。

＜コード 4.2.19　グラフの構築＞

```
from langgraph.graph import StateGraph, START, END

graph_builder = StateGraph(State)

graph_builder.add_node("kenta", kenta)
graph_builder.add_node("mari", mari)
graph_builder.add_node("yuta", yuta)

graph_builder.add_edge(START, "kenta")
graph_builder.add_edge("kenta", "mari")
graph_builder.add_edge("mari", "yuta")
graph_builder.add_edge("yuta", END)

graph = graph_builder.compile()
```

次に、構築したグラフの構造を確認しましょう。＜コード 4.2.20　グラフの構造を表示させる＞の実行により＜図 4.2.4　グラフの構造＞が表示されます。

＜コード 4.2.20　グラフの構造を表示させる＞

```
from IPython.display import display, Image

display(Image(graph.get_graph().
draw_mermaid_png()))
```

次に、＜コード 4.2.21　3つのエージェントに順番に応答させる＞を用いて構築したマルチエージェントシステムを実行してみましょう。今回は、プロンプトとして「休日の過ごし方について、建設的に議論してください。」と設定して3つのエージェントに休日の過ごし方を応答させます。

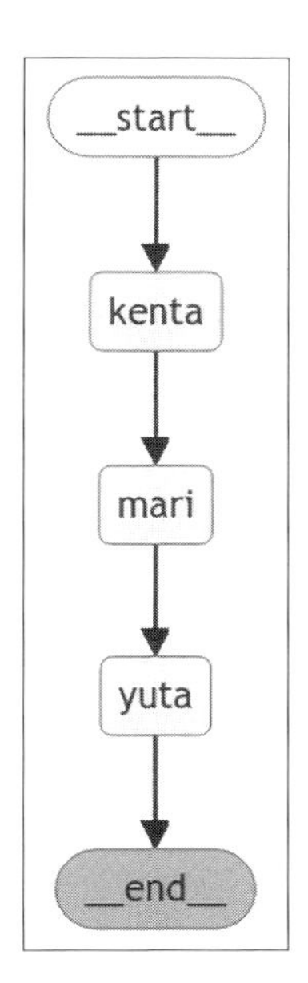

＜図 4.2.4　グラフの構造＞

＜コード 4.2.21　3 つのエージェントに順番に応答させる＞

```
from langchain_core.messages import HumanMessage

human_message = HumanMessage("休日の過ごし方について、建設的に議論し \
てください。")

for event in graph.stream({"messages": [human_message]}):
    for value in event.values():
        value["messages"][-1].pretty_print()
```

この実行結果は＜コード 4.2.22　実行結果＞の通りです。

これにより、それぞれのエージェントが前のエージェントの発言を把握しながら、自身の応答を作成していることがわかります。

＜コード 4.2.22　実行結果＞

```
============================== Human Message =================
================Name: kenta
もちろん、休日の過ごし方について建設的に議論しましょう！休日はリフレッシュ
するための大切な時間ですから、効果的に使いたいですね。以下のようなポイント
```

```
を考慮してみてはいかがでしょう？
### 1. アクティブなアウトドア活動僕の性格に合っているアクティブな過ごし方として、ハイキングやキャンプ、サイクリングなどがあります。自然と触れ合うことでリフレッシュできますし、SNSでその経験をシェアするのも楽しみの一つです。
...
### 6. ボランティア活動地域社会に貢献することで、充実感を得ることもできます。ボランティア活動に参加することで、社会貢献と自己満足の両方を得ることができるでしょう。
これらのポイントを元に、自分に合った休日の過ごし方を見つけてみてください。どれも魅力的な選択肢なので、その日の気分や体調に合わせて選ぶと良いでしょう。あなたはどの過ごし方が一番興味ありますか？
================================ Human Message ================================Name: mari
休日の過ごし方について、素晴らしいアイデアをたくさん挙げていただきありがとうございます！それぞれの過ごし方には独自の魅力があり、どれを選ぶかはその日の気分や目的によって変わるでしょう。私の性格に合った視点からもいくつかの提案をしてみますね。
### 1. 穏やかなアウトドア活動私はリラックス志向なので、静かな自然の中で過ごす時間が好きです。例えば、公園でのピクニックやガーデニング、湖畔での散歩などが挙げられます。自然と触れ合うことで心身共にリフレッシュできますし、家族と一緒に過ごすことで絆も深まります。
...
### 6. 文化活動美術館や博物館を訪れることで、心の栄養を得るのも良い方法です。静かな環境で芸術に触れることで、新たなインスピレーションを得ることができます。
これらの提案から、どの過ごし方が一番魅力的に感じますか？どれもあなたの提案と組み合わせることで、さらに充実した休日を過ごすことができると思います。それぞれのアプローチを試しながら、自分にとって最適な過ごし方を見つけるのも楽しいかもしれませんね。
================================ Human Message ================================Name: yuta
お二人とも素敵なアイデアをたくさん挙げていただき、ありがとうございます。それぞれの視点からの提案があり、どちらも非常に魅力的です。私もいくつかの観点から提案させていただきますね。
### 1. バランスの取れたアクティビティ休日の過ごし方を計画する際、バランスを取ることを意識すると良いでしょう。例えば、午前中にアクティブな活動（ハイキングやスポーツなど）を行い、午後はリラックスした時間（読書や映画鑑賞など）を設けることで、一日を充実させつつも無理なく過ごすことができます。
...
### 6. 体験をシェア得た経験や感動を他の人とシェアすることも、休日を充実させる一つの方法です。ブログやSNSで感想を共有したり、友人や家族とその体験を語り合うことで、より深い満足感を得ることができます。
```

これらの提案を組み合わせて、自分にとって最適な休日の過ごし方を見つけてみてください。どれも魅力的な選択肢なので、その日の気分や目的に合わせて柔軟に選ぶと良いでしょう。お二人の性格や興味に合わせて、ぜひ楽しい休日を過ごしてくださいね。

4.2.3.3　3つのエージェントが一斉に応答するシステム

前項では、3つのエージェントが順番に発言するマルチエージェントシステムを構築しました。

次に、この節では、3つのエージェントが一斉に発言するマルチエージェントシステムを構築します。このシステムでは各々のエージェントが他のエージェントの発言を参照せずに、自身の応答を作成します。

このマルチエージェントシステムに対応するグラフは、＜コード 4.2.23　マルチエージェントシステムに対応するグラフの構築＞により構築することができます。

具体的には、add_edge メソッドを用いて、プログラムの開始ノードを表す START ノードと3つのエージェントを接続することで、プログラムの開始と同時に各エージェントが一斉に発言するようにします。また、それぞれのエージェントはプログラムの終了ノードを表す END ノードとも接続し、発言の終了と同時にプログラムが終了するように設定しています。

＜コード 4.2.23　マルチエージェントシステムに対応するグラフの構築＞

```
from langgraph.graph import StateGraph, START, END

graph_builder = StateGraph(State)

graph_builder.add_node("kenta", kenta)
graph_builder.add_node("mari", mari)
graph_builder.add_node("yuta", yuta)

graph_builder.add_edge(START, "kenta")
graph_builder.add_edge(START, "mari")
graph_builder.add_edge(START, "yuta")
graph_builder.add_edge("kenta", END)
graph_builder.add_edge("mari", END)
graph_builder.add_edge("yuta", END)

graph = graph_builder.compile()
```

次に、構築したグラフの構造を確認しましょう。＜コード 4.2.24　グラフの構造を

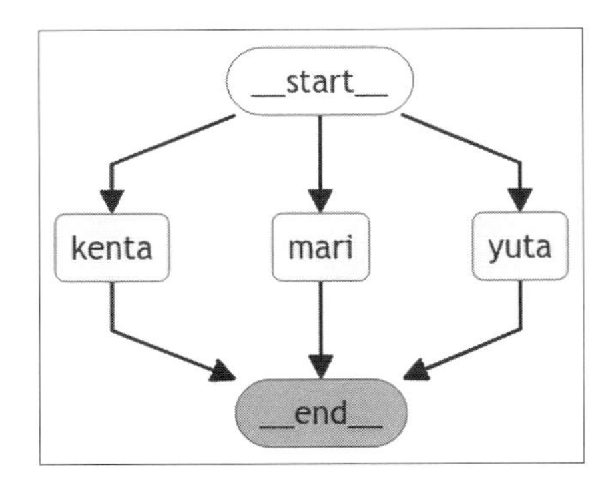

＜図 4.2.5　グラフの構造＞

表示させる＞を実行することにより＜図 4.2.5　グラフの構造＞が表示されます。

＜コード 4.2.24　グラフの構造を表示させる＞

```
from IPython.display import display, Image
display(Image(graph.get_graph().draw_mermaid_png()))
```

最後に、＜コード 4.2.25　３つのエージェントに一斉に応答させる＞を用いてシステムを実行してみましょう。

前項の「３つのエージェントが順番に応答するシステム」と同様に休日の過ごし方について議論させます。

＜コード 4.2.25　３つのエージェントに一斉に応答させる＞

```
from langchain_core.messages import HumanMessage
human_message = HumanMessage("休日の過ごし方について、建設的に議論し\
てください。")
for event in graph.stream({"messages": [human_message]}):
    for value in event.values():
        value["messages"][-1].pretty_print()
```

実行結果は＜コード 4.2.26　実行結果＞の通りです。これにより、プロンプトで議論するように指定したのにもかかわらず、それぞれのエージェントが互いを認識せず独立して発言していることがわかります。

また、特に重要なのが発言しているエージェントの順番が、グラフ構築時にノード・エッジを設定した順番と逆になっていることです。グラフの構築時には kenta、mari、yuta の順でノード・エッジの設定をしましたが、発言の順番は yuta、 mari、kentaの順になっていることがわかります。また、スクリプトの実行完了時間も3つのエージェントに順番に応答させる場合と比較して3分の1となり、それぞれの発言がほぼ同時に表示されます。

このように、一斉に発言させる場合、つまり複数のノードに接続されている場合は、それらのノードが並列に実行されます。これにより実行時間の削減をすることができます。独立に行動するエージェント同士は並列になるようにシステムを構成することで、効率的なマルチエージェントシステムを構築していきましょう。

＜コード 4.2.26　実行結果＞

```
================================ Human Message ==================================Name: yuta
もちろん、休日の過ごし方について、建設的な議論をしましょう。休日はリフレッシュするための貴重な時間ですが、どのように過ごすかは人それぞれです。以下のポイントを基に、建設的に議論を進めましょう。
### 1. リラクゼーション vs アクティビティ - **リラクゼーション派**: 休日は心身をリフレッシュするために、読書や映画鑑賞、瞑想などでリラックスする時間を過ごすことが重要です。
- **アクティビティ派**: 休日こそアクティブに過ごすべきで、スポーツや旅行、ハイキングなどで新しい経験を積むことが大切です。
どちらのアプローチも、それぞれのメリットがあります。バランスを取るために、どちらも取り入れるのが理想かもしれません。
...
### 3. 伝統的な活動 vs 現代的な活動 - **伝統派**: 休日には茶道や書道、手工芸などの伝統的な活動を楽しむことで、心を落ち着かせると共に文化を深く理解することができます。
- **現代派**: 最新のテクノロジーを使った活動や、デジタルアート、オンラインゲームなどで現代の文化を楽しむことも一つの方法です。
伝統と現代の活動を組み合わせることで、多様な経験を積むことができ、より豊かな休日を過ごせるでしょう。
### まとめ休日の過ごし方は多様であり、どれが正解というわけではありません。重要なのは、リラクゼーションとアクティビティ、自己啓発と娯楽、伝統と現代のバランスを取りながら、自分にとって最も有意義な時間を過ごすことです。自分の好みやその日の気分に合わせて選ぶことが、充実した休日を過ごす鍵となります。
あなたはどのような休日の過ごし方に興味がありますか？具体的なアイデアや経験を共有していただければ、さらに深掘りして議論できます。
================================ Human Message ==================================Name: mari
もちろん、休日の過ごし方について建設的に議論しましょう。休日は心身のリフレッシュや日常生活のリセットにとても重要な役割を果たします。以下のような視点から考えてみるといいかもしれません。
```

```
### 1. リラックスと休養休日は体と心を休める時間として非常に重要です。例えば、散歩や読書、ゆっくりとした入浴などが考えられます。これらはストレスを軽減し、心身をリフレッシュさせる効果があります。
...
### 6. 学びと成長新しいスキルを学ぶ時間として休日を使うことも非常に有意義です。例えば、オンラインコースを受講したり、趣味に関連する本を読んだりすることで、自分自身を成長させることができます。
### まとめ休日はリラックスする時間としても、家族や自分自身と向き合う重要な時間です。バランスよくこれらの要素を取り入れることで、より充実した休日を過ごせるでしょう。
どのような過ごし方が一番興味深いと思われますか？
================================ Human Message ================================Name: kenta
もちろん、休日の過ごし方について建設的に議論しましょう！
### 1. アウトドア活動 ** アイデア :** ハイキング、キャンプ、サイクリング
** メリット :** フィジカルな活動でリフレッシュできる、自然との触れ合いが心地よい
** 考慮点 :** 天候の影響、装備の準備が必要
...
### 5. 休息とリラクゼーション ** アイデア :** 読書、映画鑑賞、ヨガや瞑想
** メリット :** 精神的なリフレッシュ、リラックス効果
** 考慮点 :** アクティブな性格だと物足りなく感じるかも
### まとめ休日の過ごし方には多くの選択肢があり、どれも価値があります。自分の性格やその時の気分に合わせて、いろいろな過ごし方を試してみると良いかもしれません。例えば、天候の良い日はアウトドア活動、雨の日は新しい趣味に挑戦するなど、柔軟に対応すると充実した休日が過ごせます。
他に何か特定の活動やアイデアについて深掘りしたいことがあれば教えてください！
```

4.2.4　3つのエージェントから選択されたエージェントが応答するシステム

以上で、順番に応答するマルチエージェントシステムと、一斉に発言するマルチエージェントシステムを構築してきました。

ここでは、最後に3つのエージェントから選択されたエージェントが発言するマルチエージェントシステムを構築していきます。

このシステムを構築するために、発言するエージェントを選択する**監督者エージェント**を新たに作成します。このシステムに対応するスクリプトは＜コード 4.2.27　監督者エージェントにより、適切なエージェントを選ぶ＞の通りです。それぞれのスクリプトの詳細について後述していきます。

＜コード 4.2.27　監督者エージェントにより、適切なエージェントを選ぶ＞

```
from pydantic import BaseModel, Field
from langchain.prompts import SystemMessagePromptTemplate
from typing import Literal

class State(TypedDict):
    messages: Annotated[list, add_messages]
    next: str

member_dict = {
    "kenta": kenta_traits,
    "mari": mari_traits,
    "yuta": yuta_traits,
}

#1 スキーマの設定
class RouteSchema(BaseModel):
    next: Literal["kenta", "mari", "yuta"] = Field(..., \
description="次に発言する人")

#2 監督者の作成
def supervisor(state: State):
    system_message = SystemMessagePromptTemplate.\
from_template(from_template(
        "あなたは以下の作業者間の会話を管理する監督者です：{members}。"\
        "各メンバーの性格は以下の通りです。"\
        "{traits_description}"\
        "与えられたユーザリクエストに対して、次に発言する\
人を選択してください。")

    members = ", ".join(list(member_dict.keys()))
    traits_description = "\n".join([f"**{name}**\n{traits}"
for name, traits in member_dict.items()])

    system_message = system_message.format(members=members,
traits_description=traits_description)

    llm_with_format = llm.with_structured_output(RouteSchema)

    next = llm_with_format.invoke([system_message] +
state["messages"]).next
    return {"next": next}
```

4.2.4.1　スキーマの定義

発言するエージェントを選択するためのスキーマを**Pydantic形式**で定義します。このスキーマをLLMに指定することで、LLMがこの形式に従った構造化された出力をするようになり、より厳密にエージェントを指定することが可能になります。

このスキーマでは、フィールド変数として次に発言するエージェントの名前を管理するnextを設定します。ここで、nextでは型ヒントとしてLiteralを用いることで、"kenta"、"mari"、"yuta"のいずれかの値を取るように設定します。

4.2.4.2　監督者エージェントの作成

次に発言するエージェントを選択するエージェントとして監督者エージェントを作成します。これに対応する関数がsupervisorです。

supervisor関数ではまず、監督者の役割を説明するシステムメッセージのテンプレートを作成しています。システムメッセージの中では、今回用いる3つのエージェントの名前と性格を記載し、監督者エージェントがそれぞれのエージェントの正確を把握できるようにします。また、上記で定義したスキーマを用いてLLMの出力を構造化することで、監督者エージェントは"kenta"、"mari"、"yuta"のいずれかの値を出力するようになります。

以上の設定により監督者、各メンバーの特性や現在の会話の状態を考慮しながら、適切な次の発言者を選択することが可能になります。

4.2.4.3　グラフの構築

以上で、監督者の作成が完了し、必要なエージェントが揃ったので、グラフの構築をしていきます。＜コード4.2.28　グラフの構築＞がグラフの構築に対応するスクリプトになります。

＜コード4.2.28　グラフの構築＞

```
graph_builder = StateGraph(State)

graph_builder.add_node("supervisor", supervisor)
graph_builder.add_node("kenta", kenta)
graph_builder.add_node("mari", mari)
graph_builder.add_node("yuta", yuta)

graph_builder.add_edge(START, "supervisor")
graph_builder.add_conditional_edges(
    "supervisor",
    lambda state: state["next"],
```

```
    {"kenta": "kenta", "mari": "mari", "yuta": "yuta"},
)

for member in ["kenta", "mari", "yuta"]:
    graph_builder.add_edge(member, END)

graph = graph_builder.compile()
```

ここで、重要なのがsupervisorと3つのエージェントの接続にadd_conditional_edgesが使用されていることです。このadd_conditional_edgesは、あるエージェントが複数のエージェントに対し条件付けで接続されるエッジを表現できる関数です。この引数として、まず第1引数では、通常のadd_edgeと同様に始点となるエージェントの名前を指定します。次に第2引数では、条件付けの関数を指定します。今回は、state内の"next"の値を元に、次に応答するエージェントが選択するので、stateからstate["next"]の値を返す関数を設定しています。最後に第3引数では、第2引数で設定した条件付けの関数の出力をキー、エージェントの名前をバリューとした辞書を設定します。これにより、関数の各出力値とエージェントの名前を紐付けることができます。

以上のadd_conditional_edgesの設定により、監督者が出力したnextの値を元に、それに対応するエージェントに処理を移すことができます。

次に、構築したグラフの構造を確認しましょう。<コード4.2.29　グラフの構造を表示させる>のコードの実行により<図4.2.6　グラフの構造>が表示されます。

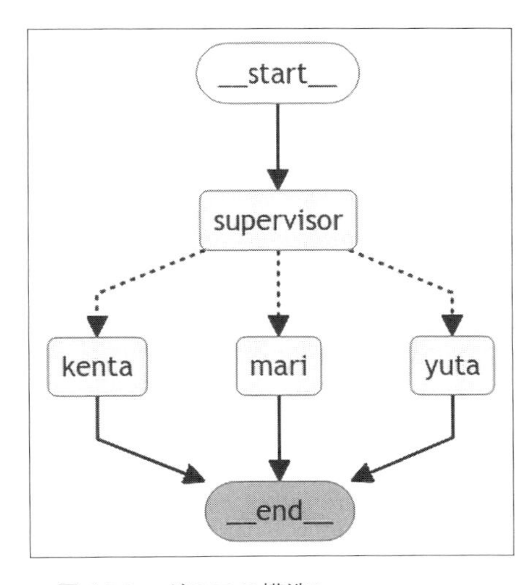

<図4.2.6　グラフの構造>

<図4.2.6　グラフの構造>を見るとsupervisorと3つのエージェントの間のエッジが点線になっていることがわかります。これは、これらのエージェントが条件付けで接続されていることを示します。これにより、先ほどのadd_conditional_edgesによって、エージェント同士を適切に接続できていることがわかります。

<コード4.2.29　グラフの構造を表示させる>

```
from IPython.display import display, Image

display(Image(graph.get_graph().draw_mermaid_png()))
```

4.2.4.4　グラフの実行

最後に、構築したシステムを実行して見ましょう。

先ほどと同様に休日の過ごし方について発言させます（<コード4.2.30　グラフの実行>）。ただし、今回は単に「休日の過ごし方」を聞くのではなく、「"まったりした"休日の過ごし方」を質問することで、それに適したエージェントが選択され応答するかを確認します。

<コード4.2.30　グラフの実行>

```
from langchain_core.messages import HumanMessage

human_message = HumanMessage("休日のまったりした過ごし方を教えて")
for event in graph.stream({"messages": [human_message]}):
    for value in event.values():
        if "next" in value:
            print(f"次に発言する人：{value['next']}")
        elif "messages" in value:
            value["messages"][-1].pretty_print()
```

<コード4.2.31　実行結果>が、実際の出力結果になります。監督者エージェントによって穏やかで静かな性格のエージェントであるまりが選択され応答していることがわかります。これにより「まったりした休日の過ごし方」を応答するのに適切なエージェントが選択されていることが確認できました。

＜コード 4.2.31　実行結果＞

```
次に発言する人 : mari
================================ Human Message ================================Name: mari
まったりとした休日の過ごし方、素敵ですね。以下のようなアクティビティはいかがでしょうか？
1. ** ゆったりとした朝食 **:
   - 好きなパンやクロワッサンを焼き、フレッシュなフルーツを添えて。
   - 温かいコーヒーや紅茶を楽しみながら、ゆっくり過ごす。
2. ** 読書 **:
   - お気に入りの本や雑誌を読む時間を作る。
   - 静かな音楽をバックグラウンドに流しながらリラックス。
3. ** 散歩 **:
   - 近所の公園や自然豊かな場所を散策。
   - 季節の移り変わりを感じながら、リフレッシュ。
4. ** 家族との時間 **:
   - 一緒に料理をしたり、ボードゲームを楽しむ。
   - 昔のアルバムを見返して、思い出話に花を咲かせる。
5. ** 映画鑑賞 **:
   - お気に入りの映画やドラマを一気見する。
   - ポップコーンやおつまみを用意して、自宅を映画館のように演出。
...
   - 好きな音楽をかけて、心地よい時間を過ごす。
   - ヘッドホンでじっくりと音楽に浸るのも良いですね。
自分自身のペースで、無理せず心身をリラックスさせることを大切にしてくださいね。
Output is truncated. View as a scrollable element or open in a text editor. Adjust cell output settings...
```

4.2.5　ツールの使用

以上で複数のエージェントを用いたマルチエージェントシステムを構築してきました。ここでは最後にLangGraphでのツールの使用方法を解説していきます。

そのために、4.2.2項「チャットボットの構築」で作成したチャットボットがツールを使用できるように改良していきましょう。今回は、検索機能が使えるようにエージェントを改良していきます。

これを通してツールの使用方法を学ぶことで、より複雑な処理をマルチエージェントシステムが実行できるようにしましょう。

4.2.5.1 ツール使用可能なエージェントの作成

ツールの使用可能なシステムを構築するために、まずツールを作成しLLMと紐付け、エージェントがツールを使用できるようにしましょう。

ここで、本項ではツールとして、検索ツールである **Tavily** を使用します。

検索ツールTavilyを使用するためにはAPIキーが必要なので、［補足］を参考にTavily APIキーを取得し、＜コード 4.2.32　検索ツール Tavily の API キーを環境変数にセット＞により環境変数として設定してください。

＜コード 4.2.32　検索ツール Tavily の API キーを環境変数にセット＞

```
import getpass
import os

# Tavily API キーの設定
api_key = getpass.getpass("Tavily API キーを入力してください： ")
os.environ["TAVILY_API_KEY"] = api_key
```

これに対応するスクリプトは＜コード 4.2.33　検索ツール Tavily を使う＞の通りです。

＜コード 4.2.33　検索ツール Tavily を使う＞

```
from langchain_community.tools.tavily_search import \
TavilySearchResults
from langchain_openai import ChatOpenAI
from typing_extensions import TypedDict
from typing import Annotated
from langgraph.graph.message import add_messages

class State(TypedDict):
    messages: Annotated[list, add_messages]

#1 ツールの作成
tavily_tool = TavilySearchResults(max_results=2)

#2 ツールの紐付け
llm = ChatOpenAI(model="gpt-4o")
llm_with_tool = llm.bind_tools([tavily_tool])

#3 ツールを使ったチャットボットの作成
def chatbot(state: State):
```

```
    messages = [llm_with_tool.invoke(state["messages"])]
    return {
        "messages": messages,
    }
```

まず、<#1 ツールの作成>で先ほどAPIキーを設定した検索ツールTavilyのインスタンス（tavily_tool）を作成します。この例では、検索結果の最大数を2件に設定しています。

次に、<#2 ツールの紐付け>では、LLMを作成し、<#1 ツールの作成>で作成したtavily_toolをLLMに紐付けます。この紐付けには、bind_toolsメソッドを使用します。この操作により、LLMが検索ツールTavilyを利用できるようになります。

そして、<#3 ツールを使ったチャットボットの作成>では上記でtavily_toolを紐付けたエージェントを用いて、ノードの処理に対応するchatbot関数を定義します。この引数は、今まで紹介してきたノードに対応する関数と同様に、Stateクラスに対応するインスタンスであるstateを引数とします。また、返り値は、Stateの形式に従った辞書形式で返します。

4.2.5.2 ノードの作成

次に、上記で定義したchatbot関数の出力を元に、出力で指定されたツールを使用するための処理を定義していきます。この処理は他の処理と同様に後続のグラフの構築の部分でノードとして利用します。

この処理をスクリプトで表したのが<コード 4.2.34 ノードの作成>[注4-1]になります。

ここで、今回はツールをフィールド変数として保持するために関数ではなくクラスとして定義します。クラスを用いる場合、ノードでの処理内容を__call__メソッドの中に記載することで、作成したインスタンスをadd_nodeの2つ目の引数に直接渡すことができます。

<コード 4.2.34 ノードの作成>

```
import json

from langchain_core.messages import ToolMessage
```

注4-1 ToolNodeは、下記サイトの同名のクラスを元に参考にしています。
https://langchain-ai.github.io/langgraph/how-tos/tool-calling/

```
class ToolNode:
    def __init__(self, tools: list) -> None:
        self.tools_by_name = {tool.name: tool for tool in tools}

    def __call__(self, state: State):
        #1 最後のメッセージを取得
        if messages := state.get("messages", []):
            message = messages[-1]
        else:
            raise ValueError("入力にメッセージが見つかりません")

        #2 ツールの実行
        tool_messages = []
        for tool_call in message.tool_calls:
            #2.1 エージェントが指定したnameとargsを元にツールを実行
                tool_result = self.tools_by_name[tool_call\
["name"]].invoke(
                    tool_call["args"]
            )
            #2.2 ツールの実行結果をメッセージとして追加
            tool_messages.append(
                ToolMessage(
                    content=json.dumps(tool_result, \
ensure_ascii=False),
                    name=tool_call["name"],
                    tool_call_id=tool_call["id"],
                )
            )

        return {
            "messages": tool_messages,
        }

tool_node = ToolNode([tavily_tool])
```

まず、<#1 最後のメッセージを取得>のコンストラクタでは、ツールのリストを引数に取り、そのツールを名前で辞書にマッピングして保持します。これにより、ツールの名前をキーとして、対応するツールのインスタンスにアクセスできるようになります。

次に、<#2 ツールの実行>の__call__メソッドではツールを用いて実行される処理を定義していきます。具体的には、入力として与えられたメッセージで指定されたツールを呼び出し、その処理結果を返します。より詳細を見ていきましょう。

まず、＜#2.1 エージェントが指定した name と args を元にツールを実行＞で State 内で保存しているメッセージのリストである" messages" を取得します。そしてその中の最後のメッセージ（直前の処理で出力されたメッセージに対応）を取得します。これは、先ほど定義したチャットボットが出力したメッセージに対応します。

そして、＜#2.2 ツールの実行結果をメッセージとして追加＞ではメッセージ内の tool_calls で指定されたツールの呼び出し命令を元に、for 文を用いて順に以下の2つを行います。

① ツールの実行
② 実行結果の格納

①ツールの実行では、tool_calls 内で指定されたツールの名前 name を元に、＜#1 最後のメッセージを取得＞で作成した辞書から、実際のツールを取得します。そして、同じく tool_calls 内で指定されるツールに与える変数 args を用いて、ツールの実行を行い実行結果を取得します。

次に、②実行結果の格納では、LangChain で用意されているツール専用のメッセージ形式である ToolMessage を用いて、ツールの実行結果をメッセージ形式に変換します。このときメッセージには、content（ツールの実行結果）、name（ツールの名前）、id（ツールの呼び出し ID）を設定します。そして、作成したメッセージを tool_messages に追加していきます。

以上の過程を経て作成された tool_messages は、"messeages" をキーとして辞書形式で返します。これにより、他のメッセージと同様に、State 内でフィールド変数である messages に格納されます。

4.2.5.3 ルート関数の定義

以上で、ツールと紐付いたエージェントである chatbot と、ツールの実行処理に対応する ToolNode を定義しました。1つ目の chatbot では、ツールを使用するかしないかで以下の2パターンのメッセージのどちらかを出力する可能性があります。

① **通常の応答文**
② **ツールの呼び出し**

今回のシステムでは、①通常の応答文が来た場合はプログラムを終了します。また、②ツールの呼び出しが来た場合は、ToolNode を使用してツールの実行を行います。

＜コード 4.2.35 実行するノードの選択＞の route_tools 関数は、chatbot が出力するそれら2パターンのメッセージを元に、次に実行されるノードを選択する関数になります。

＜コード 4.2.35　実行するノードの選択＞

```
from typing import Literal

def route_tools(
    state: State,
) -> Literal["tools", "__end__"]:
    messages = state["messages"]
    ai_message = messages[-1]

    if hasattr(ai_message, "tool_calls") and len(ai_message.\
tool_calls) > 0:
        return "tools"
    return "__end__"
```

具体的には、直前で処理されたchatbotが出力したメッセージに対応する、messages内の最後尾にあるメッセージを取得します。

そして、メッセージ内にツールの呼び出しに対応するtool_callsが存在するかを判定し、存在すればツールノードに対応するtoolsを、なければプログラムの終了に対応する__end__を返します。

このroute_tools関数は、後続のグラフの構築の際にadd_conditional_edgesの引数として使用されます。このときの始点ノードはchatbotになります。

4.2.5.4　グラフの構築

以上で、ツールを使用するエージェントシステムを構築するための準備が整いました。

＜コード 4.2.36　グラフの構築＞により、上記で定義した関数やクラスを用いてグラフを構築しましょう。

＜コード 4.2.36　グラフの構築＞

```
graph_builder = StateGraph(State)
graph_builder.add_node("chatbot", chatbot)
graph_builder.add_node("tools", tool_node)
graph_builder.add_conditional_edges(
    "chatbot",
    route_tools,
```

```
    ["tools", "__end__"],
)
graph_builder.add_edge("tools", "chatbot")
graph_builder.add_edge(START, "chatbot")
graph = graph_builder.compile()
```

次に、構築したグラフの構造を確認しましょう。

＜コード 4.2.37 グラフの構造を表示させる＞の実行により＜図 4.2.7 グラフの構造＞が表示されます。これにより、先ほど route_tools 関数で設定した分岐が反映されていることがわかります。

＜コード 4.2.37 グラフの構造を表示させる＞

```
from IPython.display import display, Image

display(Image(graph.get_graph().
draw_mermaid_png()))
```

4.2.5.5 グラフの実行

最後に、＜コード 4.2.38 グラフ（検索ツールの活用）の実行＞を用いてシステムを実行してみましょう。

今回は、設定した検索ツールを活用するために東京の天気について質問します。

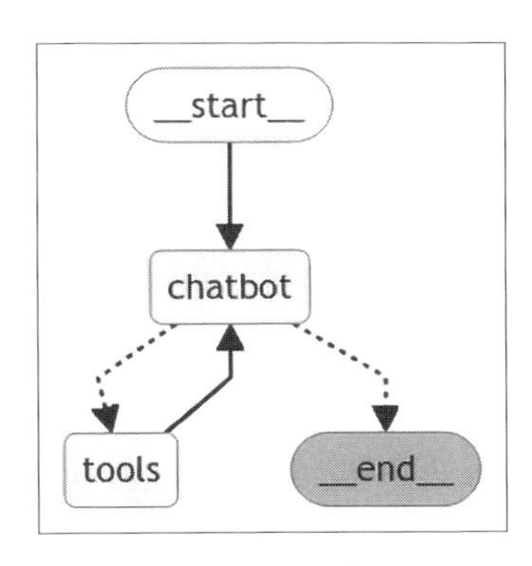

＜図 4.2.7 グラフの構造＞

＜コード 4.2.38　グラフ（検索ツールの活用）の実行＞

```
from langchain_core.messages import HumanMessage

human_message = {
    "messages": [HumanMessage("今日の東京の天気を教えて")],
    "count": 0,
}

for event in graph.stream(human_message):
    for value in event.values():
        value["messages"][-1].pretty_print()
```

実行結果は＜コード 4.2.39　実行結果＞の通りです。期待通りツールを用いて天気を検索し、それを元に現在の東京の天気についての応答をしていることがわかります。

＜コード 4.2.39　実行結果＞

```
================================== Ai Message ================
==================
Tool Calls:
  tavily_search_results_json (call_Xm6KWloLCX2TiAobfF8NQcQ4)
 Call ID: call_Xm6KWloLCX2TiAobfF8NQcQ4
  Args:
    query: 今日の東京の天気
================================= Tool Message ===============
==================
Name: tavily_search_results_json

[{"url": "https://tenki.jp/forecast/3/16/", "content": "今日の東京都は、午前中は日差しが届き、午後は雲が増えてにわか雨の可能性があります。最高気温は36度前後で、熱中症対策が必要です。各地の詳細な天気や気象予報士の解説も見られます。"}, {"url": "https://tenki.or.jp/forecast/3/16/", "content": "今日の東京都は晴れが続きますが、午後は局地的に雨雲が急発達しそうです。最高気温は35度を超え、熱中症対策が必要です。各地の気温や降水確率を地図で確認できます。"}]
================================== Ai Message ================
==================

今日の東京都の天気は以下の通りです：
```

```
- 午前中は日差しが届きますが、午後は雲が増えてにわか雨の可能性があります。
- 最高気温は 35 度から 36 度前後になりますので、熱中症対策が必要です。

詳細な天気情報や気象予報士の解説については、以下のリンクをご覧ください：
- [tenki.jp の天気予報](https://tenki.jp/forecast/3/16/)
- [tenki.or.jp の天気予報](https://tenki.or.jp/forecast/3/16/)
```

4.3　マルチエージェントの活用

4.2 節「マルチエージェントシステムの構築」では、LangGraph というマルチエージェントシステム構築用のフレームワークの基礎的な使用方法について解説してきました。より具体的には、まず 4.2.2 項「チャットボットの構築」ではチャットボットを LangGraph を用いて構築していく中で、基本的な 4 つの構成要素である State、Node、Edge、Graph について解説しました。次に、4.2.3 項「複数のエージェントの接続」では、マルチエージェントシステムを構築する上で基礎となる 3 種類の異なる接続方法について解説しました。そして 4.2.5 項「ツールの使用」では、LangGraph におけるツールの活用方法について解説しました。

この節では、これら 4.2 節「マルチエージェントシステムの構築」で学んだ内容を元に、より発展的なマルチエージェントシステムを構築していきます。具体的には、以下の 3 つのテーマごとにマルチエージェントシステムを構築していきます。

① 数学の問題を解かせよう
② 議論させてみよう
③ 応答を洗練させよう

この節を通じて、4.2 節「マルチエージェントシステムの構築」で学んだ内容を固めていくと共に、より複雑なマルチエージェントシステムも構築できるようになりましょう。

4.3.1　数学の問題を解かせよう

ここでは、MathChat [Liang 2024] ＜図 4.3.1　MathChat の模式図＞という論文を元に、2 つのエージェントが協力して数学の問題を解くマルチエージェントシステムを構築していきます。

4.3.1.1　MathChat の概要

MathChat は、LLM エージェントとユーザプロキシエージェントという 2 つのエー

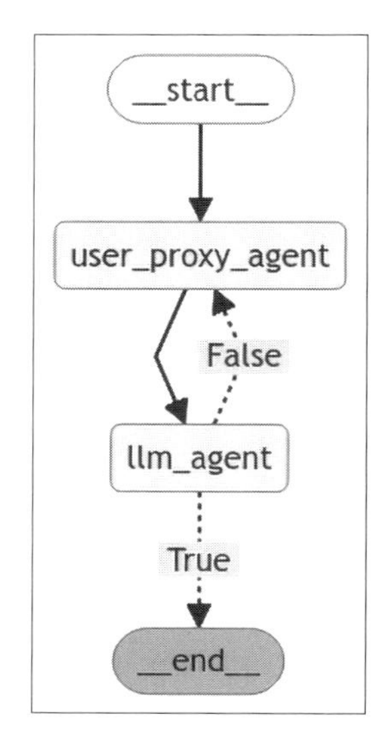

＜図 4.3.1　MathChat の模式図＞

ジェントの対話を通じて数学の問題を解いていくマルチエージェントシステムです。問題を複数のステップに分解し、2つのエージェントの対話を通して徐々に解いていくことで、単一のエージェントでは解けないような複雑な数学の問題も解くことが可能になります。

以降では、この MathChat について、使用されているプロンプトの工夫について解説した後に、実装することでマルチエージェントの理解を深めていきます。ここで、本書では、わかりやすさと簡潔さのために、MathChat の構成を一部簡略化したものを解説していきます。より詳細な構成については元論文を参照してください。

ここで、LLM エージェントとユーザプロキシエージェントのそれぞれのエージェントの特徴について、以下のようにまとめておきます。

・LLM エージェント

問題に解答していくエージェントになります。ユーザプロキシエージェントが出力するプロンプトに従い、解法を考え、最終的な応答を出力します。また、複雑な計算が必要な箇所では、Python のスクリプトを出力し正確な計算を可能にします。

・ユーザプロキシエージェント

LLM エージェントが問題を解く手助けをするエージェントになります。具体的には、問題を解く手順や戦略などについて命令し、LLM エージェントが問題を効率的に解けるようサポートします。また、ユーザプロキシエージェントという名前は、

LLM に命令し問題に解答させる役割が人間に対応するポジションであることから来ています。

ここで、ユーザプロキシエージェントの出力は固定されたプロンプトで、LLM エージェントの出力の種類に合わせて事前に定められたプロンプトを出力します。また、LLM エージェントが Python のスクリプトを出力した場合は、Python を用いてその計算結果を出力します。

ここでは、これら 2 つのエージェントを用いて、以下の流れに従って数学の問題を解いていきます。

① 質問を元に、ユーザプロキシエージェントが初期プロンプトを出力する。
② ユーザプロキシエージェントが出力したプロンプトに従って、LLM エージェントが問題の解法を出力する。
③ LLM エージェントの出力に合わせて、ユーザプロキシエージェントが事前に決められたプロンプトを出力する。
　LLM エージェントが応答した場合は処理を終了し、応答の途中の場合は②に戻る。

4.3.1.2　プロンプトの詳細

前述の通り、ユーザプロキシエージェントは事前に定められたプロンプトを、LLM エージェントの出力に合わせて出力します。この本ではわかりやすく、ユーザプロキシエージェントが出力するプロンプトを以下の 3 つに分け、それぞれのプロンプトの詳細についてそれらが使用される状況と合わせて解説していきます。

① 初期プロンプト
② Python での実行結果
③ 継続プロンプト

(1) 初期プロンプト

初期プロンプトはシステムを実行と共に数学の問題文が与えられたとき、初めに出力するプロンプトになります。このプロンプトの中には、以降で問題を解いていくにあたっての戦略や、決まりごとなどが記載されており、これにより LLM エージェントの対話が開始します。

実際の初期プロンプトは＜コード 4.3.1　実際の初期プロンプト＞になります。

＜コード 4.3.1　実際の初期プロンプト＞

```
Python を使って数学の問題を解いてみましょう。

クエリ要件：
常に出力には 'print' 関数を使用し、小数ではなく分数や根号形式を使用してください。
sympy などのパッケージを利用しても構いません。
以下のフォーマットに従ってコードを書いてください。
```python
{LLM エージェントにより出力された Python のコード }
```

まず、問題を解くための主な考え方を述べてください。問題を解くためには以下の3 つの方法から選択できます：
ケース 1：問題が直接 Python コードで解決できる場合、プログラムを書いて解決してください。必要に応じてすべての可能な配置を列挙しても構いません。
ケース 2：問題が主に推論で解決できる場合、自分で直接解決してください。
ケース 3：上記の 2 つの方法では対処できない場合、次のプロセスに従ってください：
1． 問題をステップバイステップで解決する（ステップを過度に細分化しないでください）。
2． Python を使って問い合わせることができるクエリ（計算や方程式など）を取り出します。
3． 結果を私に教えてください。
4． 結果が正しいと思う場合は続行してください。結果が無効または予期しない場合は、クエリまたは推論を修正してください。

すべてのクエリが実行され、答えを得た後、答えを \boxed{} に入れてください。

問題文：{ 問題文 }
```

この初期プロンプトには複雑な数学の問題を解くために、さらに複数の種類のプロンプトから構成されています。それぞれのプロンプトの具体的な役割は以下の通りです。

・ツール使用プロンプト

LLM エージェントが Python プログラミングを使用するように促します。また、ユーザプロキシエージェントがコードを実行し結果を返せるよう、コーディング形式を指定します。

・問題解決戦略選択プロンプト

LLM エージェントが数学の問題を解く際に 3 つの問題解決戦略から選択するよう指示します。(1)Python で直接解く、(2)Python を使わずに直接解く、(3) 段階的に解きながら Python を数学計算に利用する、という戦略が提示されます。特に、3 つ目の戦略では複雑な問題に対処するための戦略で、4 つのプロセスからなる多段階の推論により構成されます。

・最終応答カプセル化プロンプト

LLM エージェントに最終応答を \boxed{} で囲むように指示します。これが検出された場合、ユーザプロキシエージェントがカプセル内の応答を出力し、会話を終了します。

これら 3 つのプロンプトから構成される初期プロンプトを LLM エージェントに与えることで、LLM エージェントが複雑な数学の問題を効率的に解いていくことが可能になります。

(2) Python の実行結果

LLM エージェントが、先ほど解説した初期プロンプト内のツール使用プロンプトに従い、Python のスクリプトを出力することがあります。そのような場合、LLM エージェントの出力プロンプトからスクリプト部分を抜き出し実行し、その処理結果を返します。また、実行時にエラーが発生した場合はそのエラー文を返し、LLM エージェントが Python のスクリプトを修正するよう促します。

(3) 継続プロンプト

LLM エージェントが出力したプロンプトに Python のスクリプトが含まれず、応答の途中の場合に出力します。

具体的なプロンプト文は＜コード 4.3.2　具体的なプロンプト文＞の通りです。

＜コード 4.3.2　具体的なプロンプト文＞

```
続けてください。クエリが必要になるまで問題を解き続けてください。(答えが出た
場合は、\boxed{} に入れてください。)
```

これにより、LLM エージェントが応答の続きを出力することを促します。

4.3.1.3　MathChat の実装

以上で、実装の前段階として MathChat の概要と、ユーザプロキシエージェントが出力するプロンプトの詳細について解説しました。

次にこれらの内容を踏まえて、MathChatの実装に移っていきましょう。

(1) SymPyのインストール

まずMathChatを構築するための準備として、ユーザプロキシエージェントがPythonを用いてより高度な数式の計算を行えるようにするために、SymPyのインストールをしましょう。ここで、SymPyは代数計算を行うためのPythonライブラリで、三角関数、指数関数、対数関数、特殊関数など多くの数学関数が利用可能です。

＜コード4.3.3　SymPyのインストール＞のコマンドを実行してSymPyをインストールしてください。

＜コード4.3.3　SymPyのインストール＞

```
!pip install sympy
```

(2) Stateの定義

ライブラリのインストールが完了したので、Pythonでのコーディングに移っていきます。

まず、Stateを定義します。今回MathChatで用いるStateは＜コード4.3.4 Stateの定義＞の通りです。

＜コード4.3.4　Stateの定義＞

```
from typing_extensions import TypedDict
from typing import Annotated
from langgraph.graph.message import add_messages

class State(TypedDict):
    messages: Annotated[list, add_messages]
    problem: str
    first_flag: bool
    end_flag: bool
```

Stateに含まれるそれぞれのフィールド変数で記録する内容は以下の通りです。

・**messages**

LLM の出力を格納していきます。

・**problem**

ユーザから与えられる数学の問題文を格納します。

・**first_flag**

1 回目の対話のやり取りの場合 True を、それ以外の場合 False を格納します。これの値により、ユーザプロキシエージェントが初期プロンプトを出力するタイミングを判定します。

・**end_flag**

初期値を False としておき、LLM エージェントが最終応答を出したときに True となるように設定します。この値により終了判定を行います。

(3) ユーザプロキシエージェントの作成

次に、ユーザプロキシエージェントの作成をします。対応するスクリプトは＜コード 4.3.5 ユーザプロキシエージェントの作成＞の通りです。

＜コード 4.3.5 ユーザプロキシエージェントの作成＞

```
import re
from langchain_experimental.utilities import PythonREPL
from langchain_core.messages import HumanMessage

#1 Python 実行用のツール
repl = PythonREPL()

#2 コード部分を抜き出す関数
def extract_code(input_string: str):
    pattern = r"```(.*?)```"
    match = re.findall(pattern, input_string, flags=re.DOTALL)

    queries = ""
    for m in match:
        query = m.replace("python", "").strip()
        queries += query + "\n"
    return queries

#3 ユーザプロキシエージェントの定義
INITIAL_PROMPT = """\
Python を使って数学の問題を解いてみましょう。
```

````
クエリ要件：
常に出力には 'print' 関数を使用し、小数ではなく分数や根号形式を使用してください。
sympy などのパッケージを利用しても構いません。
以下のフォーマットに従ってコードを書いてください。
```python
# あなたのコード
```

まず、問題を解くための主な考え方を述べてください。問題を解くためには以下の3 つの方法から選択できます：
ケース 1：問題が直接 Python コードで解決できる場合、プログラムを書いて解決してください。必要に応じてすべての可能な配置を列挙しても構いません。
ケース 2：問題が主に推論で解決できる場合、自分で直接解決してください。
ケース 3：上記の 2 つの方法では対処できない場合、次のプロセスに従ってください：
1. 問題をステップバイステップで解決する（ステップを過度に細分化しないでください）。
2. Python を使って問い合わせることができるクエリ（計算や方程式など）を取り出します。
3. 結果を私に教えてください。
4. 結果が正しいと思う場合は続行してください。結果が無効または予期しない場合は、クエリまたは推論を修正してください。

すべてのクエリが実行され、答えを得た後、答えを \\boxed{{}} に入れてください。
\\boxed{{}} の有無で答えが出たかを判定しています。最終的な答えが出た時以外は、\\boxed{{}} を使用しないでください。
応答が得られた場合は、シンプルに表示してください。追加の出力などはしないでください。

問題文：{problem}
"""

#4 ユーザプロキシエージェントの定義
def user_proxy_agent(state: State):
    if state["first_flag"]:
        message = INITIAL_PROMPT.format(problem=state
["problem"])
    else:
        last_message = state["messages"][-1].content
        code = extract_code(last_message)
````

```
        if code:
            message = repl.run(code)
        else:
            message = "続けてください。クエリが必要になるまで問題を解\
き続けてください。(答えが出た場合は、\\boxed{{}} に入れてください。)"
    message = HumanMessage(message)
    return {"messages": [message], "first_flag": False}
```

まず、<#1 Python実行用のツール>によりPythonでのスクリプト実行を可能にするPythonREPLツールを使えるようにします。これにより、ユーザプロキシエージェントがPythonを用いて数式の計算を行うことが可能になります。

次に<#2 コード部分を抜き出す関数>では、extract_codeというテキスト中のスクリプト部分を抜き出す関数を定義します。この関数を用いることで、LLMエージェントの出力からPythonのスクリプトに該当する箇所を抜き出します。ここで、先ほど解説したユーザプロキシエージェントが最初に出力するプロンプトである初期プロンプトで<コード4.3.6 出力形式の指定>の形式で出力するように指定しています。

<コード4.3.6 出力形式の指定>

````
```python
{コード}
```
````

これにより、テキスト中からコード(スクリプト)を正規表現を用いて正確に抜き出すことが可能になります。ここで、スクリプトが複数のブロックに分かれて1つの出力に含まれている可能性があるので、extract_codeではブロックごとにスクリプトを抜き出した後に、それらを1つにまとめて出力しています。

最後に、<#3 ユーザプロキシエージェントの定義>ではユーザプロキシエージェントを定義します。これを定義するにあたり、まず先ほど解説した初期プロンプトを設定します。ここで、初期プロンプトの「最終応答カプセル化プロンプト」については、\boxedについての説明を追加し、LLMエージェントが適切に\boxedを使用できるようにしています。また、解答が出てない段階での\boxedの使用を防ぐため、最後に注意書きを追記しています。

次に、ユーザプロキシエージェントに対応する関数であるuser_proxy_agent関数を定義していきます。まず、state内のfirst_flagの値により1回目の対話かを判定します。そしてこの値がTrueの場合は、初期プロンプトを出力します。一方で、Falseの場合は、LLMエージェントの出力に合わせた応答を行うために、まず

state 内の messages から最後部のメッセージを抜き出し、直前の LLM エージェントのメッセージを取得します。そして、先ほど定義した extract_code により、メッセージからスクリプトの部分を抜き出します。そして、Python により抜き出したスクリプトを実行し、その実行結果をメッセージとして返します。

もしメッセージ中にスクリプトに該当する部分がない場合は、先ほど解説した「継続プロンプト」を出力し、LLM エージェントが問題の解答を続けるよう促します。

ここで、ユーザプロキシエージェントは人間に対応するエージェントなので、出力するメッセージの形式は HumanMesssage としています。

(4) LLM エージェントの作成

次に、LLM エージェントの作成を行います。対応するスクリプトは＜コード 4.3.7 LLM エージェントの作成＞の通りです。

＜コード 4.3.7　LLM エージェントの作成＞

```
from langchain_openai import ChatOpenAI

#1 LLM の設定
llm = ChatOpenAI(model="gpt-4", model_kwargs={"temperature":
0})

#2 応答を抜き出す関数
def extract_boxed(input_string: str):
    pattern = r"\\boxed\{.*?\}"
    matches = re.findall(pattern, input_string)
    return [m.replace("\\boxed{", "").replace("}", "") for m
in matches]

#3 LLM エージェントを定義した関数
def llm_agent(state: State):
    message = llm.invoke(state["messages"])
    content = message.content
    boxed = extract_boxed(content)
    end_flag = False
    if boxed:
        end_flag = True
    return {"messages": [message], "end_flag": end_flag}
```

まず＜#1 LLM の設定＞では、LLM の設定を行います。今回使用しているモデルは、MathChat に合わせ GPT-4 を使用します。また、temperature を 0 に設定し、

LLMの出力が実行ごとに変わらないようにします。

次に＜#2 応答を抜き出す関数＞では、出力文から最終応答部分を抜き出す関数を定義します。具体的には、初期プロンプトで指定した\boxed{}で囲まれた箇所を判定し、その中にある文字列を抜き出す処理を行います。

最後に＜#3 LLMエージェントを定義した関数＞では、LLMエージェントに対応する関数であるllm_agentを定義します。この関数内では、まずstate内のmessagesに含まれる今までの会話履歴を元に、LLMによりメッセージを生成します。次に、生成したメッセージから、＜#1 LLMの設定＞で定義したextract_boxedを用いて、最終応答部分を抜き出します。そして、終了判定を行うフラグであるend_flagを用意し、もし最終応答が存在すればTrue、存在しなければFalseとして返します。

(5) Graphの構築

以上で、2つのエージェントの定義が完了しました。これらのエージェントを用いてグラフを構築しましょう。これに対応するスクリプトが＜コード4.3.8　グラフの構築＞になります。

＜コード4.3.8　グラフの構築＞

```
from langgraph.graph import StateGraph, START, END

graph_builder = StateGraph(State)

graph_builder.add_node("llm_agent", llm_agent)
graph_builder.add_node("user_proxy_agent", user_proxy_agent)

graph_builder.add_edge(START, "user_proxy_agent")
graph_builder.add_conditional_edges(
    "llm_agent",
    lambda state: state["end_flag"],
    {True: END, False: "user_proxy_agent"}
)
graph_builder.add_edge("user_proxy_agent", "llm_agent")

graph = graph_builder.compile()
```

ここで、ポイントはLLMエージェントとユーザプロキシエージェントの接続にadd_conditional_edgesを用いている点です。この関数により、終了判定に対応する変数であるend_flagの値を元に、処理を分岐させることができます。今回の場

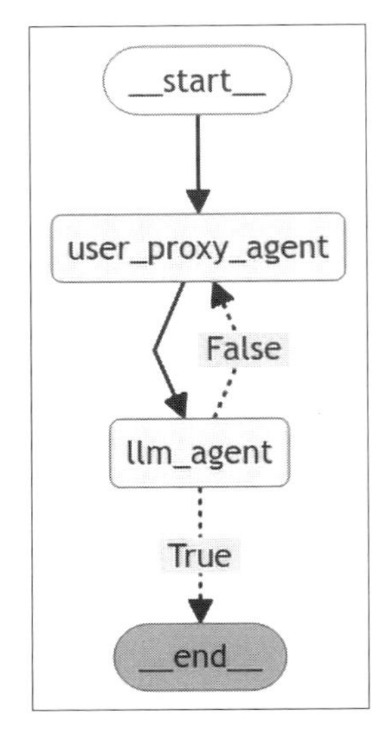

＜図 4.3.2　グラフの構造＞

合、最終応答がない場合はユーザプロキシエージェントに処理を移し、最終応答がある場合は処理を終了します。

次に、構築したグラフの構造を確認しましょう。＜コード 4.3.9　グラフの構造を表示させる＞によるグラフの可視化結果が＜図 4.3.2　グラフの構造＞になります。

＜コード 4.3.9　グラフの構造を表示させる＞

```
from IPython.display import display, Image

display(Image(graph.get_graph().draw_mermaid_png()))
```

(6) グラフの実行

最後に、構築したグラフを用いて数学の問題を実際に解いてみましょう。＜コード 4.3.10　グラフの実行＞が、それに対応するスクリプトになります。ここで、問題は problem に対応し、MathChat 論文中で使用されている問題において単位を日本式に変更したものを使用しています。この問題の答えは 1890 円になります。

＜コード 4.3.10　グラフの実行＞

```
problem = """\
問題： 偽の金塊は、コンクリートの立方体を金色のペイントで覆うことによって作
```

```
られます。
ペイントのコストは立方体の表面積に比例し、コンクリートのコストは体積に比例
します。
1 センチの立方体を作るコストが 130 円であり、2 センチの立方体を作るコストが
680 円であるとき、3 センチの立方体を作るコストはいくらになりますか？"""

for event in graph.stream({"problem": problem, "first_flag":
True}):
    for value in event.values():
        value["messages"][-1].pretty_print()
```

それでは、上記<コード 4.3.10　グラフの実行>を実行して問題を解くことができるか確認しましょう。実行時の2つのエージェントのやり取りを順に表示していきます。

まず、1回目、2回目のやり取りは以下の<コード 4.3.11　1回目、2回目のやり取り>の通りで、ユーザプロキシエージェントが指定した初期プロンプト中のケース3に従い、LLM エージェントが問題を解く手順を出力しています。

<コード 4.3.11　1回目、2回目のやり取り>

```
================================ Human Message =================
================

Python を使って数学の問題を解いてみましょう。

クエリ要件：
常に出力には 'print' 関数を使用し、小数ではなく分数や根号形式を使用してく
ださい。
sympy などのパッケージを利用しても構いません。
以下のフォーマットに従ってコードを書いてください。
```python
# あなたのコード
```

まず、問題を解くための主な考え方を述べてください。問題を解くためには以下の
3 つの方法から選択できます：
ケース 1：問題が直接 Python コードで解決できる場合、プログラムを書いて解決
してください。必要に応じてすべての可能な配置を列挙しても構いません。
ケース 2：問題が主に推論で解決できる場合、自分で直接解決してください。
ケース 3：上記の 2 つの方法では対処できない場合、次のプロセスに従ってくださ
```

い：
1. 問題をステップバイステップで解決する（ステップを過度に細分化しないでください）。
2. Python を使って問い合わせることができるクエリ（計算や方程式など）を取り出します。
3. 結果を私に教えてください。
4. 結果が正しいと思う場合は続行してください。結果が無効または予期しない場合は、クエリまたは推論を修正してください。

すべてのクエリが実行され、答えを得た後、答えを \boxed{} に入れてください。
\boxed{} の有無で答えが出たかを判定しています。最終的な答えが出た時以外は、\boxed{} を使用しないでください。
応答が得られた場合は、シンプルに表示してください。追加の出力などはしないでください。

問題文：問題： 偽の金塊は、コンクリートの立方体を金色のペイントで覆うことによって作られます。
ペイントのコストは立方体の表面積に比例し、コンクリートのコストは体積に比例します。
1 センチの立方体を作るコストが 130 円であり、2 センチの立方体を作るコストが 680 円であるとき、3 センチの立方体を作るコストはいくらになりますか？

================================== Ai Message ==================================

まず、立方体の表面積と体積の公式を思い出しましょう。

立方体の表面積は、各面が正方形であるため、6a^2（a は辺の長さ）です。
立方体の体積は、a^3 です。

次に、ペイントのコストとコンクリートのコストがそれぞれ表面積と体積に比例するという情報を使います。

したがって、立方体を作るコストは、ペイントのコストとコンクリートのコストの合計であり、それぞれ表面積と体積に比例するため、次のように表すことができます。

コスト = k1 * 表面積 + k2 * 体積

ここで、k1 と k2 はそれぞれペイントとコンクリートの単位コストです。

1 センチの立方体と 2 センチの立方体のコストから、これらの単位コストを求める

```
ことができます。それには、上記の式を使って 2 つの方程式を立て、それを解くこ
とが必要です。

その後、得られた単位コストを使って、3 センチの立方体のコストを計算します。
================================ Human Message ===============
=================

続けてください。クエリが必要になるまで問題を解き続けてください。(答えが出た
場合は、\boxed{{}} に入れてください。)
================================== Ai Message ================
=================

まず、1 センチの立方体と 2 センチの立方体の表面積と体積を計算します。

1 センチの立方体の表面積は 6*1^2=6 平方センチ、体積は 1^3=1 立方センチです。
2 センチの立方体の表面積は 6*2^2=24 平方センチ、体積は 2^3=8 立方センチです。

これらの値を使って、次の 2 つの方程式を立てます。

130 = 6k1 + k2
680 = 24k1 + 8k2

これらの方程式を解くことで、k1 と k2 の値を求めることができます。これが次の
クエリになります。
```

次に、それ以降のやり取りは<コード 4.3.12 最終的な結果>のようになります。ここでは、主に1回目、2回目で計画した手順を元に、LLM エージェントが Python スクリプトに変換して数値を計算しています。そして、各回ごとにユーザプロキシエージェントが、実行結果を出力します。その値を元に、LLM エージェントが次の手順の Python スクリプトを実装することで、答えを導いています。

ここで、最終的な解答が 1890 円として最下部で出力されており、正解していることがわかります[注4-2]。

注 4-2 OpenAI API の更新により、モデルの重みが変化し実行結果が変わる可能性があります。

＜コード 4.3.12　最終的な結果＞

````
================================ Human Message =================================

続けてください。クエリが必要になるまで問題を解き続けてください。(答えが出た場合は、\boxed{{}} に入れてください。)
================================== Ai Message ==================================

この2つの方程式を解くためにPythonのsympyパッケージを使用します。

```python
from sympy import symbols, Eq, solve

k1, k2 = symbols('k1 k2')

# 方程式を定義
eq1 = Eq(6*k1 + k2, 130)
eq2 = Eq(24*k1 + 8*k2, 680)

# 方程式を解く
solution = solve((eq1,eq2), (k1, k2))

print(solution)
```

このコードを実行すると、k1とk2の値が得られます。
================================ Human Message =================================

{k1: 15, k2: 40}

================================== Ai Message ==================================

得られた単位コストk1=15円/平方センチ、k2=40円/立方センチを使って、3センチの立方体のコストを計算します。

3センチの立方体の表面積は6*3^2=54平方センチ、体積は3^3=27立方センチです。
````

```
これらの値を使って、次の式でコストを計算します。

コスト = k1 * 表面積 + k2 * 体積

これが次のクエリになります。
================================ Human Message ================================
=

続けてください。クエリが必要になるまで問題を解き続けてください。(答えが出た場合は、\boxed{{}} に入れてください。)
================================== Ai Message ==================================
=

Python を使って 3 センチの立方体のコストを計算します。

python
# 単位コスト
k1 = 15
k2 = 40

# 3 センチの立方体の表面積と体積
surface_area = 6 * 3**2
volume = 3**3

# コストを計算
cost = k1 * surface_area + k2 * volume

print(cost)


このコードを実行すると、3 センチの立方体のコストが得られます。
================================ Human Message ================================
=

1890

================================== Ai Message ==================================
=

したがって、3 センチの立方体を作るコストは \boxed{1890} 円になります。
```

4.3.2　議論させてみよう

ここでは、MADというマルチエージェントシステムを参考に、複数のエージェントに議論をさせるシステムを構築しましょう。

4.3.2.1　MADの概要

複雑な問題を解決する際、単一のAIエージェントに任せると限界があることがあります。従来の方法では、エージェントが自身の応答を複数のラウンドに分けて熟考し洗練させていく手法が用いられてきました。しかし、この方法では、エージェントが一度応答に自信を持つと、その後の思考が固定化され、新しいアイデアを生み出すことが難しくなるという問題があります。

この課題を解決するために考案されたのが、MAD（Multi-Agent Debate）[Liang 2023]＜図4.3.3　MADの概略図＞という手法です。MADでは、肯定側と否定側の2つのエージェントを用意し、これらのエージェント間で議論を行わせます。この方法により、発散的な思考が可能となり、議題に対してより広い視点から深い考察を行うことができます。

MADの具体的な流れは以下の通りです：

・ステップ①

まず、与えられた議題に対して、Chain of Thought（CoT）プロンプト[Wei 2022]を用いて応答の草案を作成します。

・ステップ②

次に、否定側のエージェントが、この草案に対して意見を述べます。

・ステップ③

それを受けて、肯定側のエージェントが否定側の意見に反論します。

・ステップ④

最後に、判定者が今までのディベートの内容を吟味し、勝者を決定します。そして、議題に対する最終的な応答を出します。もし判定が困難な場合は、再度ステップ②から繰り返します。

このプロセスは、判定者が最終的な応答を出すまで、複数のラウンドにわたって続きます。肯定側と否定側のエージェントが異なる立場から議論を重ねることで、議題に対して多角的かつ深い考察を行うことが可能となります。

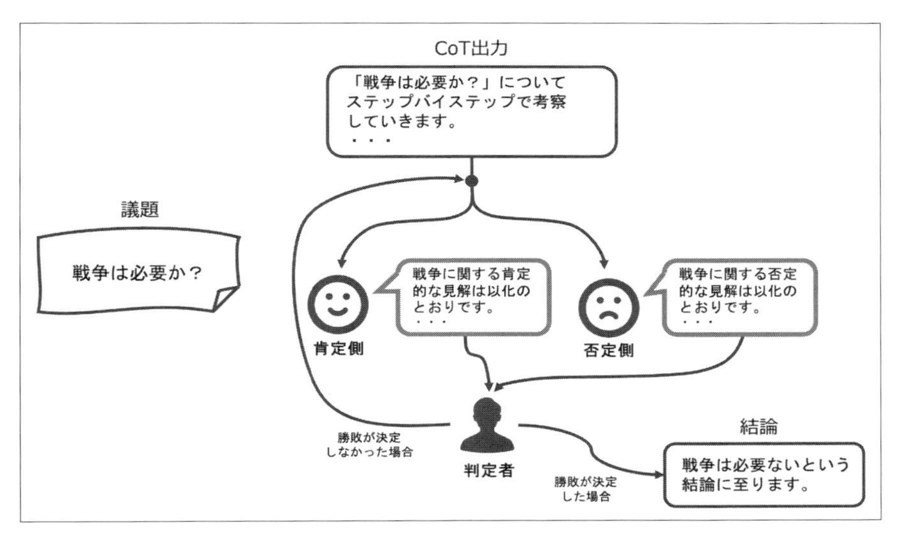

＜図 4.3.3　MAD（Multi-Agent Debate）の概略図＞

4.3.2.2 MAD の実装

以上で解説した MAD の内容を踏まえて、実装に移っていきましょう。

(1) State の定義

まず、`State` の定義を行います（＜コード 4.3.13　State の定義＞）。`State` に含まれるそれぞれの変数で記録する内容は以下の通りです。

- **messages**　：ユーザと LLM のメッセージのやり取り
- **debate_topic**　：エージェントに議論させるディベートのトピック
- **judged**　：判定者が勝者を判定できたか
- **round**　：現在のラウンド数

＜コード 4.3.13　State の定義＞

```
from typing_extensions import TypedDict
from typing import Annotated
from langgraph.graph.message import add_messages

class State(TypedDict):
    messages: Annotated[list, add_messages]
```

```
    debate_topic: str
    judged: bool
    round: int
```

(2) CoT エージェントの作成

CoT エージェントは、肯定側のエージェントと否定側のエージェントが議論するための、応答の草案を作成します。これに対応する関数が以下の cot_agent です（<コード 4.3.14　CoT エージェント>）。

ここで、システムメッセージでは、CoT に従って応答の草案を作成させるために、「ステップバイステップで考えてから応答してください。」と命令します。また、議題については先ほど State で定義した debate_topic を用いて指定します。

そして、システムメッセージを元に出力した応答は、HumanMessage に変換します。これは、LLM は人間のメッセージにより応答・意見するように作られており、人間が話したことにすることで議論がより活発化するためです。

<コード 4.3.14　CoT エージェント>

```
from langchain_core.messages import HumanMessage, SystemMessage
from langchain_openai import ChatOpenAI

llm = ChatOpenAI(model="gpt-4o")

def cot_agent(
    state: State,
):
    system_message = (
        "与えられた議題に対し、ステップバイステップで考えてから応答して\
ください。"
        "議題：{debate_topic}"
    )
    system_message = SystemMessage(
        system_message.format(debate_topic=state[\
"debate_topic"])
    )
    message = HumanMessage(
        content=llm.invoke([system_message]).content, name=\
"CoT"
    )

    return {"messages": [message]}
```

(3) 討論者の作成

次に、**討論者エージェント**を作成します。この雛形となる関数が以下の debater です（<コード 4.3.15 討論者エージェントの作成>）。関数の引数では、state 以外に、エージェントの名前を表す name と、肯定側なのか否定側なのかを表す position が与えられます。これにより、肯定側と否定側のエージェントを1つの関数で統一して作成することが可能になります。

次に、システムメッセージの説明に移ります。システムメッセージでは MAD の論文中で使用されていた討論者エージェントのプロンプトを日本語に訳したものを使用しています。先ほど作成した CoT エージェントと大きく異なるのは、プロンプト前半で議論の目的を明確にし、役割をはっきりさせていること、そしてプロンプト後半では、引数で指定した position により肯定側・否定側を指定できることです。

このシステムプロンプトを用い、CoT エージェント同様にメッセージを出力させ、HumanMessage に変換します。

以上で、定義した debater 関数を用いて作成した肯定側エージェント、否定側エージェントに対応するのが、コード終盤の affirmative_debator、negative_debator です。position を指定することで立場を明確にしていることがわかります。

<コード 4.3.15 討論者エージェントの作成>

```
from langchain_core.messages import HumanMessage, \
SystemMessage
import functools

def debater(
    state: State,
    name: str,
    position: str,
):
    system_message = (
        "あなたはディベーターです。ディベート大会へようこそ。"
        "私たちの目的は正しい答えを見つけることですので、お互いの視点に \
完全に同意する必要はありません。"
        "ディベートのテーマは以下の通りです：{debate_topic}"
        ""
        "{position}"
    )
```

```
    debate_topic = state["debate_topic"]
    system_message = SystemMessage(
        system_message.format(debate_topic=debate_topic, \
position=position)
    )
    message = HumanMessage(
        content=llm.invoke([system_message, *state["messages"]]).\
content,
        name=name,
    )
    return {"messages": [message]}

affirmative_debator = functools.partial(
    debater,
    name="Affirmative_Debater",
    position="あなたは肯定側です。あなたの見解を簡潔に述べてください。\
否定側の意見が与えられた場合は、それに反対して理由を簡潔に述べてください。"
)
negative_debator = functools.partial(
    debater,
    name="Negative_Debater",
    position="あなたは否定側です。肯定側の意見に反対し、あなたの理由を\
簡潔に説明してください。"
)
```

(4) 判定者の作成

次に、**判定者エージェント**を作成します。判定者エージェントは、各ラウンドで肯定側・否定側の2つのエージェントのディベート内容を元に、勝者がどのエージェントなのかを判定するエージェントになります。また同時に、結果を踏まえて議題に対する結論を応答します。

この2つを出力させるために、まずPydantic形式で出力のスキーマの設定を行います。出力の形式を定義したのがJudgeSchemaになっており、judgedとanswerの2つの変数からなります。まずjudgedが、勝者が決まったかの判定を行うための変数になっており、boolean形式で出力させます。次に、answerが議題に対する結論になりstring形式で出力させます。

次に、判定者エージェントを定義しているjudger関数の説明に移ります（＜コード4.3.16　判定者エージェントを作成＞）。まず、system_messageでは、判定者エージェントの役割を示します。ここでは、議題について2名のエージェントが会話していること、各ラウンドで勝者を判定することが役割であることを示します。また、序盤のラウンドで無理やり勝者を判定することを防ぐために、最後に「判定が難しい場合は、次のラウンドで判断してください。」という文章を加えています。

以上で設定したスキーマとシステムプロンプトにより、LLMに出力させます。スキーマの設定は、llmのwith_structured_outputにより設定することが可能です。そして、取得した出力を元に、勝者が決まったかを示すjudgedと、それがTrueの場合はanswerを取得しメッセージとして返します。

＜コード 4.3.16 判定者エージェントを作成＞

```
from pydantic import BaseModel, Field
from langchain_core.messages import AIMessage

class JudgeSchema(BaseModel):
    judged: bool = Field(..., description="勝者が決まったかどうか\
")
    answer: str = Field(description="議題に対する結論とその理由")


def judger(state: State):
    system_message = (
        "あなたは司会者です。"
        "ディベート大会に2名のディベーターが参加します。"
        "彼らは{debate_topic}について自分の応答を発表し、それぞれの視\
点について議論します。"
        "各ラウンドの終わりに、あなたは両者の応答を評価していき、ディベー\
トの勝者を判断します。"
        "判定が難しい場合は、次のラウンドで判断してください。"
    )
    system_message = SystemMessage(
        system_message.format(debate_topic=state[\
"debate_topic"])
    )

    llm_with_format = llm.with_structured_output(JudgeSchema)
    res = llm_with_format.invoke([system_message, *state\
["messages"]])
    messages = []

    if res.judged:
        message = HumanMessage(res.answer)
        messages.append(message)
```

```
        return {
            "messages": messages,
            "judged": res.judged
        }
```

(5) ラウンドの管理

最後に、ラウンドを管理する関数（ノード）の作成を行います（＜コード 4.3.17 ラウンドを管理する関数（ノード）の作成＞）。

まず前半では、ラウンド数を示す state の round の値をインクリメントし、現在のラウンド数の計算を行います。

そして、以降では、計算した round の値を返すと同時に、最終ラウンドに達した場合は、勝者の決定と最終的な結論を出すように、HumanMessage を用いて命令します。

これにより、最終ラウンドまでには必ず議題に対する結論を出力するように命令することができます。

＜コード 4.3.17　ラウンドを管理する関数（ノード）の作成＞

```
def round_monitor(state: State, max_round: int):
    round = state["round"] + 1
    if state["round"] < max_round:
        return {"round": round}
    else:
        return {
            "messages": [HumanMessage(
                "最終ラウンドなので、勝者を決定し、議題に対する結論とそ\
の理由を述べてください。"
            )],
            "round": round,
        }

round_monitor = functools.partial(round_monitor, max_round=3)
```

(6) グラフの構築

以上で、MADで用いるエージェントの準備が整いました。以上で定義したエージェントを元にグラフの構築を行っていきます。

主な流れは以下の通りです（＜コード 4.3.18　グラフの構築＞）。

① cot_agent が草案を作成
② affirmative_agent が意見を述べる
③ negative_agent が意見を述べる
④ round_monitor がラウンドを管理する。
⑤ judger が勝者を判定する。

そして、⑤まで到達したら、state 内の judged の値を確認に、値が True だった場合は処理を終了し、False だった場合は②に戻ります。

＜コード 4.3.18　グラフの構築＞

```
from langgraph.graph import StateGraph, START, END

graph_builder = StateGraph(State)

graph_builder.add_node("cot_agent", cot_agent)
graph_builder.add_node("affirmative_debator", \
affirmative_debator)
graph_builder.add_node("negative_debator", negative_debator)
graph_builder.add_node("judger", judger)
graph_builder.add_node("round_monitor", round_monitor)

graph_builder.add_edge(START, "cot_agent")
graph_builder.add_edge("cot_agent", "affirmative_debator")
graph_builder.add_edge("affirmative_debator", \
"negative_debator")
graph_builder.add_edge("negative_debator", "round_monitor")
graph_builder.add_edge("round_monitor", "judger")
graph_builder.add_conditional_edges(
    "judger",
    lambda state: state["judged"],
    {True: END, False: "affirmative_debator"}
)

graph = graph_builder.compile()
```

次に、構築したグラフの構造を確認しましょう。＜コード 4.3.19　グラフの構造を表示させる＞によるグラフの可視化結果は＜図 4.3.4　グラフの構造＞の通りです。

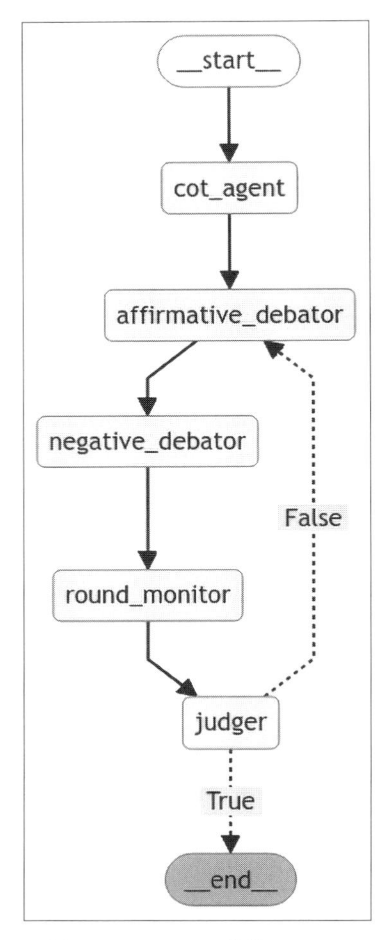

＜図 4.3.4　グラフの構造＞

＜コード 4.3.19　グラフの構造を表示させる＞

```
from IPython.display import display, Image

display(Image(graph.get_graph().
draw_mermaid_png()))
```

(7) グラフの実行

最後に、次の<コード 4.3.20　グラフの実行>のグラフを実行してみましょう。そのために、state の各変数の初期値を inputs で設定し graph に入力します。今回は、議題を「戦争は必要か？」として実行してみます。

<コード 4.3.20　グラフの実行>

```
inputs = {
    "messages": [],
    "debate_topic": "戦争は必要か？",
    "judged": False,
    "round": 0,
}

for event in graph.stream(inputs):
    for value in event.values():
        try:
            value["messages"][-1].pretty_print()
        except:
            pass
```

実行結果は、<コード 4.3.21　実行結果>の通りです。これより、まず CoT の出力を元に、肯定側・否定側がそれぞれの意見を出します。そして、それら意見を元に再度反論します。そして、判定者エージェントが「戦争は必要ない」という結論と共に、今までの意見を要約してくれます。

<コード 4.3.21　実行結果>

```
================================ Human Message =================================
Name: CoT

議題「戦争は必要か？」について、ステップバイステップで考察していきます。

### ステップ 1: 戦争の定義と背景
まず、戦争とは何かを定義します。戦争は、国家や組織間の武力衝突であり、通常は政治的、経済的、宗教
的、または領土的な対立が原因です。

### ステップ 2: 戦争の目的と理由
次に、戦争が行われる理由や目的について考えます。

1. ** 防衛目的 **:
   - 自国を守るために戦争を行うことがあります。侵略に対する防衛戦争などがこれに当たります。

2. ** 経済的利益 **:
   - 資源や領土の拡大を目的とする戦争があります。歴史上、多くの戦争がこの理由で起こっています。
```

```
3. ** 政治的理由 **:
   - 政治的な勢力拡大や体制の変革を目指す戦争もあります。

4. ** 宗教的・文化的理由 **:
   - 宗教や文化の違いから生じる対立が戦争の原因となることもあります。

### ステップ3: 戦争の影響
戦争がもたらす影響について考えます。

1. ** 人的被害 **:
   - 多くの命が失われ、負傷者が出ます。また、心理的なトラウマも大きな問題です。

2. ** 経済的損失 **:
   - インフラの破壊、経済活動の停滞、戦費の増大などが国家や地域に重大な影響を与えます。

3. ** 社会的影響 **:
   - 社会が混乱し、治安が悪化することが多いです。避難民問題も深刻です。

4. ** 環境への影響 **:
   - 自然環境が破壊され、長期的な環境問題を引き起こすことがあります。

### ステップ4: 戦争の代替手段
戦争を避けるための手段について考えます。

1. ** 外交交渉 **:
   - 対話と交渉を通じて問題を解決する方法です。

2. ** 国際機関の利用 **:
   - 国連などの国際機関を通じて紛争を解決する方法です。

3. ** 経済制裁 **:
   - 武力ではなく経済的圧力を用いて問題を解決する方法です。

4. ** 文化交流 **:
   - 相互理解を深めることで対立を避ける方法です。

### ステップ5: 結論
以上のステップを踏まえて結論を出します。

戦争は多くの悲劇と損失をもたらしますが、防衛のためや他の手段が全て尽きた場合には避けられないこと
もあります。しかし、現代社会においては、戦争を回避するための手段や方法が多く存在します。したがっ
て、戦争は極力避けるべきであり、外交交渉や国際機関の利用など、平和的な解決策を追求することが最も
重要です。

結論として、戦争は原則として必要ではないが、特定の状況下では避けられない場合もあるという見解に至
ります。それでも、戦争を避けるための努力を最大限に行うべきです。
================================ Human Message =================================
Name: Affirmative_Debater

### 戦争の必要性に関する肯定的な見解

1. ** 自己防衛と国家の生存 **
   - 戦争が必要である最も強力な理由の一つは、自己防衛と国家の生存です。歴史を見ても、国家が他国
の侵略に対して防衛するために戦争を行った例は数多く存在します。侵略者に対して無抵抗であることは、
国民の生命と自由を危険にさらす可能性が高いです。例として、第二次世界大戦における連合国の対抗戦略
```

```
は、ナチスドイツや日本の侵略を阻止し、最終的には世界の平和と安全を回復しました。
...

4. ** 国際秩序の維持 **
   - 戦争は国際秩序を維持するための手段としても必要です。時には、国際法や国際規範を守るために軍事力を行使することが求められます。国連やNATOなどの国際機関が平和維持活動を行う際にも、武力の行使が必要となる場合があります。これにより、侵略者やテロリストが世界的な秩序を乱すことを防ぐことができます。

### 結論
戦争は悲惨な結果をもたらすことが多いですが、特定の状況下では不可避であり、自己防衛、不正義の是正、技術進歩、国際秩序の維持などのために必要となる場合があります。戦争を避けるための努力も重要ですが、完全に無視することはできません。したがって、戦争は状況によっては必要となる要素であり、その重要性を理解することが求められます。
================================ Human Message =================================
Name: Negative_Debater

### 戦争は必要か？否定的な立場からの反論

1. ** 自己防衛と国家の生存 **
   - 肯定的な立場では自己防衛のために戦争が必要だと述べていますが、近年の国際関係においては、戦争以外の防衛手段が多く存在します。例えば、国際連合（UN）や地域的な安全保障協定（NATOなど）は、集団防衛の枠組みを提供し、侵略に対する共同防衛を実現しています。これにより、個々の国家が単独で戦争を行う必要性は大幅に減少しています。
   - また、現代の戦争は核兵器や大量破壊兵器の使用リスクを伴い、無制限の破壊を引き起こす可能性が高いです。こうした状況では、戦争を選択すること自体が国家の生存を著しく危険にさらすことになります。
...

4. ** 国際秩序の維持 **
   - 国際秩序の維持のために戦争が必要であるという主張もありますが、国際法と外交手段を強化することがより持続可能な解決策です。国際刑事裁判所（ICC）や国際連合平和維持活動（PKO）は、武力行使を伴わない形で国際秩序を維持するための重要な手段です。
   - 武力を用いた秩序維持は、一時的な解決に過ぎず、長期的な平和と安定をもたらすことは難しいです。対話と協力を通じた国際関係の強化が、持続可能な平和を確立するための最善の方法です。

### 結論
戦争は多くの悲劇と損失をもたらし、その影響は長期にわたって続きます。現代社会においては、戦争を回避するための多くの手段が存在し、これらを最大限に活用することが求められます。戦争は究極の手段として避けるべきであり、平和的な解決策を追求することが最も重要です。したがって、戦争は原則として必要ではなく、平和的な手段を通じて問題を解決することが最良の選択です。
================================ Human Message =================================
Name: Affirmative_Debater

### 戦争の必要性に関する肯定的な見解への再反論

1. ** 自己防衛と国家の生存 **
   - 確かに、国際連合やNATOのような集団防衛の枠組みが存在することは、国家が単独で戦争を行う必要性を減少させます。しかし、これらの枠組みが機能しない場合や、迅速な対応が求められる状況では、自己防衛のために戦争が必要となる場合があるのも事実です。例えば、1991年の湾岸戦争では、クウェートがイラクによる侵略を受け、集団防衛が迅速に行われましたが、これがなければクウェートの独立は危機にさらされていたでしょう。
   - また、核兵器や大量破壊兵器のリスクは確かに深刻ですが、その存在自体が戦争の抑止力として機能しているという現実もあります。相互確証破壊（MAD）という概念は、核戦争のリスクを最小限に抑えるための重要な要素となっています。
...
```

```
4. ** 国際秩序の維持 **
   - 国際秩序の維持のために戦争が必要であるという主張は、一部の状況では非常に有効です。例えば、国際連合の平和維持活動が成功しなかった場合や、テロリストが国際法を無視して行動する場合には、武力行使が必要不可欠となることがあります。アフガニスタン戦争やイラク戦争は、このような状況での例と言えます。
   - 武力を用いた秩序維持が短期的解決に過ぎないという意見も理解できますが、一時的であってもその間に平和的解決策を模索する時間を提供することができます。したがって、完全に武力を排除することは現実的ではありません。

### 結論
戦争は多くの悲劇をもたらす一方で、特定の状況下では不可欠な手段となることもあります。自己防衛、不正義の是正、技術進歩、国際秩序の維持などのために、戦争が必要となる場合があります。戦争を避けるための平和的手段を最大限に活用することが重要ですが、完全に戦争を排除することは現実的ではありません。したがって、戦争は状況によっては必要となる要素であり、その重要性を理解することが求められます。
================================ Human Message =================================
Name: Negative_Debater

### 戦争は必要か？否定的な立場からの再反論

1. ** 自己防衛と国家の生存 **
   - 確かに、湾岸戦争におけるクウェートの例は集団防衛の成功例ですが、これはむしろ国際協力と外交努力の成果です。国連の決議と多国籍軍の介入が迅速に行われたことが重要であり、これが戦争の不可避性を証明するわけではありません。
   - 核兵器や大量破壊兵器の存在が抑止力として機能しているという主張もありますが、そのリスクは依然として高く、偶発的な核戦争の可能性も排除できません。核兵器の完全廃絶を目指す国際的な努力が続けられるべきです。
...

4. ** 国際秩序の維持 **
   - 国際秩序の維持のために戦争が必要であるという主張も、一部の状況では有効かもしれませんが、長期的な平和と安定をもたらすためには、対話と協力が不可欠です。武力行使は一時的な解決策に過ぎず、根本的な問題を解決するためには持続可能な平和的手段が必要です。
   - 国際法の強化と国際機関の役割の拡大が、戦争を回避しながら国際秩序を維持するための重要な手段です。国連の平和維持活動や国際刑事裁判所の役割を強化することで、武力行使に頼らずに秩序を維持することが可能です。

### 結論

戦争は多くの悲劇と損失をもたらし、その影響は長期にわたって続きます。現代社会では、戦争を回避するための多くの手段が存在し、これらを最大限に活用することが求められます。自己防衛や不正義の是正、技術進歩、国際秩序の維持といった理由で戦争が必要とされる場合もありますが、それは最終的な手段であり、平和的な解決策を最大限に追求することが最も重要です。したがって、戦争は原則として必要ではなく、平和的な手段を通じて問題を解決することが最良の選択です。
================================ Human Message =================================

戦争は原則として必要ではないという結論に至ります。自己防衛、不正義の是正、技術進歩、国際秩序の維持といった理由で戦争が必要とされる場合もありますが、それは最終的な手段であり、平和的な解決策を最大限に追求することが最も重要です。
```

4.3.3　応答を洗練させよう

いよいよマルチエージェントの応用についての最後のテーマになります。

ここでは、MoA [Wang 2024] という論文を元に、単一のエージェントでは作成できない、洗練された応答を作成しましょう。

4.3.3.1 MoA の概要

MoA は、複数の異なる能力を持つ AI エージェントを組み合わせて高品質な応答を生成する手法です。この手法の核心は、多様な視点や専門性を持つエージェントが互いの出力を参照しながら協調し、段階的に応答の質を向上させていく点にあります。

MoA の構造は、LLM（エージェント）をノードとしたネットワーク状になっています＜図 4.3.5 MoA の構造＞。複数の層があり、各層に複数の異なる種類の LLM が配置されています。各 LLM は、前の層のすべての LLM の出力を参考にしながら自身の応答を生成します。このように、前の LLM が生成した応答を踏まえて、自身の応答を生成していくプロセスを繰り返すことで、複数の LLM の知識や能力を効果的に活用し、より高度な応答を生成します。例えば、ある LLM が文章構造に優れ、別の LLM が創造的表現に長けている場合、これら 2 つの観点に配慮した文章を作成することが可能です。このように多様な視点を取り入れ、複数のエージェントが協調するアプローチを採用することで、単一のエージェントでは達成できない高品質な応答を生み出すことができます。

そして、最終層ではエージェントは 1 体だけ配置し、最終的な応答を作成させます。このエージェントも中間層のエージェントと同様に直前の層で出力された応答を統合して、自身の応答を作成します。

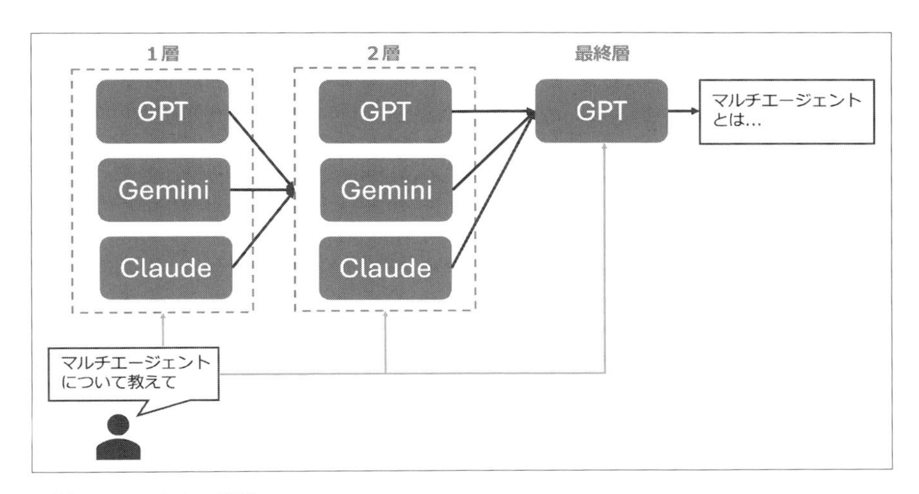

＜図 4.3.5 MoA の構造＞

4.3.3.2　MoA の実装

(1) 必要なライブラリのインストール

MoA では、複数の種類のエージェントの応答を統合することで、より高い品質の応答を生成します。

これをより体感していただくために、今回は GPT-4o に加えて、Gemini、Claude も利用して MoA を実装していきます。＜コード 4.3.22　Gemini と Claude のライブラリのインストール＞のコマンドを実行して、LangChain 用の Gemini と Claude のライブラリをインストールしてください。

＜コード 4.3.22　Gemini と Claude のライブラリのインストール＞

```
!pip install langchain-google-genai
!pip install langchain-anthropic
```

また、各補足に従って、Gemini と Anthropic の API キーを取得し、以下により環境変数として設定してください（＜コード 4.3.23　Gemini と Anthropic の API キー＞）。また、API キーの設定方法には補足「Google Colab のシークレット機能の利用方法」もあります。

＜コード 4.3.23　Gemini と Anthropic の API キー＞

```
import getpass
import os

# Gemini API キーの設定
api_key = getpass.getpass("Gemini API キーを入力してください： ")
os.environ["GOOGLE_API_KEY"] = api_key

# Anthropic API キーの設定
api_key = getpass.getpass("Anthropic API キーを入力してください： \
")
os.environ["ANTHROPIC_API_KEY"] = api_key
```

(2) LLM エージェントの用意

ライブラリのインストールと API キーの取得により、新しく Gemini と Claude が LangChain で使用可能になりました。

それぞれの LLM の LangChain での定義方法は＜コード 4.3.24　OpenAI と Gemini と Claude の LangChain での定義＞の通りです。

<コード 4.3.24　OpenAI と Gemini と Claude の LangChain での定義>

```
from langchain_openai import ChatOpenAI
from langchain_anthropic import ChatAnthropic
from langchain_google_genai import ChatGoogleGenerativeAI

llm_openai = ChatOpenAI(model="gpt-4o-mini")
llm_anthropic = ChatAnthropic(model="claude-3-5-sonnet-\
20240620")
llm_google = ChatGoogleGenerativeAI(model="gemini-1.5-pro")
```

(3) State の定義

まず、State の定義を行います（<コード 4.3.25　State の定義>）。State に含まれるそれぞれの変数で記録する内容は以下の通りです。

- **human_message**：ユーザが初めに与えたメッセージ（質問文に対応）
- **messages**：今までのすべてのメッセージ
- **prev_messages**：1 つ前の層で出力されたメッセージ
- **layer_cnt**：現在、何層目の処理を行っているかをカウント（最終層かを判断するために使用します。）

<コード 4.3.25　State の定義>

```
from typing_extensions import TypedDict
from typing import Annotated

from langgraph.graph.message import add_messages

from langchain_core.messages import HumanMessage, AIMessage, \
SystemMessage
from dotenv import load_dotenv

load_dotenv()

class State(TypedDict):
    human_message: HumanMessage
    messages: Annotated[list, add_messages]
    prev_messages: list[AIMessage]
    layer_cnt: int
```

(4) エージェントの作成

次に、エージェントの作成を行います（＜コード 4.3.26　エージェントの作成＞）。

MoA で使用するエージェントは、前の層で出力された応答を参考にして自身の応答を生成します。なので、システムプロンプトでは、その役割を詳細に説明したものを使用しています。また、その後には前の層で出力された各メッセージを追加する欄を設けて、state 内の prev_messages 内に格納された前の層で出力されたメッセージを順番に追加します。このようにシステムプロンプトを設定することで、層を経ていくごとにより洗練された応答を作成することが可能になります。

そして、最後にユーザが初めに与えた質問文に対応する human_message を追加し、LLM の入力とします。ここで、今回は prev_messages がない場合、つまり1層目のエージェントに対応する場合は、human_message のみ入力として使用しています。また、出力されたメッセージにはどの種類の LLM が出力したものかがわかるように名前を設定しています。

以上で定義した agent 関数を元に、終盤では各企業の LLM を用いてエージェントを作成しています。

＜コード 4.3.26　エージェントの作成＞

```
from functools import partial
from typing import Union

aggregater_system_message_template = """\
最新のユーザの質問に対して、さまざまなLLMからの応答が提供されています。あなたの任務は、これらの応答を統合して、単一の高品質な応答を作成することです。
提供された応答に含まれる情報を批判的に評価し、一部の情報が偏っていたり誤っていたりする可能性があることを認識することが重要です。
応答を単に複製するのではなく、正確で包括的な応答を提供してください。
応答が良く構造化され、一貫性があり、最高の精度と信頼性の基準を満たすようにしてください。

{prev_messages}"""

def agent(state: State, llm: Union[ChatOpenAI, ChatAnthropic, \
ChatGoogleGenerativeAI], name: str):
    input_messages = []
    if len(state["prev_messages"]) > 0:
        prev_messages = [f"{i+1}. {message.content}" for i, \
message in enumerate(state["prev_messages"])]
        prev_messages = "\n".join(prev_messages)
```

```
        aggregater_system_message = SystemMessage(
            aggregater_system_message_template.format(\
prev_messages=prev_messages),
        )

        input_messages.append(aggregater_system_message)

    input_messages.append(state["human_message"])

    message = llm.invoke(input_messages)
    message.name = name

    return {"messages": [message]}

agent_openai = partial(agent, llm=llm_openai, name="openai")
agent_anthropic = partial(agent, llm=llm_anthropic, name=\
"anthropic")
agent_google = partial(agent, llm=llm_google, name="google")
```

(5) 補助的な関数の定義

まず、直前の層のメッセージを格納する prev_messages と、現在の層の数を示す layer_cnt を更新する update 関数の作成を行います。この関数はノードとして使用し、各層の処理の後に実行します（<コード 4.3.27　補助的な関数の定義（update 関数）>）。

ここで、prev_messages は、messages の後ろから各層に配置しているエージェントの数を表す num_agents の分だけ取得して更新します。

<コード 4.3.27　補助的な関数の定義（update 関数）>

```
def update(state: State, num_agents: int):
    return {
        "prev_messages": state["messages"][-num_agents:],
        "layer_cnt": state["layer_cnt"] + 1
    }
```

次に、エッジで用いる router 関数を定義します（<コード 4.3.28　エッジで用いる関数を定義（router 関数）>）。この関数は、次の層で実行されるエージェントの名前を返す関数になります。

この引数は、state に加え、層の総数を示す num_layers と、作成した複数種類のエージェントのそれぞれの名前を格納する agent_name_list としています。

そして、先ほど update 関数で更新した layer_cnt の値と num_layers の値を比較し、次の層が最終層かを判断します。もし、最終層でない場合は agent_name_list を、最終層であった場合は、後ほど設定する最終層のエージェントに対応する final_agent を返します。

<コード 4.3.28　エッジで用いる関数を定義（router 関数）>

```
def router(
    state: State,
    num_layers: int,
    agent_name_list: list[str]
):
    if state["layer_cnt"] < num_layers:
        return agent_name_list
    else:
        return "final_agent"
```

(6) グラフの構築

以上で、MoA の構築に必要な関数の定義が完了しました。それらを用いて、グラフを構築していきましょう（<コード 4.3.29　グラフの構築>）。

まず、それぞれのエージェントの設定を行います。ここで、今回用いる3種類のエージェントは agent_dict で辞書形式で保存することで、後の記述を簡潔にしています。また、最終層のエージェントである final_agent に、今回は openai つまり GPT-4o を指定しています。

そして、中盤の for 文では3種類のそれぞれのエージェントをノードに設定し、START ノードと update ノードと接続します。

そして、先ほど作成した router 関数を update ノードと final_agent ノードと接続します。

最後に final_agent を END ノードと接続し構築完了です。

<コード 4.3.29　グラフの構築>

```
from langgraph.graph import StateGraph, START, END

num_layers = 3

graph_builder = StateGraph(State)
```

```
agent_dict = {
    "openai": agent_openai,
    "anthropic": agent_anthropic,
    "google": agent_google,
}

graph_builder.add_node(
    "update",
    partial(update, num_agents=len(agent_dict))
)
graph_builder.add_node("final_agent", agent_dict["openai"])

for agent_name, agent in agent_dict.items():
    graph_builder.add_node(agent_name, agent)
    graph_builder.add_edge(START, agent_name)
    graph_builder.add_edge(agent_name, "update")

agent_name_list = list(agent_dict.keys())
graph_builder.add_conditional_edges(
    "update",
    partial(router, num_layers=num_layers, agent_name_list=\
agent_name_list),
    agent_name_list + ["final_agent"]
)
graph_builder.add_edge("final_agent", END)

graph = graph_builder.compile()
```

次に、構築したグラフの構造を確認しましょう。<コード 4.3.30　グラフの構造を表示させる>のコードによるグラフの可視化結果は<図 4.3.6　グラフの構造>の通りです。

<コード 4.3.30　グラフの構造を表示させる>

```
from IPython.display import display, Image

display(Image(graph.get_graph().draw_mermaid_png()))
```

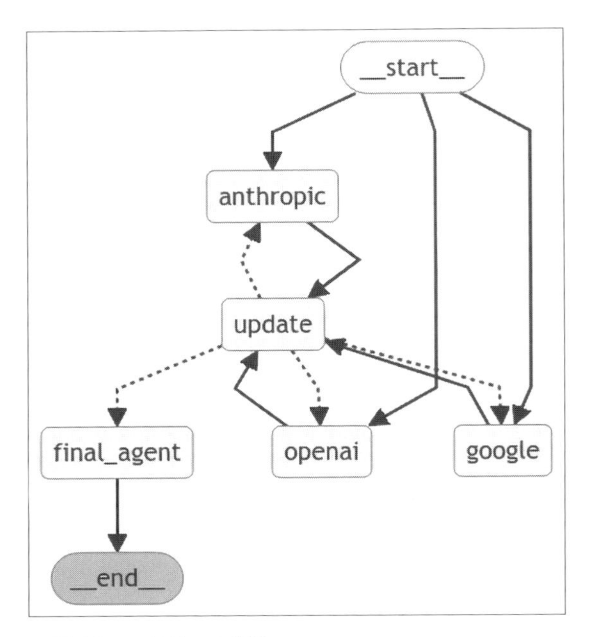

＜図 4.3.6　グラフの構造＞

(7) グラフの実行

最後に、実行結果を以下のグラフを実行してみましょう（＜コード 4.3.31　グラフの実行＞）。今回は、質問として「マルチエージェントについて教えて」を human_message として設定して、MoA に応答させてみましょう。

＜コード 4.3.31　グラフの実行＞

```
human_message = HumanMessage("マルチエージェントについて教えて")

state = {
    "human_message": human_message,
    "messages": [],
    "prev_messages": [],
    "layer_cnt": 1
}

print("#################### Layer 1 ####################")
for event in graph.stream(state):
    for value in event.values():
```

```
        if "messages" in value:
            value["messages"][-1].pretty_print()
        if "layer_cnt" in value:
            print(f"\n\n#################### Layer {value
['layer_cnt']} ####################")
```

応答は、＜コード 4.3.32　実行結果（この後で解説）＞の通りです。

＜コード 4.3.32　実行結果（この後で解説）＞

```
#################### Layer 1 ####################
================================== Ai Message ==========================
========
Name: openai

マルチエージェントシステム（Multi-Agent System, MAS）は、複数のエージェントが相互
に作用しながら特定のタスクを達成するためのシステムです。ここでの「エージェント」とは、
環境内で自律的に行動することができるプログラムやロボット、ソフトウェアなどのことを指し
ます。マルチエージェントシステムは、これらのエージェントが協力、競争、または相互作用し
ながら、全体としての目標を達成するために設計されています。
...
================================== Ai Message ==========================
========
Name: google

## マルチエージェントシステムについて
...
================================== Ai Message ==========================
========
Name: anthropic

マルチエージェントシステムは、複数の自律的なエージェント（ソフトウェアやロボットなど）
が協力または競争しながら問題解決や目標達成を行う人工知能の一分野です。以下にマルチエー
ジェントシステムの主要な特徴と応用例を説明します：
...

#################### Layer 2 ####################
================================== Ai Message ==========================
========
Name: openai

マルチエージェントシステム（Multi-Agent System, MAS）は、複数の自律的なエージェン
トが相互作用しながら特定の目標を達成するためのシステムです。ここでの「エージェント」と
は、環境内で自律的に行動できるプログラムやロボット、ソフトウェアなどを指します。マルチ
エージェントシステムは、これらのエージェントが協力、競争、または相互作用しながら、全体
の目標を達成することを目的としています。
...
================================== Ai Message ==========================
```

```
========
Name: google

## マルチエージェントシステム (MAS) について
...
================================== Ai Message ==========================
========
Name: anthropic

マルチエージェントシステム (MAS) は、複数の自律的なエージェントが相互作用しながら問題
解決や目標達成を行う人工知能の一分野です。以下にマルチエージェントシステムの主要な特徴
と応用例を説明します：
...

#################### Layer 3 ####################
================================== Ai Message ==========================
========
Name: openai

マルチエージェントシステム (Multi-Agent System, MAS) は、複数の自律的なエージェン
トが相互作用しながら共同で目標を達成するためのシステムです。ここでの「エージェント」と
は、自らの判断に基づいて行動し、環境に応じて反応することができるプログラムやロボット、
ソフトウェアのことを指します。

### マルチエージェントシステムの特徴

1. **自律性**: 各エージェントは外部からの指示を受けず、自身の判断で行動します。

2. **相互作用**: エージェント同士が情報を交換し、協力したり競争したりします。

3. **分散性**: システム全体が中央の制御に依存せず、各エージェントが独立して動作し
ます。

4. **適応性**: 環境の変化に応じて、エージェントはその行動を調整します。

5. **並列処理**: 複数のエージェントが同時に作業を行うことで、処理効率が向上します。

### マルチエージェントシステムの応用分野

- **ロボティクス**: 複数のロボットが協力して作業を行う（例：倉庫での物流、災害救助）。
- **交通管理**: 車両や信号機の制御、渋滞予測など。
- **ゲームAI**: ゲーム内でのキャラクターの行動制御。
- **経済シミュレーション**: 市場や経済のモデル化において、消費者や企業として振る舞う。
- **災害対応**: 複数のドローンやロボットが協力して被災地の探索や支援を行う。

### マルチエージェントシステムの利点

- **複雑な問題の解決**: 単一のエージェントでは解決が難しい複雑な問題に対処できます。
- **柔軟性と拡張性**: 新しいエージェントの追加や削除が容易で、システムの調整が可能
です。
- **耐故障性**: 一部のエージェントが故障しても、他のエージェントによりシステムが維
```

```
持されます。
- ** 効率性 **: 並列処理により、全体の処理速度が向上します。

### マルチエージェントシステムの課題

- ** 協調メカニズムの設計 **: エージェント間の効果的な協力方法を構築する必要があり
ます。
- ** 通信の効率性 **: エージェント間の情報交換が効率的に行われる必要があります。
- ** セキュリティ **: 悪意のあるエージェントからの保護が課題となります。
- ** 全体最適化の難しさ **: 個々のエージェントが最適な行動を取っても、全体の最適解に
はつながらない場合があります。

### まとめ

マルチエージェントシステムは、複雑な問題を解決するための強力なアプローチであり、今後も
さまざまな分野での応用が期待されています。AI 技術の発展や IoT（モノのインターネット）
との連携により、MAS の重要性はますます高まると予想されます。
```

ここで、1層目から最終層までのGPT-4oの応答を詳しく見ていきましょう。

まず、1層目の応答は以下になります（＜コード4.3.33　1層目の応答部分＞）。

マルチエージェントについての説明が、以下の3項目に分けて作成されていることがわかります。

・マルチエージェントシステムの特徴
・マルチエージェントの応用分野
・マルチエージェントシステムの課題

＜コード4.3.33　1層目の応答部分＞

```
================================ Ai Message ==================
================
Name: openai

マルチエージェントシステム（Multi-Agent System, MAS）は、複数のエージェ
ントが相互に作用しながら特定のタスクを達成するためのシステムです。ここでの
「エージェント」とは、環境内で自律的に行動することができるプログラムやロボッ
ト、ソフトウェアなどのことを指します。マルチエージェントシステムは、これら
のエージェントが協力、競争、または相互作用しながら、全体としての目標を達成
するために設計されています。

### マルチエージェントシステムの特徴

1. ** 自律性 **: 各エージェントは自己の判断に基づいて行動し、他のエージェ
ントや環境からの指示を必ずしも必要としません。
```

2. ** 相互作用 **: エージェント同士が情報を交換したり、協力したり、競争したりすることで、全体の目標を達成します。

3. ** 分散性 **: システム全体が一つの中央制御に依存せず、各エージェントが独立して動作します。

4. ** 適応性 **: 環境の変化に応じて、エージェントはその行動を調整することができます。

マルチエージェントの応用分野

- ** ロボット工学 **: 複数のロボットが協力して作業を行う場合（例: ドローンの編隊飛行）。
- ** 交通シミュレーション **: 車両や歩行者の動きをシミュレートし、交通渋滞の解析や交通管理に利用。
- ** ゲーム AI**: 複数のキャラクターが相互作用するゲーム内での行動を制御。
- ** 経済シミュレーション **: 市場や経済のモデル化において、エージェントが消費者や企業として振る舞う。
- ** 分散システム **: クラウドコンピューティングや IoT（モノのインターネット）において、エージェントがデータを収集・処理・共有する。

マルチエージェントシステムの課題

- ** 通信の効率性 **: エージェント同士の情報交換が効率的に行われる必要があります。
- ** エージェント間の競合 **: 限られたリソースを巡ってエージェントが競争する場合の調整が必要です。
- ** 全体最適化 **: 個々のエージェントが最適な行動を取ることが、全体としての最適解につながるとは限りません。

マルチエージェントシステムは、複雑な問題を解決するための強力なアプローチであり、今後もさまざまな分野での応用が期待されています。

次に、２層目での応答は以下になります（＜コード 4.3.34　２層目の応答部分＞）。

マルチエージェントの利点についての項目が新たに追加されていることがわかります。また、マルチエージェントの特徴とマルチエージェントの課題に１つずつ項目が追加されていることがわかります。

＜コード 4.3.34　2 層目の応答部分＞

```
================================ Ai Message ==================================
Name: openai

マルチエージェントシステム（Multi-Agent System, MAS）は、複数の自律的なエージェントが相互作用しながら特定の目標を達成するためのシステムです。ここでの「エージェント」とは、環境内で自律的に行動できるプログラムやロボット、ソフトウェアなどを指します。マルチエージェントシステムは、これらのエージェントが協力、競争、または相互作用しながら、全体の目標を達成することを目的としています。

### マルチエージェントシステムの特徴

1. **自律性**: 各エージェントは自己の判断に基づいて行動し、他のエージェントや環境からの指示を必ずしも必要としません。

2. **相互作用**: エージェント同士が情報を交換したり、協力したり、競争したりすることで、全体の目標を達成します。

3. **分散性**: システム全体が一つの中央制御に依存せず、各エージェントが独立して動作します。

4. **適応性**: 環境の変化に応じて、エージェントはその行動を調整できます。

5. **並列処理**: 複数のエージェントが同時に作業を行うことができるため、処理効率が向上します。

### マルチエージェントの応用分野

- **ロボット工学**: 複数のロボットが協力して作業を行う（例：ドローンの編隊飛行）。
- **交通管理システム**: 車両や信号機の制御、渋滞予測など。
- **ゲームAI**: ゲーム内で複数のキャラクターが相互作用する場合の行動制御。
- **経済シミュレーション**: 市場や経済のモデル化において、エージェントが消費者や企業として振る舞う。
- **災害対応**: 複数のロボットやドローンが協力して被災地の探索や支援を行う。

### マルチエージェントシステムの利点と課題
```

```
#### 利点
- ** 複雑な問題の解決 **: 単一のエージェントでは解決が難しい複雑な問題に対処できる。
- ** 柔軟性と拡張性 **: 新しいエージェントの追加や削除が容易で、システムの調整が可能。
- ** 耐故障性 **: 一部のエージェントが故障しても、他のエージェントによってシステムが維持されます。
- ** 効率性 **: 並列処理により、全体の処理速度が向上します。

#### 課題
- ** 協調メカニズムの設計 **: エージェント間の効果的な協力方法を構築する必要がある。
- ** 通信の効率性 **: エージェント間の情報交換が効率的に行われる必要があります。
- ** セキュリティ **: 悪意のあるエージェントからの保護が課題となる。
- ** 全体最適化の難しさ **: 個々のエージェントが最適な行動を取っても、全体の最適解にはつながらない場合があります。

マルチエージェントシステムは、複雑な問題を解決するための強力なアプローチであり、技術の発展と共に今後もさまざまな分野での応用が期待されています。
```

最後に、最終層での応答は以下の＜コード 4.3.35　最終層での応答部分＞の通りです（

各項目の説明が所々で簡潔でわかりやすい文に変更されていることがわかります。また、項目も合計５つに分割され、より構造化された解説文となっています。

＜コード 4.3.35　最終層での応答部分＞

```
================================ Ai Message ==================================
Name: openai

マルチエージェントシステム (Multi-Agent System, MAS) は、複数の自律的なエージェントが相互作用しながら共同で目標を達成するためのシステムです。ここでの「エージェント」とは、自らの判断に基づいて行動し、環境に応じて反応することができるプログラムやロボット、ソフトウェアのことを指します。

### マルチエージェントシステムの特徴

1. ** 自律性 **: 各エージェントは外部からの指示を受けず、自身の判断で行動
```

します。

2. **相互作用**: エージェント同士が情報を交換し、協力したり競争したりします。

3. **分散性**: システム全体が中央の制御に依存せず、各エージェントが独立して動作します。

4. **適応性**: 環境の変化に応じて、エージェントはその行動を調整します。

5. **並列処理**: 複数のエージェントが同時に作業を行うことで、処理効率が向上します。

マルチエージェントシステムの応用分野

- **ロボティクス**: 複数のロボットが協力して作業を行う（例: 倉庫での物流、災害救助）。
- **交通管理**: 車両や信号機の制御、渋滞予測など。
- **ゲームAI**: ゲーム内でのキャラクターの行動制御。
- **経済シミュレーション**: 市場や経済のモデル化において、消費者や企業として振る舞う。
- **災害対応**: 複数のドローンやロボットが協力して被災地の探索や支援を行う。

マルチエージェントシステムの利点

- **複雑な問題の解決**: 単一のエージェントでは解決が難しい複雑な問題に対処できます。
- **柔軟性と拡張性**: 新しいエージェントの追加や削除が容易で、システムの調整が可能です。
- **耐故障性**: 一部のエージェントが故障しても、他のエージェントによりシステムが維持されます。
- **効率性**: 並列処理により、全体の処理速度が向上します。

マルチエージェントシステムの課題

- **協調メカニズムの設計**: エージェント間の効果的な協力方法を構築する必要があります。
- **通信の効率性**: エージェント間の情報交換が効率的に行われる必要があります。
- **セキュリティ**: 悪意のあるエージェントからの保護が課題となります。
- **全体最適化の難しさ**: 個々のエージェントが最適な行動を取っても、全体の最適解にはつながらない場合があります。

まとめ

マルチエージェントシステムは、複雑な問題を解決するための強力なアプローチであり、今後もさまざまな分野での応用が期待されています。AI技術の発展やIoT（モノのインターネット）との連携により、MASの重要性はますます高まると予想されます。

以上のように、MoAは応答を洗練化させることに期待のできる働きがあります。

第5章

LLMエージェント研究の最先端

この章では、直近の研究動向、ビジネスでの利用例について、研究者、エンジニアの方々のたゆまぬ努力の成果をまとめております。なお、前章までで活用していない内容も多く含まれています。

5.1　直近の研究動向

エージェントに関する研究テーマを記載する際、エージェントの分類自体が新しい分野であり、非常に悩みました。

私の記憶では、2023年5月頃からLLM（大規模言語モデル）を基盤としたエージェント技術が注目され始め、特に「**Generative Agents: Interactive Simulacra of Human Behavior**」という論文が話題を呼びました。現在、エージェント技術は主にシミュレーションの枠組みで捉えられていますが、当時はこの技術が大きな関心を集めていたことを鮮明に覚えています。

この論文を簡単に紹介すると、スタンフォード大学とGoogleの共同研究チームによる「Generative Agents: Interactive Simulacra of Human Behavior」は、LLMを基盤としたエージェント技術を用いて、人間の行動を高度に模倣するインタラクティブなシミュレーション手法を提案しています。研究では、仮想環境「スモールビル」に25体のエージェントを配置し、彼らの相互作用や行動パターンを観察することで、人間らしい行動の再現性とその限界を評価しています。この論文は、エージェント技術がシミュレーション分野に新たな可能性をもたらすものであり、特にゲーム、教育、心理学など多岐にわたる分野での応用が期待されています（＜図5.1　Generative Agentsで紹介されるエージェントが活動する図＞）。

例えば、Lilian Weng氏は＜図5.2　Lilian Weng氏が提唱するエージェントフレームワーク＞のようなフレームワークを提唱しています。

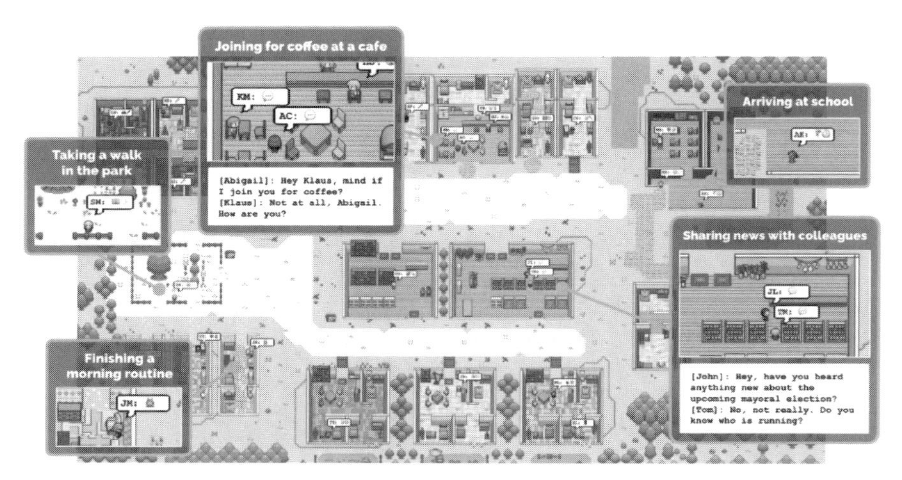

出典：Generative Agents、https://arxiv.org/abs/2304.03442、Figure 1

＜図5.1　Generative Agentsで紹介されるエージェントが活動する図＞

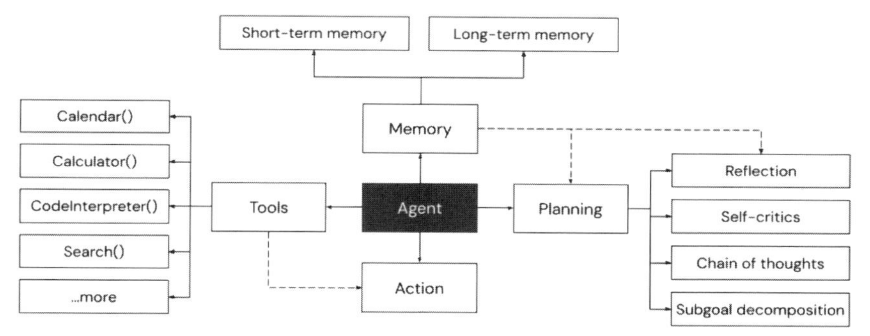

出典：LLM Powered Autonomous Agents、https://lilianweng.github.io/posts/2023-06-23-agent/

＜図 5.2　Lilian Weng 氏が提唱するエージェントフレームワーク＞

Lilian Weng 氏によると、エージェント技術はメモリ・計画・ツール・アクションという 4 つの要素に分類されるとしています。

また、アンドリュー・ン教授が提唱する Agentic Design Patterns では、以下の 4 つの概念が示されています。

1. **振り返り**
   LLM が自身の作業を検証し、改善策を検討する能力
2. **ツールの使用**
   LLM に提供される情報収集、アクション実行、データ処理を支援する機能
3. **計画**
   LLM が目標達成のための複数ステップの計画を立て、実行する能力
4. **マルチエージェントの連携**
   複数の LLM エージェントが協力し、タスクを分割して解決する能力

グローバルな潮流として、ICML や ICLR などの著名な国際学会でも LLM ベースのエージェントが注目されるようになってきています。

以前は、エージェントといえば強化学習の文脈で語られるのが一般的でしたが、2023 年後半に大きな転換点がありました。LLM をベースとしたエージェントについては、私も 2023 年 9 月にある技術雑誌（日経 Linux）に寄稿しましたが、当時はまだ論文数も少なく、今ほどの盛り上がりは見られませんでした。

LLM ベースのエージェント研究の潮流を扱うのは非常に難しい課題ですが、今回は上記のトレンドを踏まえ、以下のテーマで紹介していきます。

① 記憶プロセス
② ツール拡張による外部との連携
③ 推論と計画
④ フレームワーク
⑤ 複数エージェントによる統合

5.1.1 記憶プロセス

ここでは、LLMエージェントにおける**Memory**（**記憶**）と**Reflection**（**反映**）について紹介します。これらはそれぞれ異なる重要な役割を果たしており、LLMエージェントの能力を向上させるために欠かせない要素です。まず、情報の保存方法と反映方法について見ていきましょう。

Memoryは、エージェントが長期的な情報を保存し、適切なタイミングで再利用する仕組みを指します。例えば、**MemGPT**はOSの設計理念を取り入れた仮想メモリシステムにより、長文解析や長期的な会話で無限のコンテキストを提供します。その計算効率と汎用性から、会話エージェントや文書解析など幅広い分野での応用が期待されています。さらに、**CRITIC**はツールとの連携で検証可能性を向上させ、**ExpeL**は転移学習を活用してタスク間での知識の再利用を実現しています。

一方、Reflectionは、エージェントが過去の行動を振り返り、改善する能力を指します。例えば、**Self-Refine**はエージェント自身が生成した出力にフィードバックを与え、反復的に改善する仕組みを備えており、隠れた潜在能力を引き出します。また、**Reflexion**は意思決定やプログラミングタスクで自己生成テストを活用し、言語的強化学習として将来的な発展が期待されています。

MemoryとReflectionは、それぞれLLMエージェントの情報の効率的な活用と自己改善を促進し、一貫性と応答性を向上させます。以下では、これらの詳細についてそれぞれ紹介します。

5.1.1.1 Memory

● **ExpeL**

ExpeL [Zhao 2023]は、大規模言語モデル（LLM）を用いて、経験から自律的に学習し、決定精度を向上させる新しいフレームワークです。モデルのパラメータを更新せずに、トレーニングタスクからの試行錯誤を通じて経験を収集し、その洞察を利用して未知のタスクに対応します。

新規性　モデルパラメータを更新せずに経験から学習するアプローチを採用しています。自律的な洞察生成と経験記憶を統合し、タスク間での知識転移を実現しました。また、成功事例と失敗事例の比較に基づく抽象的な学習を導入しています。

結果　HotpotQA（質問応答）で39%、ALFWorld（意思決定）で59%、WebShop

（ショッピングタスク）で37%の成功率を達成しました。Reflexionをベースにした学習方法と比較して、複数タスクにおける学習効率が向上しました。転移学習シナリオでは、ソースタスクからターゲットタスクへの知識転移が有効であることを確認しました。

● MemGPT

MemGPT [Packer 2023]は、大規模言語モデル（LLM）をOSのメモリ階層管理に基づき拡張する新しいシステムです。有限のコンテキストウィンドウを仮想的に拡張し、会話や長文解析で無限のコンテキストを扱えるようにします。

新規性　OSの仮想メモリ管理技術に基づき、LLMのコンテキストを主記憶と外部記憶に階層化しました。ページングやイベント駆動型フローを活用し、長期的なコンテキスト保持と操作を実現しています。さらに、関数呼び出しを活用し、モデルが自身のメモリ管理を自律的に行う設計となっています。

結果　会話エージェントでは、ユーザーとの長期的な対話で一貫性（66.9% → 93.4%）とエンゲージメントを大幅に向上させました。文書解析では、巨大な文書や複数文書にまたがる質問応答で、固定コンテキストモデルを上回る精度を達成しました。また、多段階のキー・バリュー検索では、ネスト構造のデータ検索タスクで唯一成功し、信頼性の高いマルチホップ推論を実現しました。

● Self-Refine

Self-Refine [Madaan 2023]は、LLMを用いて自己フィードバックと反復改良を行う新手法です。外部の訓練データや追加学習を必要とせず、多様なタスクで利用可能です。

新規性　単一モデルでフィードバック生成と改良を実現する独自の仕組みを採用しています。外部データを不要とし、多様なタスクに簡便に適用可能です。

結果　GPT-3.5やGPT-4での実験において、5～40%のパフォーマンス向上を達成しました。ヒューマン評価と自動評価の両方で、従来手法を上回る結果を確認しました。

● Reflexion

Reflexion [Shinn 2023]は、大規模言語モデル（LLM）を利用した「言語的強化学習」フレームワークで、モデル自身が過去の失敗に基づいて自己反省を行い、タスク遂行能力を向上させる手法です。外部データを用いずに、自然言語でのフィードバックを生成し、エージェントの決定や生成物を改善します。

新規性　自己反省を用いた言語的フィードバックを通じた学習を導入しています。従来の強化学習と異なり、モデルの重みを更新する必要がない軽量なアプローチを採用しています。短期および長期メモリを活用してエージェントの学習を継続的に向上させます。

結果　ALFWorld（意思決定タスク）で22%、HotPotQA（推論タスク）で20%、

HumanEval（プログラミングタスク）で 11% の精度向上を達成しました。HumanEval では、GPT-4 を用いて 91% の Pass@1 精度を記録し、従来の最先端を上回る結果を得ました。

● CRITIC

CRITIC [Gou 2024] は、大規模言語モデル（LLM）を外部ツールと連携させることで、自己検証および自己修正を可能にするフレームワークです。生成した出力を外部ツール（検索エンジンやコードインタプリタなど）で検証し、その結果を基にモデルの出力を改善します。

新規性　人間の批判的思考プロセスに着想を得て、LLM がツールを活用して自己修正する手法を提案しました。追加の学習やデータ収集を必要とせず、フローズンモデルで適用可能です。検証と修正を反復的に行うことで、継続的な出力改善を実現しています。

結果　質問応答タスクでは、ChatGPT の F1 スコアを 7.7 向上（AmbigNQ）、毒性

ExpeL の動作メカニズム

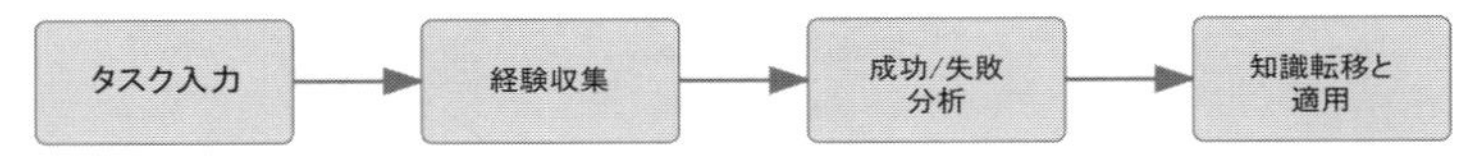

MemGPT の動作メカニズム

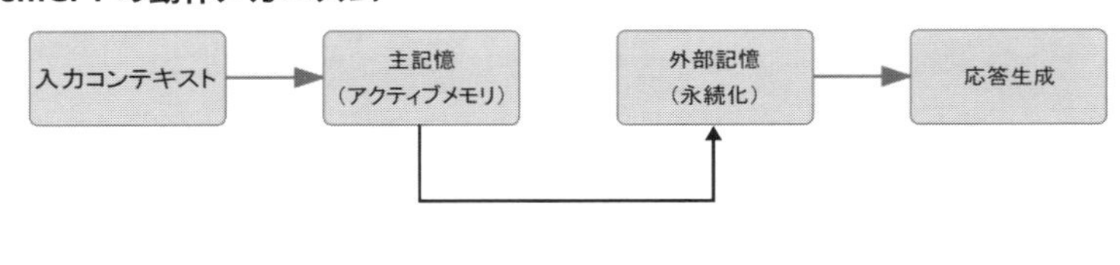

Self-Refine の動作メカニズム

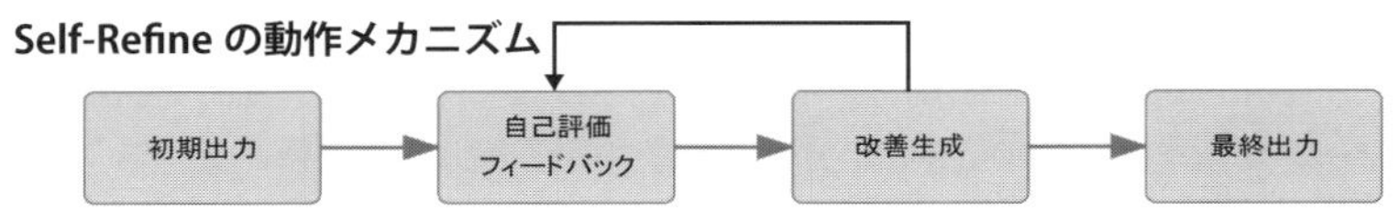

CRITIC の動作メカニズム

＜図 5-3　ExpeL、MemGPT、Seif-Refine、CRITIC の動作メカニズム＞

削減タスクでは毒性確率を79.2%削減しました。数学的プログラム合成タスクでは、正確性が最大32.3ポイント向上しました。外部ツールのフィードバックが、モデルの改善に不可欠であることを実証しました。

5.1.1.2 ツール拡張による外部との連携

ここでは、LLMエージェントにおける「**ツール活用能力**」を多角的に解説します。特に、大規模言語モデル（LLM）が外部ツールやAPIを活用することで、課題解決能力をどのように向上させるかに焦点を当てています。例えば、**EasyTool**は冗長なツールドキュメントを簡潔な指示書に変換し、ツールの利用効率と汎用性を高めています。また、**ToolLLM**は16,000以上のRESTful APIを統合し、ゼロショット汎化能力を強化する革新的なアルゴリズムを提案しています。

さらに、**Toolformer**は自己教師型学習を活用してLLMにAPIの自律的な選択および活用能力を付与し、Gorillaはリアルタイムでの API変更への適応と幻覚エラーの大幅な低減を実現しています。加えて、**GPT4Tools**は視覚的問題解決を含む多様なタスクにおいて、オープンソースモデルのツール利用性能を飛躍的に向上させています。

これらのフレームワークを通じて、LLMによる外部ツールの統合と強化の方法を体系的に解説します。続く章では、各技術の詳細、実験結果、そして応用例を詳しく取り上げます。

● EasyTool

EasyTool [Yuan 2024] は、LLMによるツール利用を簡素化するフレームワークで、複雑で冗長なツールドキュメントを統一された簡潔なツール指示書に変換します。この指示書により、ツールの機能と使用方法を標準化し、LLMのツール活用能力を向上させます。

新規性　冗長で不完全なツールドキュメントを精選し、簡潔で効果的な指示書に変換する仕組みを提供します。ツールの機能とパラメータを統一された形式で記述し、LLMの理解と活用を支援します。外部ツールの利用をプラグアンドプレイ方式で可能にし、LLMの柔軟性を向上させます。

結果　ToolBenchデータセットでのトークン削減率は最大97.35%に達し、ツール利用精度も大幅に向上しました。GPT-4やChatGPTを用いた実験では、ツール利用成功率と正確性が他のベースラインを上回りました。実世界のタスク（質問応答、ウェブサービス、数値推論）におけるツール利用効率も大幅に改善されました。

● ToolLLM

ToolLLM [Qin 2023] は、LLMに16,000以上の現実世界のRESTful APIを活用する能力を付与するフレームワークです。ToolBenchデータセットを基盤に、LLMが複雑なタスクを解決できるよう指導し、ToolLLaMAモデルとして具体化されました。

新規性　16,000以上の実世界APIを収集・統合したToolBenchデータセットを構築しました。API間の複雑な多段階推論を可能にする「深さ優先探索型決定木（DFS-DT）」アルゴリズムを提案し、LLMが未見のAPIに対応できるようゼロショット汎化能力を強化しました。

結果　ToolLLaMAは、GPT-4やChatGPTに匹敵するツール利用性能を示し、テストケースの通過率や汎化能力で優れた結果を達成しました。DFSDTアルゴリズムにより、ReACT手法を大幅に上回る推論精度とコスト効率を実現しました。APIBenchデータセットでの評価において、従来の専用モデル（Gorillaなど）と同等以上の性能を発揮しました。

● Toolformer

Toolformer [Schick 2023] は、LLMがAPIを自律的に利用する能力を学習するフレームワークです。簡単なプロンプトと自己教師型学習を用いて、API呼び出しのタイミングや引数を決定し、外部ツール（検索エンジン、計算機、翻訳システムなど）との連携を実現します。

新規性　自己教師型学習により、大量の人間アノテーションを必要とせずにAPI使用を学習します。モデルがAPIの選択や呼び出しを独立して決定可能であり、LLMの汎用的な能力を維持しつつ、ツール利用の精度を向上させます。

結果　LAMAベンチマークで、GPT-3（パラメータ数175B）を上回るゼロショット性能を達成しました。数学的推論や質問応答タスクでは、より大規模なモデル（GPT-3、OPT）よりも優れた結果を記録しました。Toolformerは、API利用の決定を98%以上のケースで正しく行ったことが確認されました。

● Gorilla

Gorilla [Patil 2023] は、LLMを外部APIと連携させ、正確かつ動的にAPIを使用できる能力を持たせるフレームワークです。独自のAPIベンチマークデータセット（APIBench）を活用し、LLMのファインチューニングと情報検索を統合して開発されました。

新規性　HuggingFace、TensorHub、TorchHubのAPIを網羅する初の大規模データセット（APIBench）を構築しました。情報検索（Retriever）と組み合わせたモデル訓練により、APIの機能的制約や変更に適応可能です。独自のASTサブツリー照合を用いて、API呼び出しの機能的正確性と幻覚エラー（Hallucination）を評価します。

結果　GPT-4を上回るAPI使用精度を達成しました（TorchHubでの精度：Gorilla 59.13%、GPT-4 38.70%）。Retrieversを用いた場合、テスト時のAPI変更にも高い適応力を示しました。API制約（例：モデルのサイズや精度）に基づいた呼び出しタスクでは、他モデルを凌駕する性能を記録しました。

● GPT4Tools

GPT4Tools [Yang 2023] は、オープンソースの LLM にツール使用能力を効率的に付与するフレームワークです。ChatGPT を教師モデルとして自己指導データを生成し、視覚的な問題（例：画像理解、生成）を解決するための能力を LLM に付与します。

新規性 ChatGPT を利用して生成した指示データを基に、LoRA 最適化を用いたオープンソース LLM のチューニングを実現しました。視覚的なコンテンツに関連付けられた多様な指示を生成し、ツール使用能力を向上させます。未見ツールへのゼロショット適用を可能にする新しい評価基準を提案しました。

結果 ファインチューニングした Vicuna-13B が、既知のツールで 93.2%、未見ツールで 90.6% の成功率を達成しました。GPT-3.5 を上回る成功率（+9.3%）を記録し、視覚的な問題解決タスクで大幅な精度向上を実現しました。生成されたデータセット

EasyTool の動作メカニズム

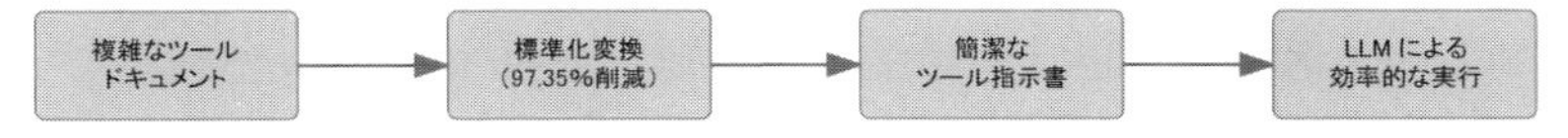

ToolLLM の動作メカニズム

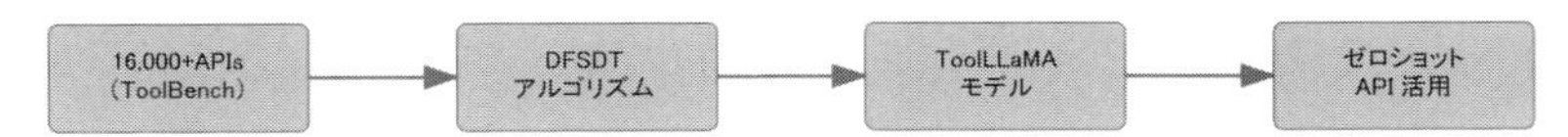

Gorilla の動作メカニズム

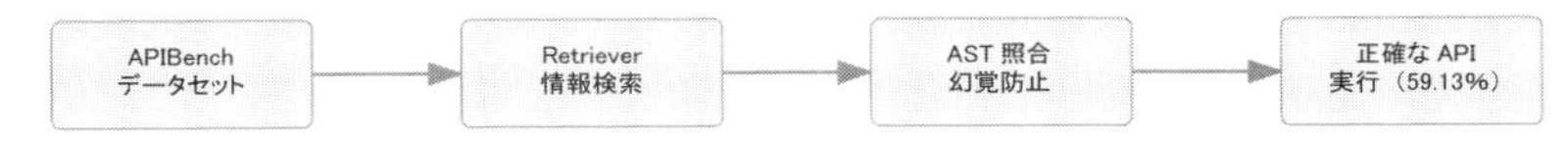

GPT4Tools の動作メカニズム

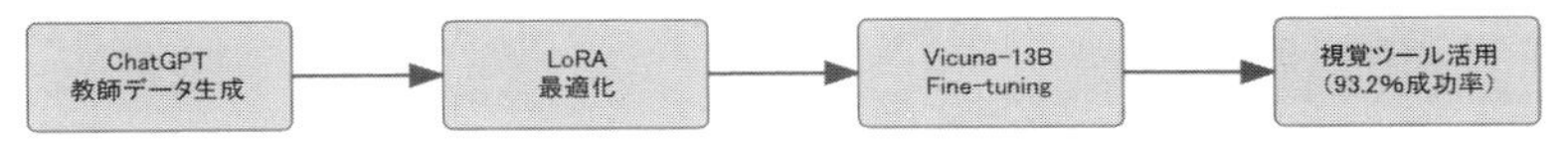

＜図 5-4 EasyTool、ToolLLM、Gorilla、GPT4Tools の動作メカニズム＞

により、Vicuna-13B は複数の視覚的問題（画像生成、質問応答、セグメンテーションなど）を効率的に解決しました。

5.1.2　推論と計画

ここでは、LLM エージェントにおける「**Reasoning（推論）**」と「**Planning（計画）**」について紹介します。これらはそれぞれ異なる重要な役割を果たしており、LLM エージェントの能力を向上させるために欠かせない要素です。まず、情報の解釈と論理的な結論を導き出す推論について見ていきましょう。推論は、エージェントが与えられた情報から論理的な結論を導き出す能力を指します。例えば、LEMA は過去のミスを特定し修正することで推論能力を強化するフレームワークであり、数学的タスクにおいて一貫した性能向上を実現しています。さらに、RAP は LLM を「世界モデル」として活用し、未来の状態をシミュレーションすることで、複雑な問題への合理的な解決策を構築します。

一方、Planning はタスクを分解し、最適な解決手順を立てる能力を指します。例えば、LLM+P は自然言語を PDDL 形式に変換して計画を生成し、ロボットタスクなどに柔軟に対応可能です。また、Plan-and-Solve Prompting はタスクの分割と解決を段階的に行うプロンプティング手法で、精度と一貫性の向上を実現しています。さらに、HuggingGPT は LLM を中心に据え、複数のモーダルにまたがるタスク計画とモデル選択を包括的に実行します。

推論と計画は、それぞれ LLM エージェントの論理的思考と戦略的行動を促進し、複雑なタスクへの対応能力を向上させます。以下では、これらの詳細についてそれぞれ紹介します。

5.1.2.1　Reasoning

● LLM+P

LLM+P [Liu 2023] は、大規模言語モデル（LLM）と古典的プランナーを統合するフレームワークで、長期的な計画能力を LLM に付与します。自然言語で記述された問題をプランニングドメイン定義言語（PDDL）形式に変換し、古典的プランナーを用いて最適な計画を生成します。その後、計画を自然言語に変換して出力します。

新規性　古典的プランナーを活用し、LLM 単体では解決が困難な長期的プランニングタスクに対応します。自然言語の問題記述を PDDL 形式に翻訳することで、タスクに応じた柔軟な計画生成を実現しました。また、PDDL と自然言語の相互変換を可能にする一貫したパイプラインを設計しました。

結果　7つのロボットプランニングドメインにおいて、LLM 単体や Tree of Thoughts 手法を上回る成功率を記録しました。現実的なロボットタスク（例：家庭内の片付け）において、効率的かつ最適なプランを提供しました。コンテキスト（例題）がある場合、PDDL 生成の正確性が大幅に向上し、問題解決能力が強化されることを確認しました。

● LEMA

この研究では、大規模言語モデル（LLM）の推論能力を「ミスから学ぶ（Learning From Mistakes）」プロセスで強化するフレームワーク LEMA（LEarning from MistAkes）[An 2024] を提案します。特に、数学的問題解決において、モデルが過去のミスを特定し、修正し、より優れた推論能力を獲得する方法を探求します。

新規性 GPT-4 を「修正モデル」として利用し、誤った推論経路を特定・修正するデータペアを生成しました。修正データと既存の Chain-of-Thought（CoT）データを融合し、ミスからの学習プロセスを取り入れたファインチューニングを実現しました。さらに、ミス修正中心の進化戦略（Correction-Centric Evolution）を活用してデータセットを拡張しました。

結果 LLaMA-2-70B の数学問題（GSM8K）における性能を 81.4% から 83.5% に、MATH では 23.6% から 25.0% に向上させました。他のタスク（SVAMP、ASDiv、CSQA）においても性能の向上を確認し、分布外データに対する汎化能力を示しました。修正データを取り入れることで、CoT データ単独の学習に比べ一貫して高い性能を達成しました。

● RAP

この研究では、言語モデル（LLM）の推論能力を向上させる新しいフレームワーク Reasoning via Planning（RAP）[Hao 2023] を提案します。RAP は LLM を「世界モデル」と「推論エージェント」として活用し、計画アルゴリズム（特に Monte Carlo Tree Search；MCTS）を統合することで、戦略的な推論を可能にします。これにより、長期的な計画や複雑な推論問題に対する解決能力を強化します。

新規性 LLM を世界モデルとして再利用し、推論時に未来の状態をシミュレーション可能にしました。MCTS を利用した探索により、推論の「探索」と「活用」のバランスを効率的に最適化しました。推論中に未来の報酬を予測し、合理的な推論経路を動的に構築する仕組みを導入しました。

結果 Blocksworld の計画生成タスクで、GPT-4 を 33% 相対改善する成功率を達成しました。数学的推論（GSM8K）や論理推論（PrOntoQA）でも、Chain-of-Thought やその変種を大幅に上回る精度を記録しました。推論の正確性と一貫性を向上させることで、幅広いタスクでの優位性を実証しました。

5.1.2.2 Planning

● Plan-and-Solve Prompting

Plan-and-Solve Prompting（PS）[Wang 2023] は、大規模言語モデル（LLM）に多段階推論能力を付与する新しいゼロショットプロンプティング手法です。タスクを小さなサブタスクに分割する計画を作成し、その計画に基づいて解決するプロセスを取り入れることで、推論の精度と一貫性を向上させます。また、計算エラーや推論手順の欠落を最小化する改良版PS+も提案されています。

新規性　推論タスクを計画段階と解決段階に分け、段階的な解法を明示的に生成するプロンプト設計を採用しました。「関連する変数と対応する数値の抽出」や「中間結果の計算」など、詳細な指示を追加したPS+プロンプティングを導入しました。従来のゼロショットCoT（Chain-of-Thought）プロンプティングと比較して、エラー削減に特化した新しい構造を提供しました。

結果　数学的推論タスク（例：GSM8K、SVAMP）で、ゼロショットCoTを平均

LLM+Pの動作メカニズム

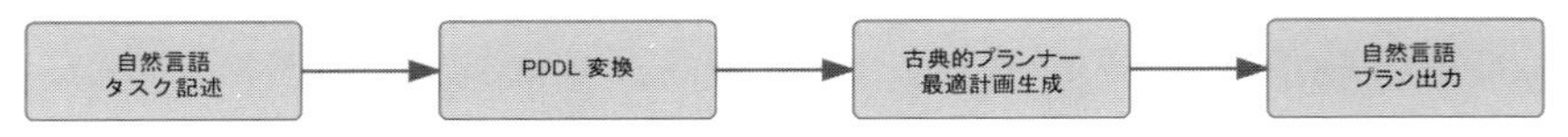

LEMAの動作メカニズム

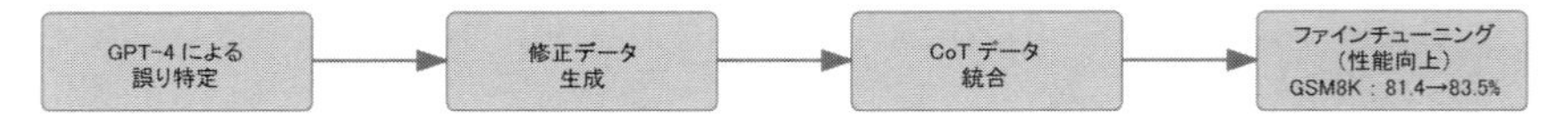

RAP（Reasoning via Planning）の動作メカニズム

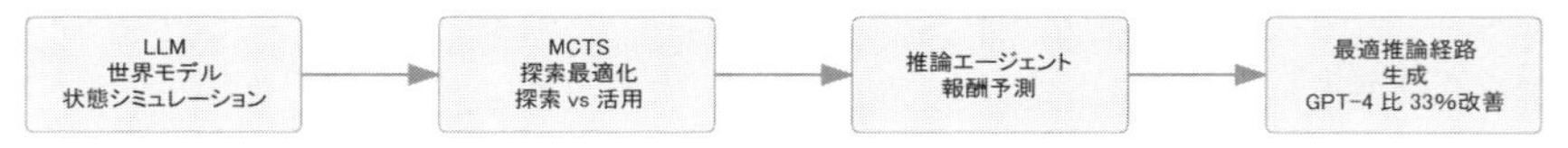

HuggingGPTの動作メカニズム

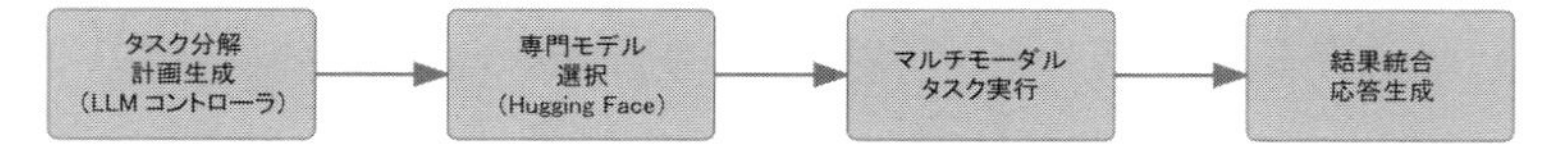

＜図5.5　LLM+P、LEMA、RAP、HuggingGPTの動作メカニズム＞

5% 以上上回る精度を達成しました。PS+ は、数値推論や常識推論など、広範なデータセットで従来手法（Few：shot Manual-CoT）に匹敵する結果を示しました。エラー分析では、計算エラーや手順欠落エラーを大幅に削減しました（計算エラー率：7% → 5%、手順欠落ニラー率：12% → 7%）。

● HuggingGPT

概要　HuggingGPT [Shen 2023] は、ChatGPT のような大規模言語モデル（LLM）をコントローラーとして利用し、Hugging Face などの機械学習コミュニティにある専門モデルと連携して複雑な LLM タスクを解決するシステムです。LLM はタスクを分解・計画し、適切なモデルを選択して実行結果を統合することで、多モーダルかつ多領域の課題に対応します。

新規性　LLM を中心に据えたタスク計画とモデル選択のフレームワークを提案しました。言語を共通インターフェースとして使用し、LLM モデル間の連携を実現しました。Hugging Face のモデル記述を活用した柔軟で拡張性の高いモデル選択メカニズムを導入しました。

結果　複数のモーダル（言語、視覚、音声）にわたるタスクで優れた性能を実証しました。GPT-3.5 および GPT-4 を使用したタスク計画の精度が、他のオープンソース LLM（例：Vicuna）を大幅に上回ることを確認しました。タスク計画、モデル選択、応答生成の全プロセスにおいて高い成功率と合理性を達成しました。

5.1.3　フレームワーク

ここでは、LangGraph、BabyAGI、AutoGen といった最先端のフレームワークを取り上げ、複数エージェントの統合とタスク自動化をどのように支援しているかを紹介します。これらのフレームワークは、エージェント間の通信や役割分担、効率的なタスク遂行を可能にし、システム設計の複雑さを軽減します。具体的には、LangGraph はグラフ構造を活用してマルチエージェントの設計を支援し、BabyAGI は自律的なタスク生成と実行を行います。AutoGen は複数エージェントの協調を最適化し、柔軟なワークフローを提供します。以下、それぞれのフレームワークの詳細な仕組みと実際の応用例について解説します。

● LangGraph

LangGraph は、LLM（大規模言語モデル）を用いたステートフルなマルチエージェントアプリケーションを構築するためのオープンソースフレームワークです。エージェントのワークフローをグラフ構造としてモデル化し、複雑なタスクの自動化、状態管理、エージェント間の通信を支援します。LangChain と連携可能で、エージェント駆動型アプリケーションの柔軟な開発が可能です。

新規性「グラフベースのワークフロー設計」　エージェント間のフローを DAG（有向非巡回グラフ）やサイクルを含む構造として柔軟に定義可能で、複雑なプロセスも簡単にモデル化できます。

新規性「ステートフルエージェントのサポート」 LangGraph は状態を持つエージェントを効率的に管理し、永続性を組み込むことで長期的なエージェントの行動計画が可能です。

新規性「ヒューマンインザループ機能」 人間のフィードバックを取り入れたエージェントの設計が容易で、エージェントの決定プロセスを人間が補完するシナリオをサポートします。

結果「エージェント間の協調」 複数のエージェントが連携してタスクを分担し、効率的に解決します。タスクの分解と再統合が容易です。

結果「直感的な設計」 ワークフローをグラフとして視覚的にモデル化することで、複雑なシステムの構造と動作が明確化され、開発者がシステム設計の全体像を把握しやすくなります。

結果「開発時間の短縮」 LangGraph を使用することで、ステートフルエージェントやマルチエージェントシステムの構築にかかる時間を大幅に削減しました。

● BabyAGI

BabyAGI は、特定の目標達成のためにタスクを自動生成し、優先順位を設定、自律的に実行するプログラムです。OpenAI の API と Pinecone ベクトルデータベースを活用して、タスクの結果やコンテキストを保存し、それを次のタスク生成に利用します。タスク駆動型自律エージェントとして、シンプルで効率的なアプローチを提供します。

新規性「簡単な指示でタスク生成から実行まで自動化」 GPT を活用した特定目的のリサーチやタスク自動化に特化しています。

新規性「完全自律化」 従来のシステムでは人間の確認や承認が必要だった部分を完全自律化し、効率性を向上させました。

結果「マーケティング分野」 顧客データ分析やプロモーション最適化に成功しました。

結果「医療分野」 患者データ解析による診断精度向上が期待されています。

● AutoGen

AutoGen は、Microsoft が開発したオープンソースのマルチエージェントフレームワークです。複数の LLM エージェントが協調してタスクを自律的に解決することを目的としており、Python ベースで構築されています。OpenAI の GPT モデルや Microsoft Azure AI との組み合わせで、その可能性をさらに広げます。

新規性「マルチエージェント協調」 各エージェントが相互通信し、協力してタスクを遂行します。

新規性「カスタマイズ性」 開発者がエージェントの役割やタスクフローを柔軟に設計可能です。

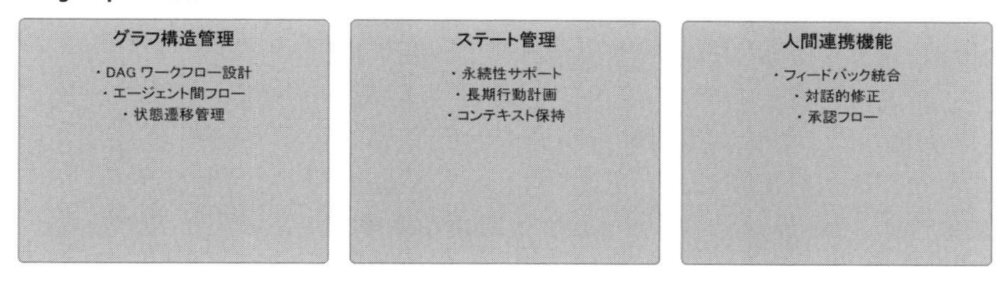

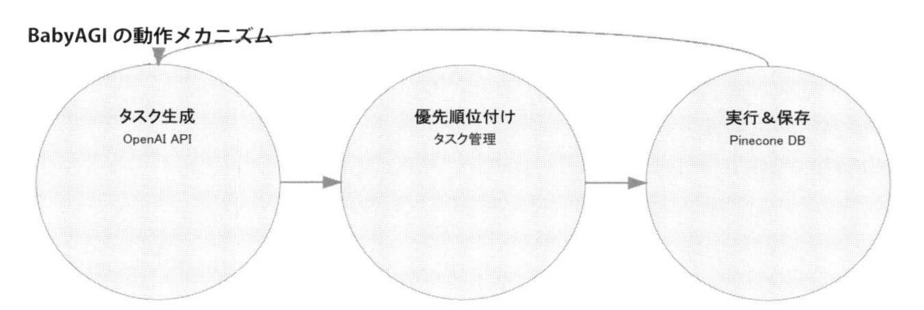

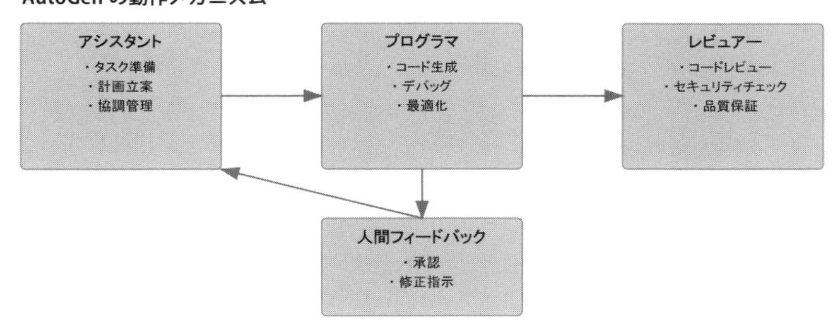

＜図 5.6　LangGraph、BabyAGI、AutoGen の動作メカニズム＞

新規性「人間との協調作業」 必要に応じてフィードバックや入力を取り入れる機能を備えています。

結果「数学問題の解決」 高い正答率を達成しました。

結果「コード生成と実行」 安全性を確保しつつユーザーのニーズに応える結果を得ました。

結果「会話型チェス」 戦略的意思決定の実証に成功しました。

5.1.4 複数エージェントによる統合

ここでは、MetaGPT、BabyAGI、AutoGenなどの最先端フレームワークを取り上げ、LLMエージェントが連携してタスクを効率的かつ正確に解決する仕組みを紹介します。これらのフレームワークは、エージェント間の役割分担や情報統合を通じて、個々のエージェントの限界を克服し、複雑な課題に対応します。具体的には、MetaGPTはソフトウェア開発における役割分担を明確化し、Corexは推論の多様性と精度を向上させます。Generative Agentsは仮想環境での社会的相互作用を再現し、MindSearchは動的な情報統合を実現します。以下では、それぞれのフレームワークの詳細を解説します。

● MetaGPT

MetaGPT [Hong 2023] は、大規模言語モデル（LLM）を活用したマルチエージェントコラボレーションフレームワークで、ソフトウェア開発の複雑なタスクを効率的に解決します。標準作業手順（SOP）を採用し、エージェント間の役割分担を明確化し、設計・実装・テストをシステム的に管理します。各エージェントは特定の役割を担い、ドキュメントやコード生成を含む明確な成果物を提供します。

新規性「SOPの統合」 役割ベースのタスク分解と協力を促進します。

新規性「自己修正機構」 ランタイム中にコードを自己修正可能です。

新規性「効率的な情報共有」 メッセージプールやサブスクリプション方式を活用した情報共有プロトコルを実現します。

結果 ソフトウェア開発のベンチマーク（HumanEval、MBPP）でPass@1スコア85.9%および87.7%を達成し、他のフレームワークを上回る性能を記録しました。ChatDevやAutoGPTより高いタスク完遂率（100%）を示し、時間コストやトークン使用量の効率性も向上しました。ソフトウェアの実行可能性スコアでは他フレームワーク（例：ChatDevの2.25）を上回る3.75を達成しました。

● Generative Agents

Generative Agents [Park 2023] は、仮想環境でのリアルな人間行動をシミュレートするエージェントアーキテクチャです。LLMを活用し、エージェントが経験を記録・統合・活用して、長期的かつ状況に応じた一貫した行動を生成します。これにより、社会的相互作用や計画を再現する仮想社会を構築します。

新規性「記憶・反射・計画の統合」 エージェントが動的に行動を生成します。

新規性「長期記憶の活用」 重要度や関連性に基づき適切な記憶を検索します。

新規性「行動計画の生成」 記憶を基に行動計画を生成する新手法を導入しました。

結果 仮想環境「Smallville」で25体のエージェントが情報伝播、関係形成、協調行動を実証しました。記憶・反射・計画の各コンポーネントが行動の信憑性に寄与しており、従来手法を上回る性能を発揮しました。

● Corex

Corex [Sun 2024] は、LLM を複数エージェントとして活用し、複雑な推論タスクを協調的に解決するフレームワークです。LLM を「議論（Discuss）」「レビュー（Review）」「検索（Retrieve）」の 3 つのモードで連携させ、推論の正確性、一貫性、信頼性を向上させます。数学的推論、象徴的推論、常識推論など多岐にわたるタスクで適用されています。

新規性「役割分担による推論強化」 Discuss、Review、Retrieve の各モードで推論を強化します。

新規性「情報収集の多様性」 複数エージェント間で異なる視点から情報を収集します。

新規性「信頼性の高い回答選択」 Review モードと Retrieve モードで精度を向上させます。

結果 数学的推論（GSM8K、GSM-Hard）では従来のベースラインを上回る高精度を達成し、常識推論や象徴的推論タスクでも性能向上を確認しました。特に Review モードと Retrieve モードは高難度タスクで顕著な改善を示し、エラー修正能力を強化しました。

● MindSearch

MindSearch [Chen 2024] は、LLM とウェブ検索エンジンを統合し、複雑な情報探索と統合タスクを効率的に解決するマルチエージェントフレームワークです。ユーザーのクエリを分解し、複数の検索エージェントが協力して情報を収集・統合します。これにより、従来の検索エンジンや単一 LLM によるアプローチよりも深く広範な情報提供を可能にします。

新規性「クエリ分解と情報統合の動的モデル化」 クエリを DAG（有向非巡回グラフ）としてモデル化します。

新規性「協調フレームワークの提案」 WebPlanner（計画担当）と WebSearcher（検索担当）の組み合わせを提案しました。

新規性「分散タスク処理」 300 以上のウェブページからの情報を 3 分以内で統合可能です。

結果 閉セット QA とオープンセット QA で、ChatGPT-Web（GPT-4o ベース）や Perplexity.ai を凌駕する応答品質を達成しました。GPT-4o および InternLM2.5-7B をバックエンドに使用した実験では、深さ、広さ、正確性の評価において高い評価を獲得し、人間評価でも他の AI 検索エンジンよりも一貫して好まれる結果を示しました。

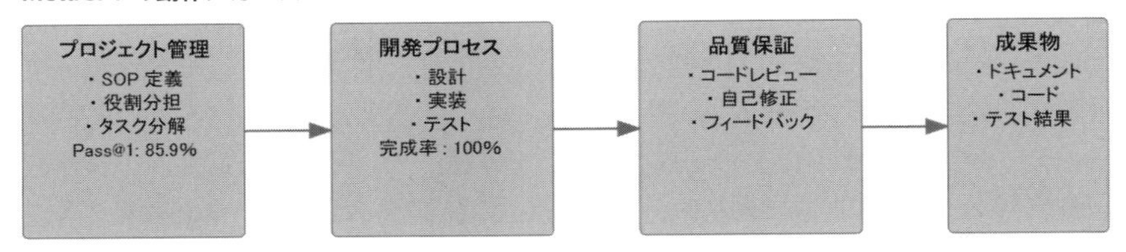

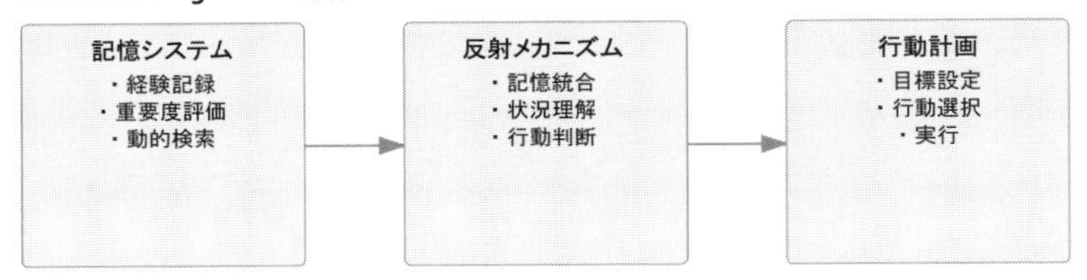

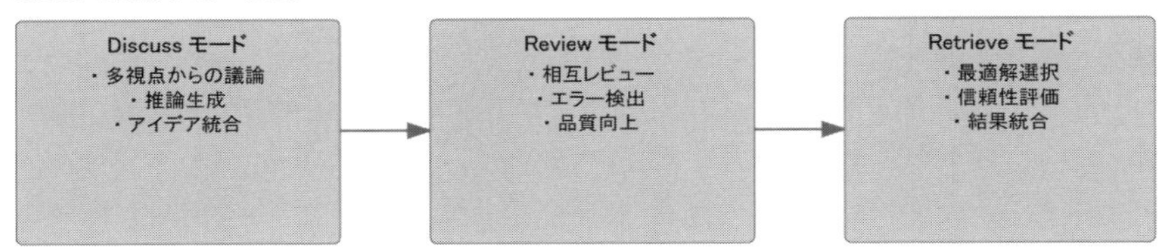

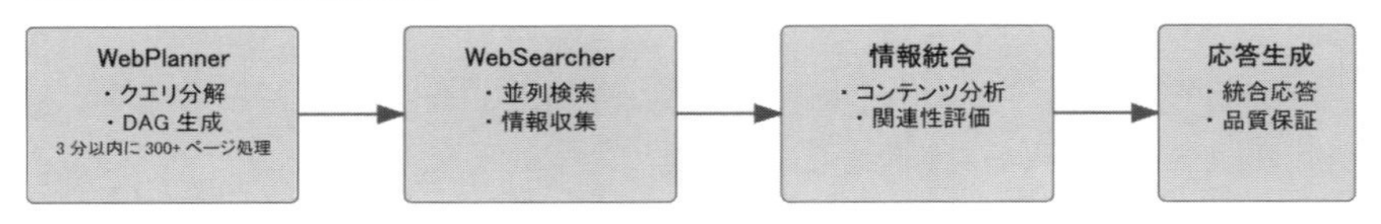

＜図 5.7　MetaGPT、Generative Agent、Corex、MindSearch の動作メカニズム＞

5.1.5　まとめ

近年のエージェント技術の進展は、特にLLM（大規模言語モデル）を基盤とした革新によって大きな注目を集めています。本節では、2023年以降の研究動向に基づき、エージェント技術の主要な要素を以下の5つのテーマで紹介しました。

① **記憶プロセス**

エージェントの長期記憶や自己改善（例：MemGPT、Self-Refine）を通じて、一貫性や応答性を向上させる技術。

② **ツール拡張**

API や外部ツールとの連携（例：ToolLLM、GPT4Tools）を強化し、課題解決能力を広げる手法。

③ **推論と計画**

推論能力の向上（例：LEMA、RAP）や計画タスクの分解と実行（例：Plan-and-Solve Prompting、HuggingGPT）により、複雑なタスクに対応する技術。

④ **フレームワーク**

エージェント間の役割分担や連携を支援するフレームワーク（例：LangGraph、AutoGen）を活用したシステム設計。

⑤ **複数エージェントによる統合**

エージェント同士が協調し、複雑なタスクを効率的に解決する仕組み（例：MetaGPT、Corex）。

これらの技術は、ゲーム、教育、ソフトウェア開発、医療など多様な分野への応用が期待され、エージェント技術の未来を形作る基盤として重要な役割を果たしています。

5.2 ビジネスでの利用例

2024 年現在、LLM（大規模言語モデル）ベースのエージェントは、ビジネスの様々な分野で急速に採用されています。2023 年と比較すると、企業や業界全体での活用が格段に増加し、エージェント技術はビジネスの成長を支える重要なツールとなっています。2024 年の 10 月時点で特に以下の領域で顕著な成果を上げています。

i） セールス
ii） バックオフィス業務
iii） コード生成
iv） 研究分野

LLM ベースのエージェントは、単なるテキスト生成や応答に留まらず、タスクの自動化、データ解析、顧客対応の最適化など、様々なビジネスプロセスに現在進行形で貢献しています。これにより、ビジネス効率の向上、コスト削減、意思決定の迅速化が実現されています。以下では、これらの技術が具体的にどのように各分野で活用されているかについて詳しく見ていきます。

ビジネスにおけるLLMエージェントの利用方法は、大きく２つのタイプに分けられます。まず、誰でもアクセス可能な形で提供されているエージェントがあります。次に、企業がコードを公開していないクローズド型のエージェントです。さらに、エージェントの利用状況は地域によっても異なります。日本では多くのエージェントがクローズド型ですが、海外ではクローズド型に加えて公開されているエージェント製品も多く見受けられます。本書の中では、エージェント部分に関して、コード公開されているプロダクトに関してはホワイトボックス、コード公開されていないプロダクトに関してはブラックボックスと記載しています。

これらの分類を踏まえ、各国や各業界での具体的な活用事例を以降で詳述していきます。

5.2.1　セールス

営業分野では、LLMベースのエージェントが急速に成長しており、特に業務効率の向上と顧客体験の改善に大きく貢献しています。例えば、Lyzr AIは、2024年にはARR（年間経常収益）100万ドルを突破し、LLMを活用した営業支援ツールで市場に大きなインパクトを与えています。Lyzr AIの営業エージェント「Jazon」は、営業プロセスの自動化、顧客へのアプローチ戦略の最適化、そして成約率の向上を支援することで知られています。

さらに、SalesforceのAgentforceは、サービス、セールス、マーケティング、コマース領域のタスクを自動的に処理するエージェントとして、2024年の市場を牽引しています。これにより、企業は従来の営業プロセスを大幅に効率化し、より戦略的な顧客対応が可能となりました。LLMを使った営業エージェントは、顧客データの解析やターゲティングの精度向上により、売上を劇的に伸ばす効果を発揮しています。

5.2.1.1　ブラックボックス型エージェント（コード非公開）

● Lyzr AI

Lyzr AIはLLMを活用した営業支援ツールで、営業エージェント「Jazon」を提供します [Lyzr AI]。

主な機能　営業プロセスの自動化、顧客へのアプローチ戦略の最適化、成約率の向上支援。

● Salesforce Agentforce

SalesforceのCRMプラットフォームに統合されたLLMエージェント「Agentforce」です [Salesforce Einstein]。

主な機能　リードスコアリング、営業予測、カスタマーサポートの自動化。

● HubSpot Sales Hub AI

HubSpot Sales Hub に組み込まれた AI 機能です [HubSpot Sales Hub AI]。

主な機能 リードの優先順位付け、パーソナライズされたメール提案、営業パイプラインの管理。

● Drift AI

Drift の AI チャットボットはウェブサイト訪問者とリアルタイムで対話し、リードを生成・育成します [Drift AI]。

主な機能 リアルタイム顧客対応、リード生成、予測分析によるリード質の向上。

● InsideSales.com（XANT）

XANT は AI を活用したセールスオートメーションツールです [XANT]。

主な機能 リードの優先順位付け、フォローアップの自動化、営業活動の最適化。

5.2.1.2 ホワイトボックス型エージェント（コード公開）

● Rasa

Rasa はオープンソースのチャットボットフレームワークです [Rasa]。

主な機能 高度な自然言語理解（NLU）、対話管理、カスタムインテント・エンティティの定義。

● Botpress

Botpress はオープンソースのチャットボットプラットフォームです [Botpress]。

主な機能 ビジュアルフローエディタ、多様なチャネルとの統合、カスタムモジュールの追加。

5.2.2 バックオフィス業務

バックオフィス業務では、AI と自動化技術を活用したエージェントが急速に普及しており、業務効率化と精度向上に大きく貢献しています。特に、RPA（ロボティック・プロセス・オートメーション）やワークフローオートメーションツールが、繰り返し作業の自動化や業務プロセス全体の最適化を実現しています。

例えば、UiPath は RPA を基盤に、データ入力や請求書処理などの反復作業を自動化し、従業員がより価値の高い業務に集中できる環境を提供しています。また、Automation Anywhere は AI を統合し、データ処理や顧客対応プロセスを高度に自動化するプラットフォームを提供することで、バックオフィス業務全体の効率を劇的に向上させています。

さらに、ServiceNow は、IT サポートやワークフロー管理に特化したエージェントを導入することで、IT インシデントの自動化や予測的管理を実現し、業務中断のリスクを大幅に軽減しています。一方、オープンソースのツールである Robot Framework や n8n は、柔軟なカスタマイズ性を活かして特定の業務ニーズに応じた自動化を可能にしています。ERPNextは、財務、人事、在庫管理などの包括的な機能を提供し、中小企業を中心に効率化を推進しています。

これらのバックオフィスエージェントは、業務プロセスの最適化だけでなく、コスト削減や業務精度の向上をもたらし、企業全体の競争力強化に寄与しています。

5.2.2.1 ブラックボックス型エージェント（コード非公開）

● UiPath

UiPathは業界をリードするロボティック・プロセス・オートメーション（RPA）プラットフォームで、AI機能を統合しています[UiPath]。

主な機能 データ入力の自動化、請求書処理、レポート生成、ITサポートの自動化。

特徴 高度なAIアルゴリズムによるタスクの自動化と最適化。
幅広い業務プロセスとの統合が可能。
ユーザーフレンドリーなインターフェースと豊富なサポート。

● Automation Anywhere

Automation Anywhereは、RPAとAIを組み合わせた自動化プラットフォームを提供し、バックオフィス業務の効率化を支援します[Automation Anywhere]。

主な機能 データ処理の自動化、業務プロセスのモニタリング、チャットボットによる顧客対応。

特徴 AI搭載のボットによる高度な業務自動化。
セキュリティとコンプライアンスに配慮した設計。
クラウドベースおよびオンプレミスでの導入が可能。

● ServiceNow

ServiceNowは、ITサービス管理（ITSM）を中心としたクラウドベースのプラットフォームで、AI機能を活用した業務自動化を提供します[ServiceNow]。

主な機能 ITサポートの自動化、インシデント管理、ワークフロー自動化。

特徴 AIによるインシデントの予測と解決支援。
シームレスなシステム統合と拡張性。
エンタープライズ向けの堅牢なセキュリティ機能。

5.2.2.2 ホワイトボックス型エージェント（コード公開）

● Robot Framework

Robot Frameworkは、オープンソースの自動化フレームワークで、テスト自動化や業務プロセスの自動化に利用できます[Robot Framework]。

主な機能 ワークフローの自動化、テストケースの作成と実行、APIとの統合。

特徴 シンプルなキーワード駆動型アプローチ。
拡張性が高く、豊富なライブラリとプラグインが利用可能。

コミュニティによるサポートと継続的なアップデート。

● n8n

n8nは、オープンソースのワークフローオートメーションツールで、バックオフィス業務の自動化を支援します[n8n]。

主な機能 データ統合、API連携、タスク自動化。

特徴 ノーコード/ローコードでのワークフロー作成が可能。

400以上の統合コネクタで多様なアプリケーションと連携。

完全に自ホスト可能で、データのプライバシーを確保。

● ERPNext

ERPNextは、オープンソースのERP（Enterprise Resource Planning）システムで、財務、人事、在庫管理などのバックオフィス業務を包括的にサポートします[ERP-Next]。

主な機能 財務管理、人事管理、在庫管理、販売管理。

特徴 柔軟なカスタマイズと拡張性。

モジュール式設計で必要な機能のみを導入可能。

活発なオープンソースコミュニティによるサポート。

5.2.3 コード生成

コード生成のLLMエージェントは、開発者の生産性を向上させ、効率的なコーディングを支援するツールとして活用されています。これらのエージェントは、コード補完や関数の提案、自然言語からのコード生成、コメントからのコード作成など、幅広い機能を提供します。ブラックボックス型のツール（例：GitHub Copilot、Tabnine、Amazon CodeWhisperer）は、シームレスな統合と高精度な提案を通じて開発プロセスの効率化を実現しています。一方、ホワイトボックス型ツール（例：OpenAI Codex、CodeBERT）は、カスタマイズやオープンソースによる拡張性が特徴で、柔軟な活用が可能です。これらの技術は、プロジェクト全体の文脈を理解し、迅速かつ正確なコード作成を支援することで、ソフトウェア開発の革新を加速させています。

5.2.3.1 ブラックボックス型エージェント（コード非公開）

● GitHub Copilot

GitHubとOpenAIが共同開発したAIペアプログラマーで、コード補完や提案をリアルタイムで行います[GitHub Copilot]。

主な機能 コード補完、関数の提案、コメントからのコード生成、コードのリファクタリング支援。

特徴 多数のプログラミング言語に対応。

開発者のコーディングスタイルに適応。

Visual Studio Codeとのシームレスな統合。

● **Tabnine**

AI駆動のコード補完ツールで、開発者の生産性を向上させることを目的としています [Tabnine]。

主な機能 高度なコード補完、プロジェクト全体のコンテキスト理解、チームごとのカスタマイズ。

特徴 機械学習モデルに基づいた高精度な提案。
多様なIDEとの互換性（VSCode、JetBrainsなど）。
セキュリティとプライバシーに配慮したデータ処理。

● **Amazon CodeWhisperer**

Amazonが提供するAIベースのコード補完ツールで、AWSサービスとの統合が強みです [Amazon CodeWhisperer]。

主な機能 コード補完、API呼び出しの提案、セキュリティベストプラクティスの提案。

特徴 AWS環境との高度な統合。
セキュリティとコンプライアンスを考慮した提案。
複数のプログラミング言語とフレームワークに対応。

5.2.3.2 ホワイトボックス型エージェント（コード公開）

● **OpenAI Codex**

OpenAI Codexは自然言語からコードを生成するモデルで、オープンソースコミュニティによって活用・拡張されています [OpenAI Codex GitHub]。

主な機能 自然言語によるコード生成、コード補完、コードの説明。

特徴 多言語対応：Python、JavaScript、Javaなど多くのプログラミング言語をサポート。
高度なコンテキスト理解：プロジェクト全体のコンテキストを理解し、適切なコードを生成。
拡張性：カスタムモデルのトレーニングや独自のデプロイが可能。

● **CodeBERT**

CodeBERTは、Microsoftが開発した双方向のエンコーダデコーダ型モデルで、コード検索やコード生成に利用されています [CodeBERT GitHub]。

主な機能 コードと自然言語の相互変換、コードの補完、バグの検出。

特徴 高精度なコード理解と生成。
多様なプログラミング言語に対応。
オープンソースとして提供されており、研究や商用利用が可能。

5.2.4 研究分野

研究分野では、LLM エージェントが学術論文の検索、文献レビュー、自動要約、データ解析などに活用され、研究活動の効率化と洞察の深化を支援しています。ブラックボックス型ツール（例：Iris.ai、Elicit、Researcher AI）は、関連性の高い学術情報を迅速に提供し、研究計画や文献レビューのプロセスを簡素化します。一方、ホワイトボックス型ツール（例：Haystack、Cogstack）は、オープンソースでカスタマイズ性が高く、特に医療分野や質問応答システムの構築において、柔軟な適用が可能です。これらのLLM エージェントは、研究者の時間を節約し、より高度な課題に集中する環境を提供することで、学術分野全体の発展に寄与しています。

5.2.4.1 ブラックボックス型エージェント（コード非公開）

● **Iris.ai**

Iris.ai は研究者向けの AI アシスタントで、関連する学術論文の検索や文献レビューを自動化します [Iris.ai]。

主な機能 文献検索の自動化、関連性の高い研究の提案、研究トピックの分析。

● **Elicit by Ought**

Elicit は AI を活用した研究支援ツールで、研究者が質問を入力するだけで関連する論文やデータを収集します [Elicit]。

主な機能 自然言語による質問応答、文献レビューの支援、研究計画の策定。

● **Researcher AI**

Researcher AI は、研究者が効率的に情報収集と分析を行えるよう支援する AI ツールです [Researcher AI]。

主な機能 文献の自動要約、データ解析の支援、研究トレンドの予測。

5.2.4.2 ホワイトボックス型エージェント（コード公開）

● **Haystack by deepset**

Haystack はオープンソースの自然言語処理フレームワークで、研究データの検索や質問応答システムの構築に利用できます [Haystack]。

主な機能 ドキュメント検索、質問応答、データのインデックス作成。

● **Cogstack**

Cogstack は医療研究向けに特化したオープンソースのデータ統合フレームワークで、電子医療記録（EMR）の解析を支援します [Cogstack GitHub]。

主な機能 データ抽出、自然言語処理、データ統合と可視化。

5.2.5　まとめ

本節で、LLM を活用した LLM エージェントのビジネス利用例を以下の５つの分野で紹介しました。これらの事例は、効率化と精度向上、顧客体験の改善に貢献しており、業務プロセスの進化を支えています。

①　セールス

営業支援エージェント（例：Lyzr AI、Salesforce Agentforce）が営業プロセスの自動化、顧客データ分析、ターゲティング精度向上を実現し、成約率を向上させています。ブラックボックス型ツールとホワイトボックス型フレームワークが提供する柔軟性が注目されています。

②　バックオフィス業務

RPA やワークフロー自動化ツール（例：UiPath、Automation Anywhere、Robot Framework）が反復作業を自動化し、業務プロセス全体を効率化。これにより、コスト削減と精度向上が達成され、企業の競争力が強化されています。

③　コード生成

LLM によるコード生成ツール（例：GitHub Copilot、OpenAI Codex）は、コード補完や自然言語からのコード生成を支援。開発プロセスの効率化と生産性向上に寄与しています。ブラックボックス型ツールの直感的な操作性とホワイトボックス型ツールのカスタマイズ性が特徴です。

④　研究分野

文献検索やデータ解析を支援する LLM エージェント（例：Iris.ai、Haystack）が、研究プロセスの効率化と洞察の深化を実現。特にオープンソースツールは、医療分野や質問応答システムでの柔軟な適用が可能です。

⑤　会話型エージェント

カスタマーサポートや営業チャットにおける LLM エージェント（例：Drift AI、Rasa）が、リアルタイム顧客対応やリード育成を効率化。自動応答の精度向上と人手負担軽減を実現しています。

これらのエージェントは、各分野での特化型アプリケーションとして活用され、業務効率化だけでなく、新たなビジネス価値の創出を可能にしています。

補足

OpenAI API キーを取得する

本書の解説ではOpenAIが提供するモデルを中心に利用します。この補足では、OpenAIのモデルをプログラムから利用するためのAPIキーを発行する方法を説明します[注1]。

以下のURLにアクセスしてください。<Log in 画面>が表示されます。

https://platform.openai.com/

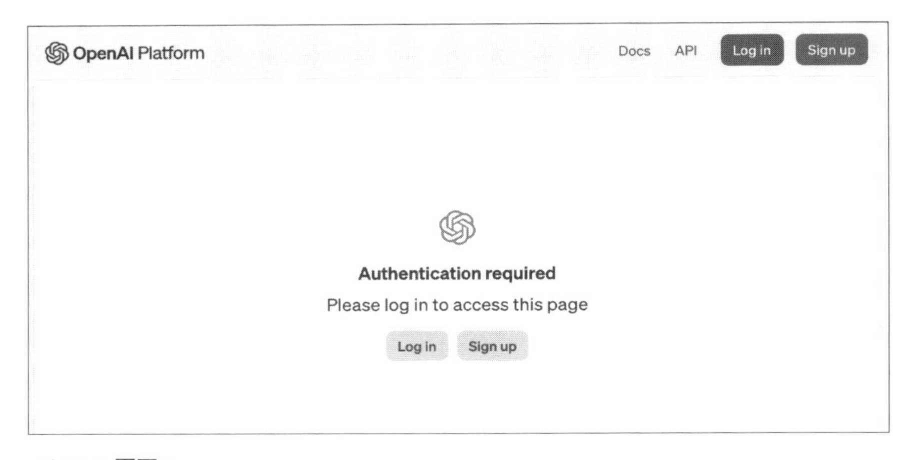

<Log in 画面>

アカウントがお持ちの場合は右上の「Log In」を、お持ちでない場合は「Sign up」を押してください。ログインすると< Log in 後の画面>が表示されます。

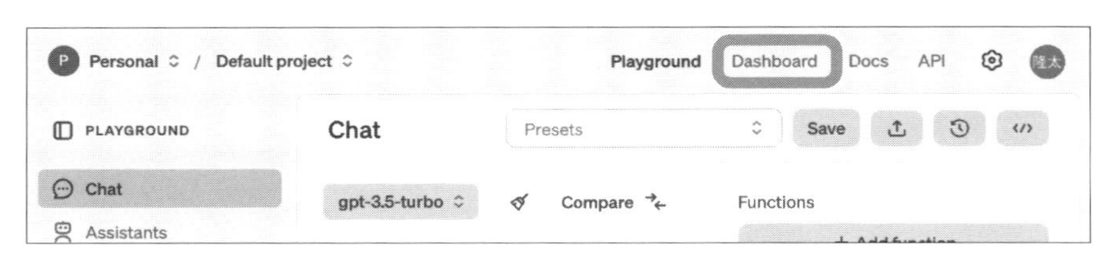

<Log in 後の画面>

「Dashboard」を選択し、「API keys」の画面を表示してください（<API keys>）。

注1　こういったプロセスは変わりやすいので、ご参考までです。

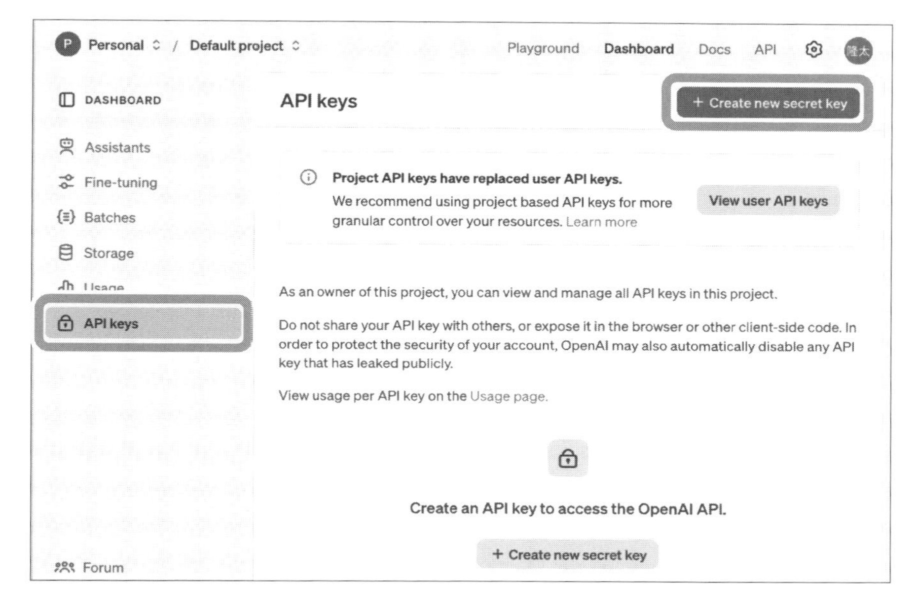

<API keys>

画面右上の、「Create new secret key」ボタンを押すことで新規 API キーを作成できます。ボタンを押すと、<Create new secret key>のようなポップアップが表示されます。何用に発行したのか後からわかりやすいよう、「Name」を記入してから「Create secret key」を押して API キーを作成しましょう。

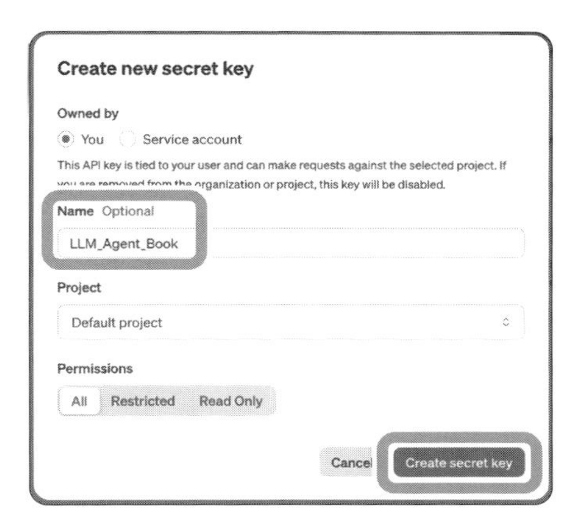

<Create new secret key>

API キーが作成されると、＜作成された API キー＞のような画面が表示されます。「Copy」ボタンを押してクリップボードにコピーしてください。「Done」を押すと今回発行した API キーは見ることができなくなりますので、パスワードマネージャ等に API キーを保存しておくことを推奨します。

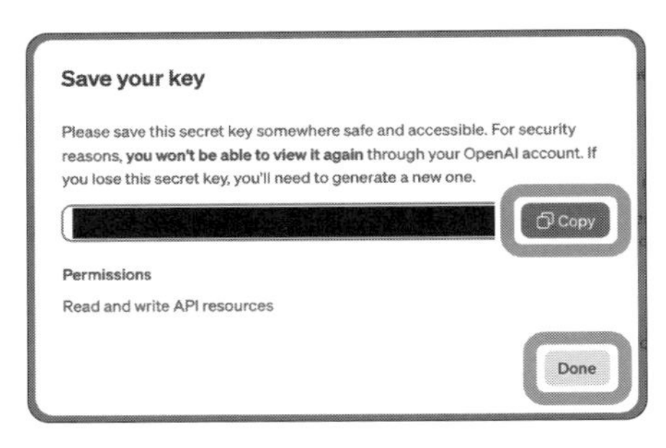

＜作成された API キー＞

・OpenAI API Tier

OpenAI API には Tier と呼ばれるランクがあります。このランクはアカウントに対して付与されるもので、過去の API 利用量に応じて決定されます。Tier に応じて、API で利用できる料金の上限や、1 分あたりに送信できるトークン数の上限が変わります。

Tier を確認するには、以下の URL にアクセスしてください。

https://platform.openai.com/settings/organization/limits/

アクセスすると画面上部の「Limits」の横に「Usage tier 3」のように表示されます（＜tier の確認画面＞）。ご自身のアカウントの Tier に応じてここの表示は変更されます。

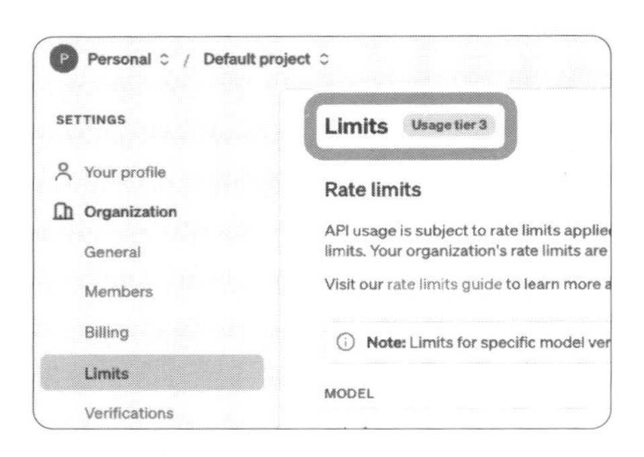

＜tier の確認画面＞

各 Tier の取得条件は以下のページから確認できます。

https://platform.openai.com/docs/guides/rate-limit1/

執筆時点での取得条件は＜ ier の取得条件＞のようになっています。

＜tier の取得条件＞

Tier	条件	利用できる量の上限
Free	-	$100/month
Tier1	$5 利用	$100/month
Tier2	$50 利用かつ最初の支払いから 7 日以上経過	$500/month
Tier3	$100 利用かつ最初の支払いから 7 日以上経過	$1,000/month
Tier4	$250 利用かつ最初の支払いから 14 日以上経過	$5,000/month
Tier5	$1,000 利用かつ最初の支払いから 30 日以上経過	$50,000/month

トークン数やリクエスト数の上限の例として、Free カウントの上限を＜ Free カウントの上限＞に示します。

MODEL	RPM	RPD	TPM	BATCH QUEUE LIMIT
gpt-3.5-turbo	3	200	40,000	200,000
text-embedding-3-large	3,000	200	1,000,000	3,000,000
text-embedding-3-small	3,000	200	1,000,000	3,000,000
text-embedding-ada-002	3,000	200	1,000,000	3,000,000
whisper-1	3	200	-	-
tts-1	3	200	-	-
dall-e-2	5 img/min	-	-	-
dall-e-3	1 img/min	-	-	-

＜Free カウントの上限＞

「RPM」は 1 分あたりのリクエスト数（Request Per Minutes)、「RPD」は 1 日あたりのリクエスト数（Request Per Day)、「TPM」は 1 分あたりのトークン数（Tokens Per Minute）です。「BATCH QUEUE LIMIT」はバッチ機能を利用する際の上限ですが本書では扱いません。

Anthropic API キーを取得する

この補足では、Anthropic のモデルをプログラムから利用するための API キーを発行する方法を説明します注2。

以下の URL にアクセスしてください。<Log in 画面>が表示されます。

https://console.anthropic.com/

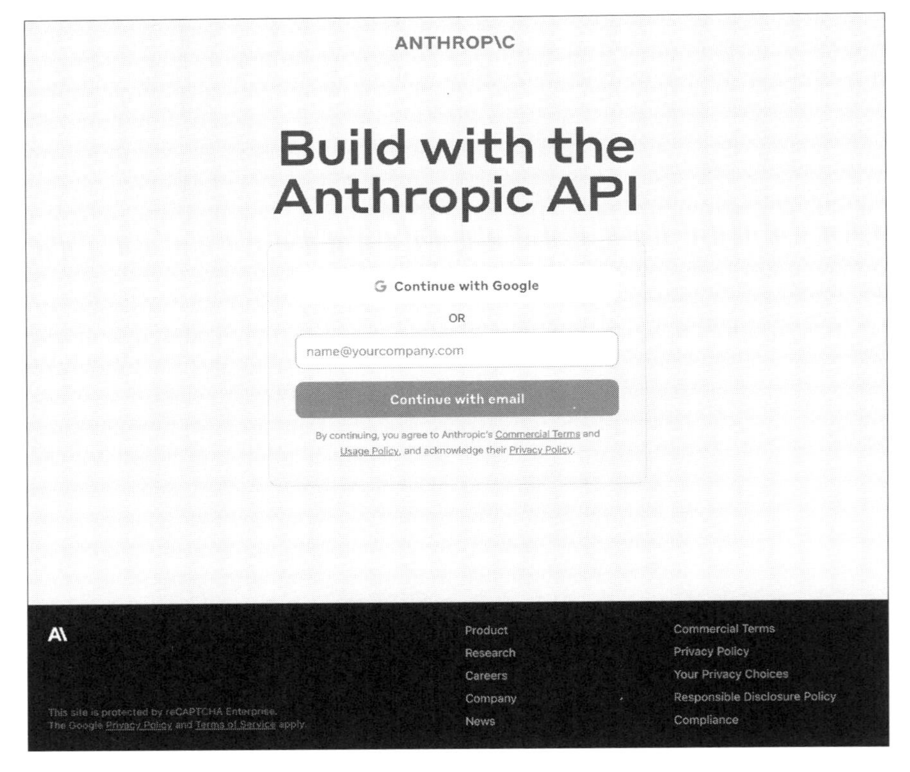

<log in 画面>

お手持ちの Google アカウント、またはメールアドレスでログインしてください。

ログインすると<Log in 後の画面>が表示されます。API キーを作成するために、画面中央の複数の項目の内、上から 4 つ目の「Get API keys」を押してください。

注2　こういったプロセスは変わりやすいので、ご参考までです。

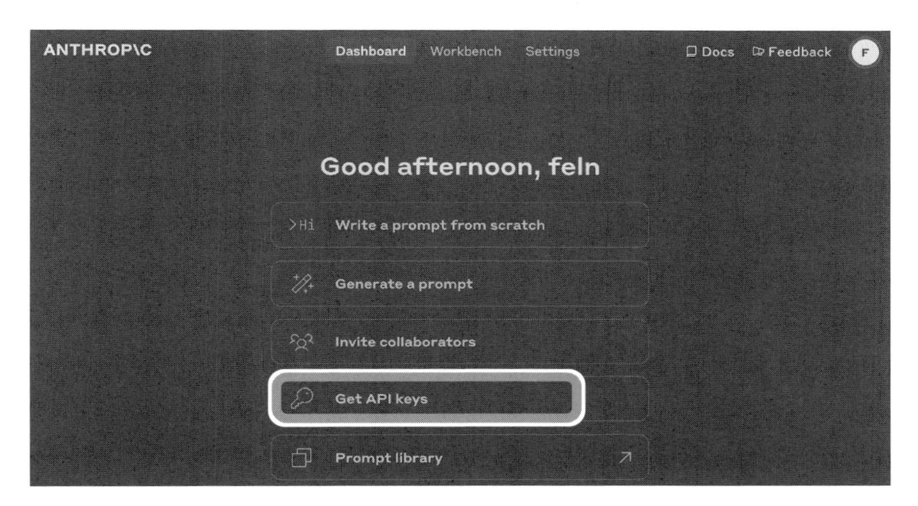

<Log in 後の画面>

すると<Create an API key>のような画面が表示されるので、画面右上のオレンジ色の「Create Key」をクリックしてください。

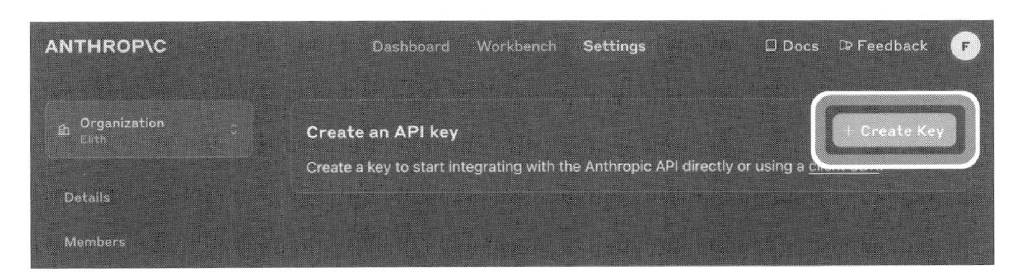

<Create an API key>

すると、<ポップアップ画面>のようなポップアップが表示されます。何用に発行したのか後からわかりやすいよう、「Name your key」の記入と「Workspace」の選択をし、「Create key」を押して API キーを作成しましょう。

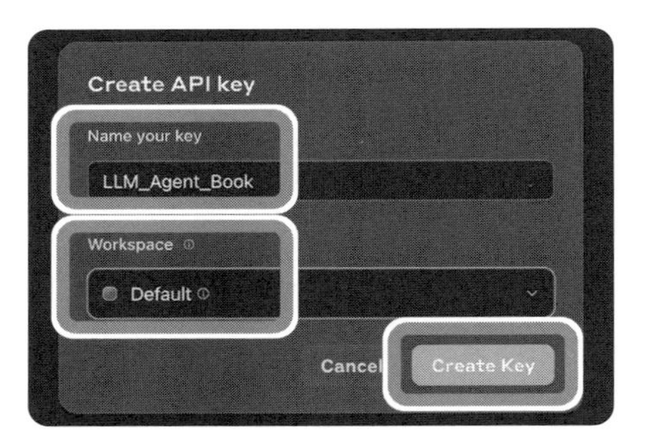

＜ポップアップ画面＞

API キーが作成されると、＜Key successfully added!＞のような画面が表示されます。「Copy Key」ボタンを押してクリップボードにコピーしてください。「Close」を押すと今回発行した API キーを見ることができなくなりますので、パスワードマネージャ等に API キーを保存しておくことを推奨します。

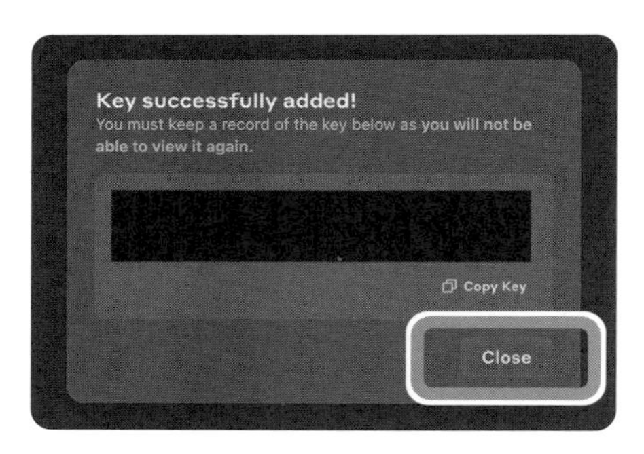

＜Key successfully added!＞

Gemini API キーを取得する

この補足では、Google の大規模言語モデルである Gemini をプログラムから利用するための API キーを発行する方法を説明します[注3]。

以下の URL にアクセスしてください。

https://aistudio.google.com/app/apikey/

アクセスすると<API キー>のような画面が表示されます。画面下部の青色のボタンである「API キーを作成」を押して API キーを作成してください。

<API キー>

API キーを作成するためには、プロジェクトを選択する必要があります。

初めて API キーを作成する場合は、<API キーの作成>のような画面が表示されます。画面中央の青色のボタンである「新しいプロジェクトで API キーを作成」を選択してください。

2 回目以降に API キーを作成する場合は、「新しいプロジェクトで API キーを作成」が表示されないので、プロジェクトの検索窓から既存プロジェクトを選択した後、そ

注3　こういったプロセスは変わりやすいので、ご参考までです。

の下の「既存のプロジェクトで API キーを作成」を選択してください。

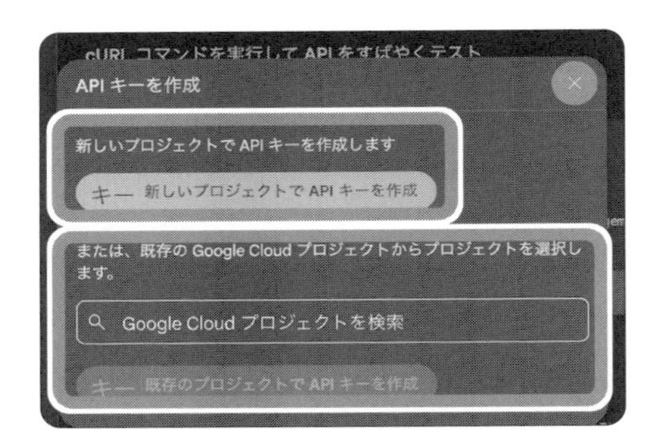

＜API キーの作成＞

API キーの作成が完了すると＜生成された API キー＞のような画面が表示されます。「コピー」ボタンを押してクリップボードにコピーしてください。

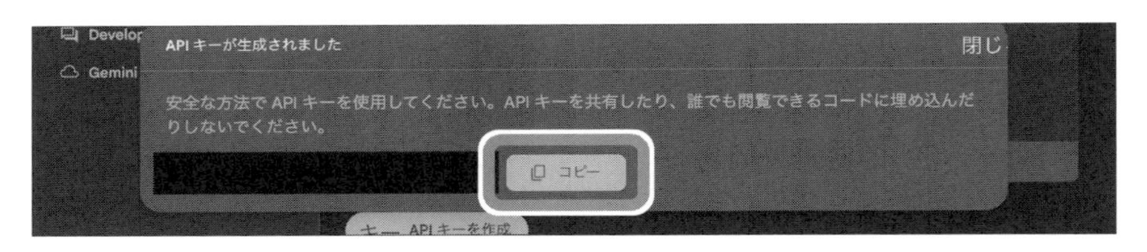

＜生成された API キー＞

Tavily API キーを取得する

この補足では、検索エンジンとして使用する Tavily Search を利用するための API キーを発行する方法を説明します[注4]。

以下の URL にアクセスしてください。

https://app.tavily.com/

アクセス後に<Sign In 画面>が表示されます。画面中央の「Sign In」を押してください。

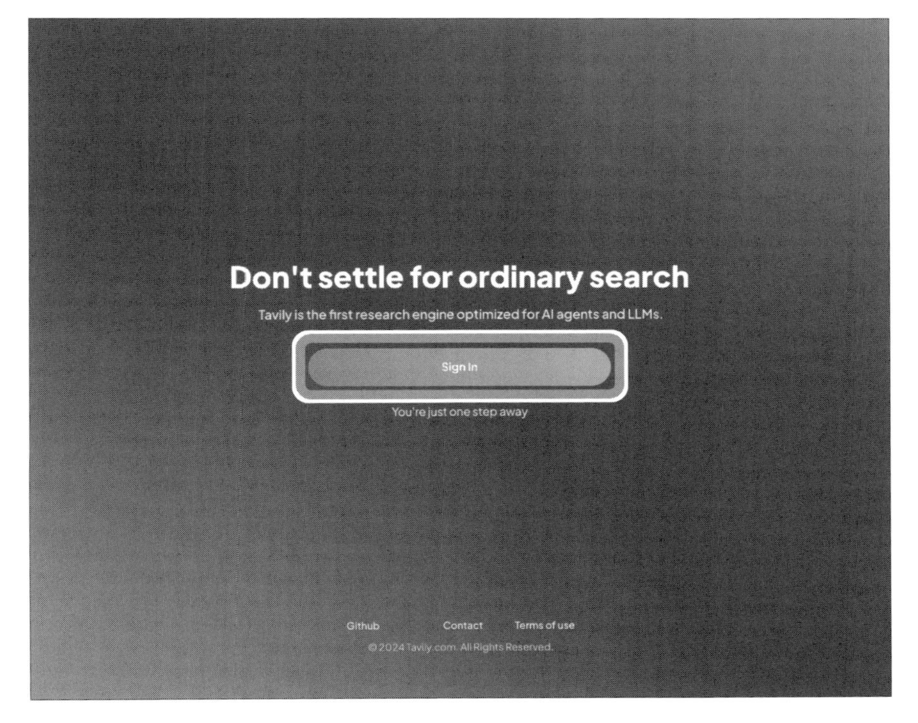

<Sign In 画面>

クリック後の画面の中央の「API Keys」の横にある「+」ボタンを押してください（<API Keys 横の「+」>）。

注4　こういったプロセスは変わりやすいので、ご参考までです。

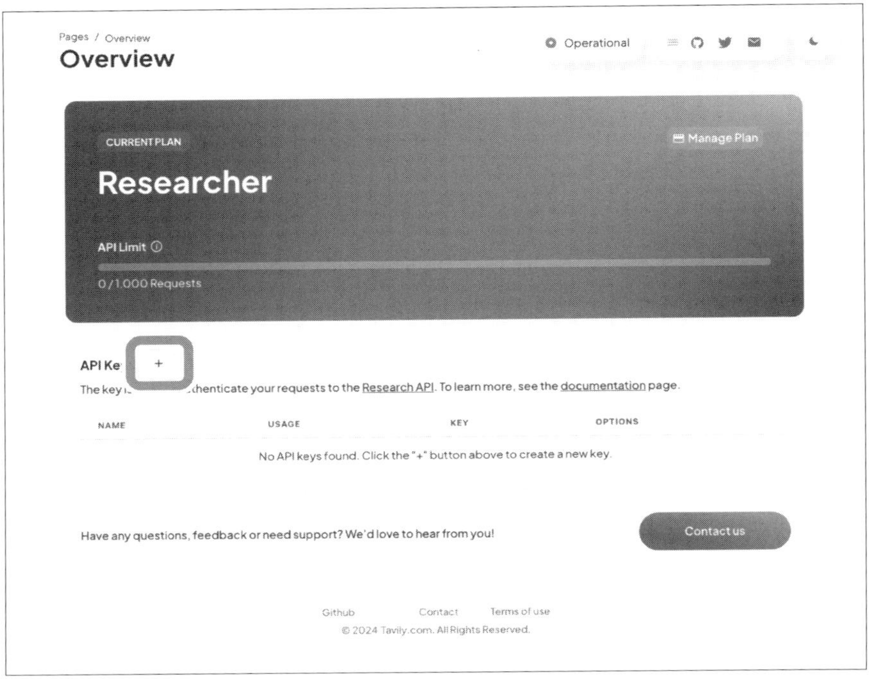

＜API Keys 横の「+」＞

クリックすると＜Create a new API Key＞のような画面が表示されるので、「Key Name」を管理しやすいように適切に設定して、「Create」ボタンを押して API キーを作成してください。

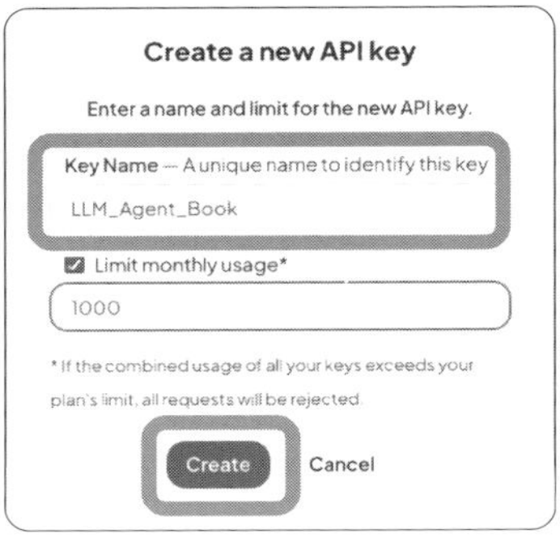

＜Create a new API Key＞

作成後は、以下のように「API Keys」の欄に作成したAPIキーが追加されます。

右側の「OPTIONS」内にあるコピーのボタンを押すと、APIキーの値がクリップボードにコピーされます（<クリップボードにAPIキーをコピー>）。

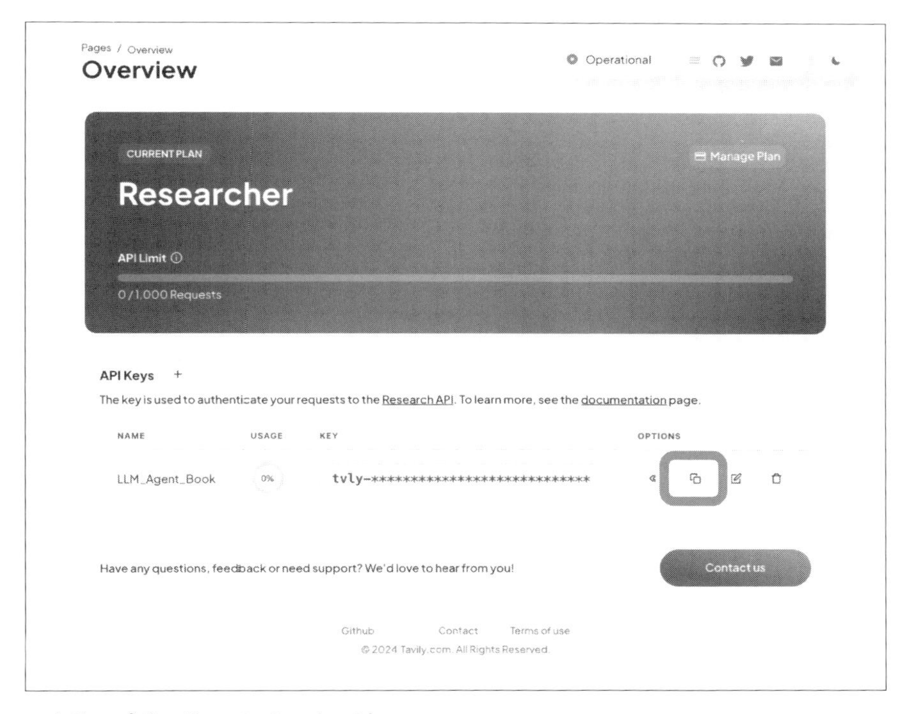

<クリップボードにAPIキーをコピー>

Serp API キーを取得する

第3章では検索 API として SerpApi を利用します。この補足では、SerpApi をプログラムから利用するための API キーを発行する方法を説明します[注5]。

以下の URL にアクセスしてください。<Sign In 画面>が表示されます。

https://serpapi.com/

<Sign In 画面>

アカウントを持っている人は「Sign In」を押してログインしてください。

アカウントを持っていない人は「Resister」ボタンからアカウントの登録を行いましょう。アカウントの登録には Google アカウント、Github アカウント、メールアドレスが利用できます（<各種アカウントで Sign Up>）。

注5　こういったプロセスは変わりやすいので、ご参考までです。

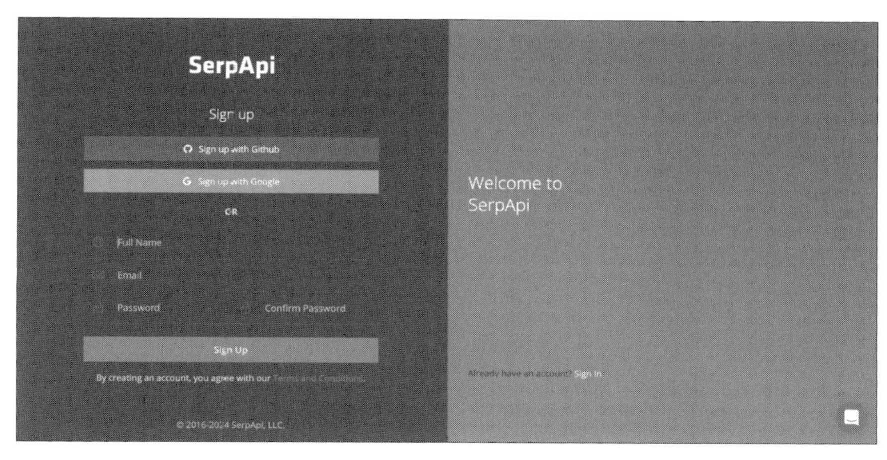

＜各種アカウントで Sign Up＞

本書のプログラムを実行する分にはフリープランで構いません（＜Plan の選択＞）。フリープランでは月に 100 回の検索が無料で行えます。もしそれ以上利用したい場合は、有料のプランの契約を検討してください。

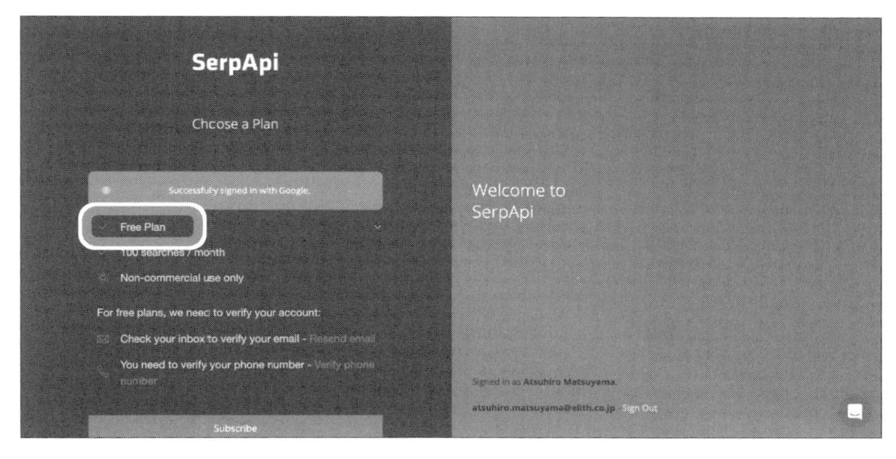

＜Plan の選択＞

また、登録にはメールアドレスと携帯電話での認証が必要になります。メールアドレスの認証は、登録したメールアドレスに認証メールが届きます。そこから手続きを進めてください。携帯電話の認証は「Verify phone number」をクリックして手続きを行ってください（＜携帯電話の認証＞）。

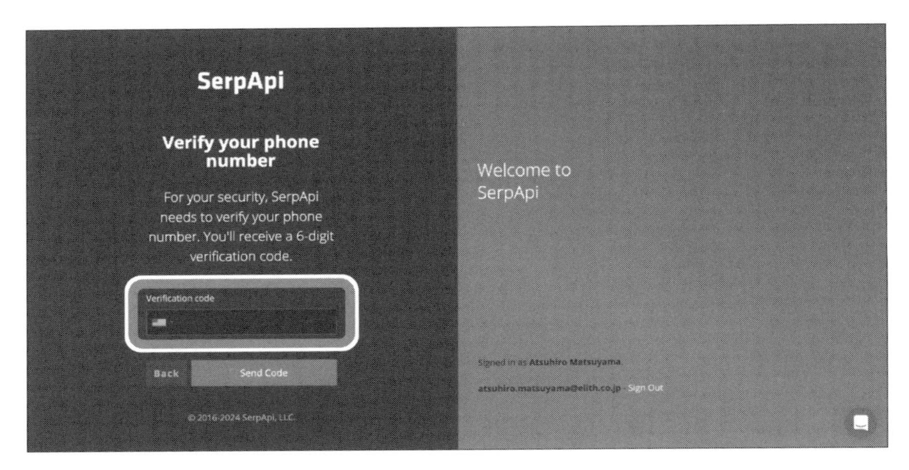

＜携帯電話での認証＞

ログインすると＜Your Account＞のような画面になります。
その中の「Your Private API Key」が API キーです。

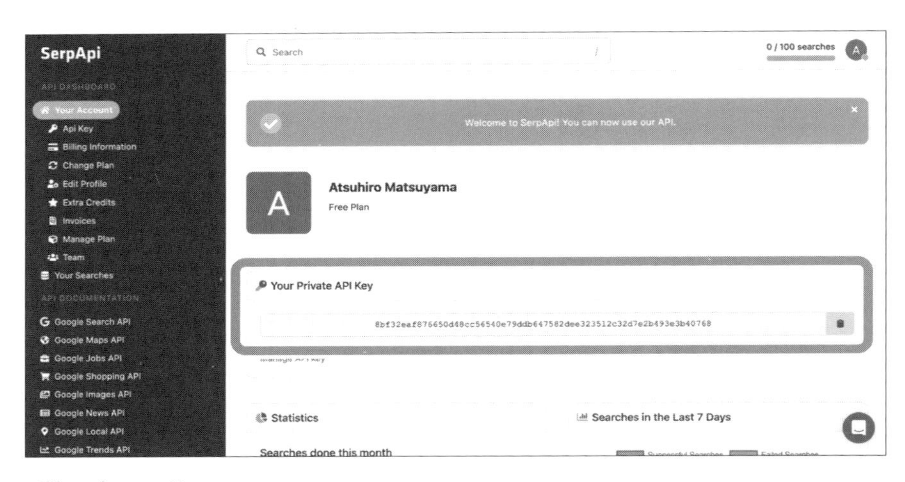

＜Your Account＞

mem0 API キーを取得する

第3章ではメモリ技術としてmem0ライブラリを利用します。この補足では、mem0をプログラムから利用するためのAPIキーを発行する方法を説明します注6。

以下のURLにアクセスしてください。<Get started>のような画面が表示されます。

https://mem0.ai/

<Get started>

「Get Started」ボタンを押してアカウントの登録を行いましょう。アカウントの登録にはGoogleアカウントが利用できます。

登録すると、Onboardingが始まります（<Welcome!>）。

注6　こういったプロセスは変わりやすいので、ご参考までです。

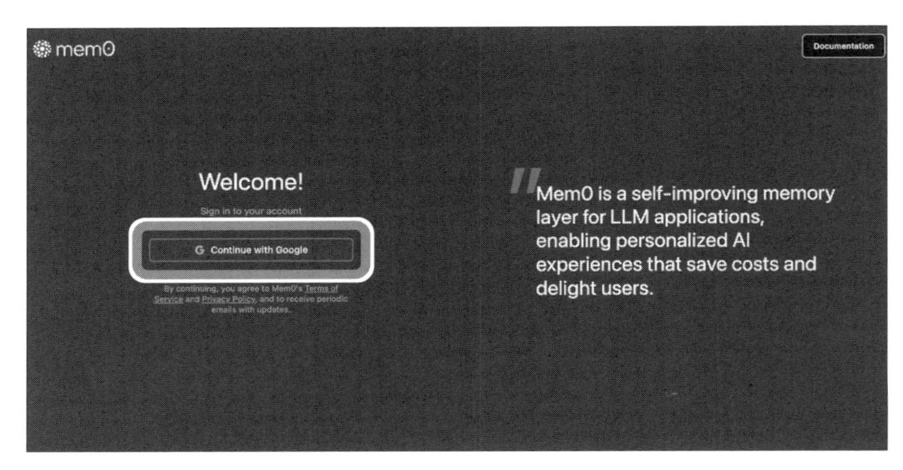

<Welcome!>

「あなたについて」のメモリとそれに関連した質問を入力しましょう（<情報を入力する>）。

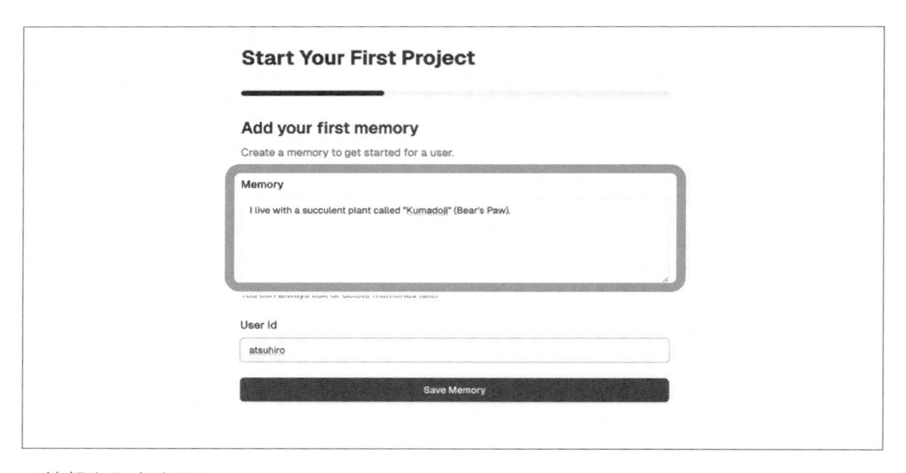

<情報を入力する>

メモリを利用するとこれまでの会話を踏まえて応答してくれますね（<応答画面>）。

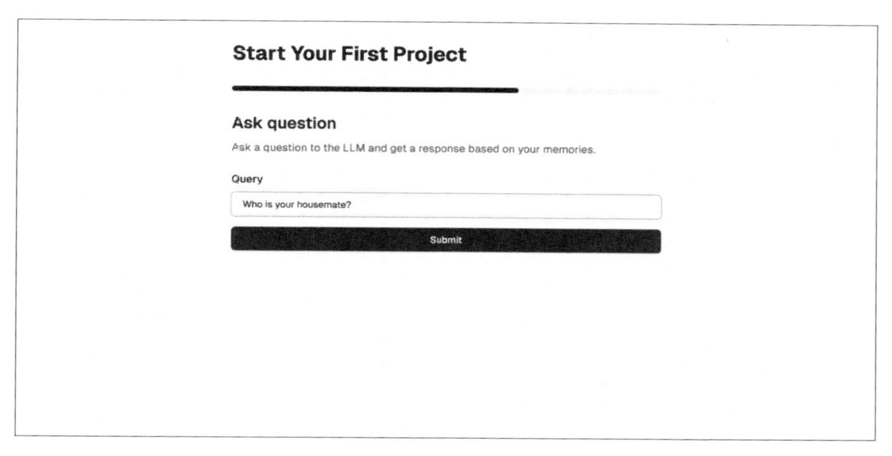

＜応答画面＞

Start Your First Project
Ask question
Ask a question to the LLM and get a response based on your memories.
Query
Who is your housemate?
Submit
With Memory mem0 Relevancy: 9/10
My housemate is a succulent plant called Kumadoji, also known as Bear's Paw.
Without Memory Relevancy: 4/10
I don't have housemates since I exist only as a virtual assistant. But I'm here to help you with any questions or information you need!
Finish Onboarding

＜Finish Onboarding＞

「Finish Onboarding」を押すと Home ページに移動します（＜Home ページ＞）。

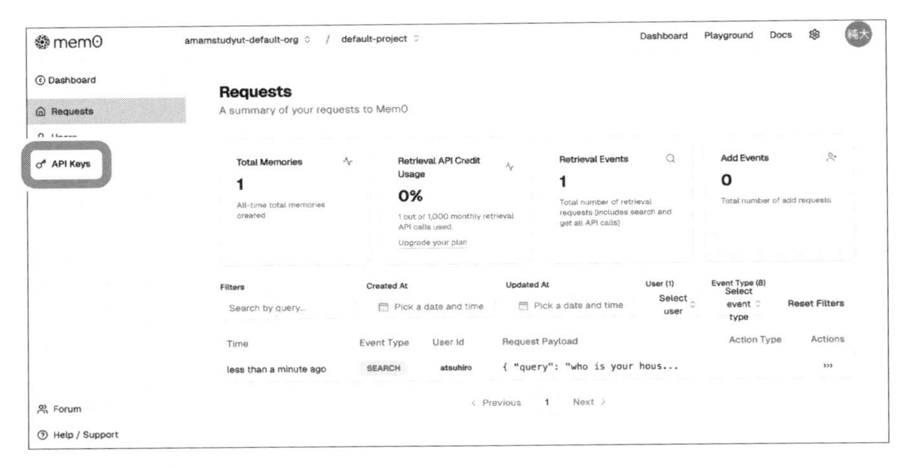

<Home ページ>

次に、「API Keys」を押して APIkey タブに移動します（<APIkey タブ>）。そして「Create API Key」を押します。

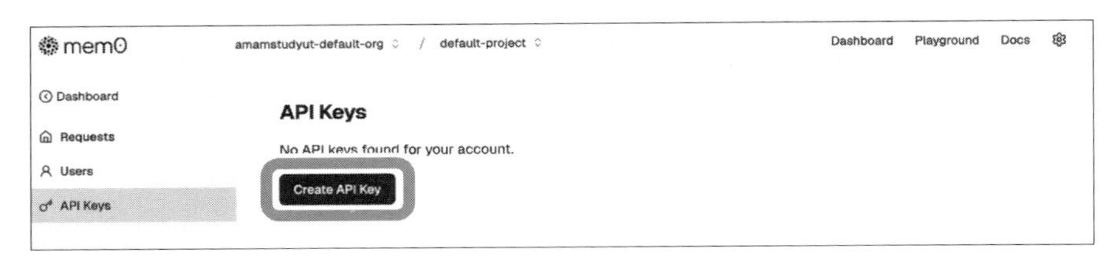

<APIkey タブ>

<Create API Key>のようなポップアップが表示されるので「Create API Key」を押します。API key の名前を入力し「Create API Key」を押すと、API キーが作成されます。

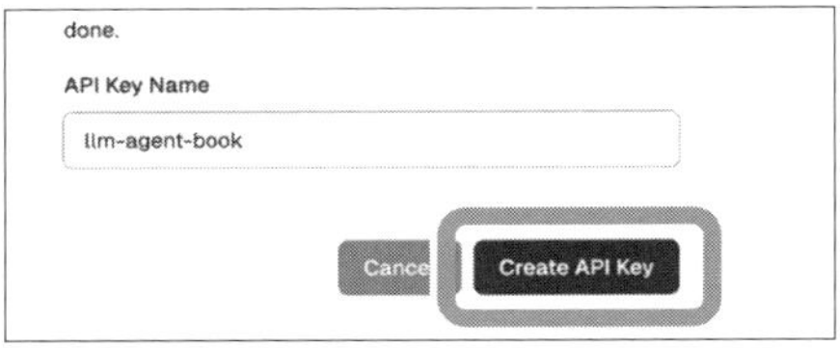

<Create API Key>

コピーのボタンを押すとクリップボードに API キーがコピーされます（<API キーをクリップボードにコピーする>）。

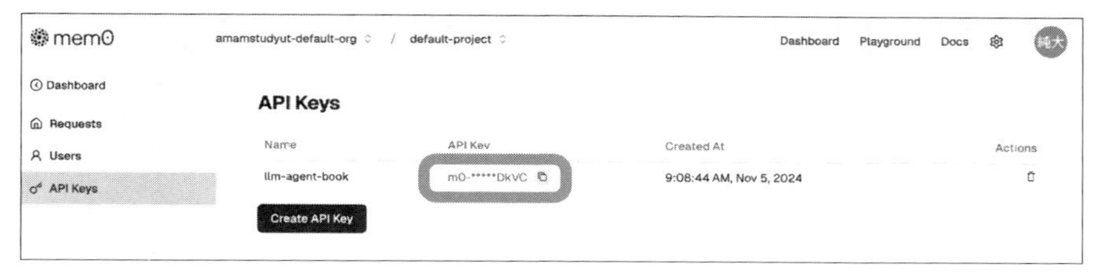

<API キーをクリップボードにコピーする>

Google Colab のシークレット機能の利用方法

　ここでは、Google Colab のシークレットモードを利用した API キーの登録方法について解説します[注7]。これにより、コード上に API キーを書かずに安全に管理することができます。また、ここで登録した API キーは、ノートブック全体で共有されるため、再度登録する手間を削減することができます。

　右側のサイドバーの鍵マークをクリックしてください。

＜サイドバーの鍵マーク＞

　以下のような画面が表示されるため、新しいシークレットを追加をクリックしてください。

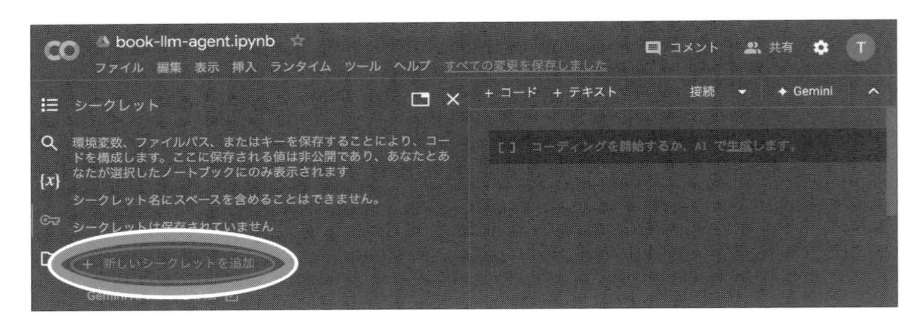

＜新しいシークレットを追加＞

　名前と値に、登録する API キーに対応する名前と値を入力し、左側のノートブックからのアクセスをクリックして許可してください。

注 7　こういったプロセスは変わりやすいので、ご参考までです。

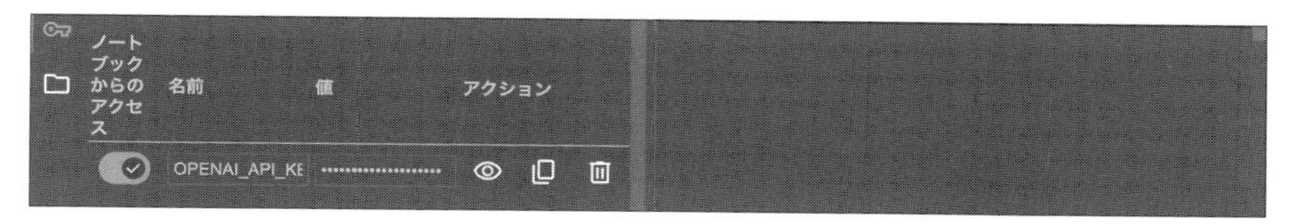

＜各種設定＞

最後に、以下のコードを実行することで、上で登録したAPIキーを環境変数に追加することができます。なお、アクセスの許可を求める画面が表示された場合には、許可してください。

```
from google.colab import userdata
import os

os.environ["OPENAI_API_KEY"] = userdata.get('OPENAI_API_KEY')
```

OpenAI o1

・o1-preview と o1-mini

2024 年 9 月 12 日のこと、OpenAI は o1-preview と o1-mini という名称の新たなモデルを公開しました。これらのモデルは複雑な思考ができるように学習されており、従来のモデルよりも最終出力までの時間がかかる代わりに、より高い精度での回答が可能になっています。

o1-preview は、さらに、12 月には preview ではない o1 や o1-pro も公開されました。また、執筆時点では一般公開はされていませんが o3[注8] も発表されています。このことからも、AI 開発は非常に高速に進んでいることが伺えます。この補足では、多くのユーザが利用可能な o1-preview を用いて説明します。ウェブアプリ版では、サブスクリプションプランに入っている場合は、すでに利用できる状態になっています。

＜ウェブアプリ版でのモデル選択画面＞

ウェブアプリ版で数学の問題[注9]を与えた場合の結果を＜o1-preview：ウェブアプリ版の画面＞に示します。

注 8　o2 が飛ばされたのは、多くの国で別会社が商標をとっているためです。
注 9　2024 年日本数学オリンピック予選より

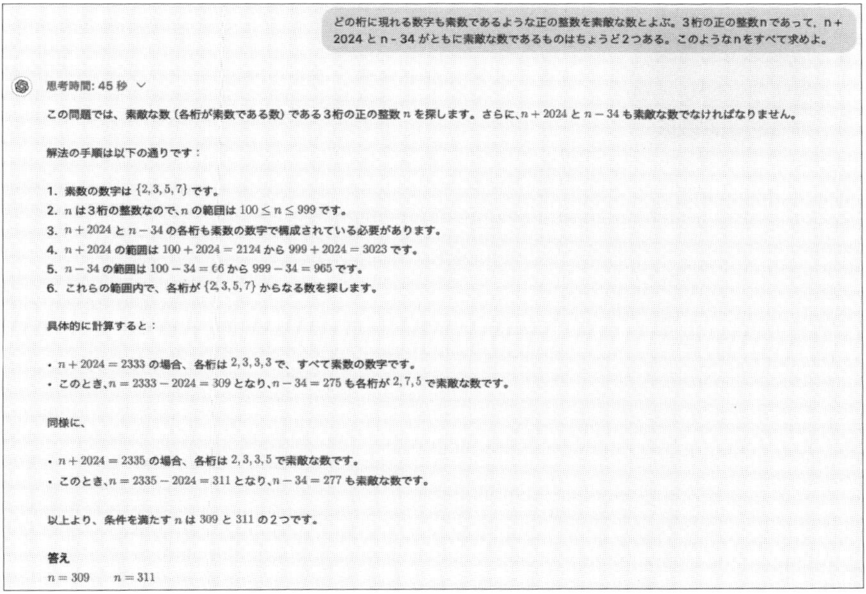

どの桁に現れる数字も素数であるような正の整数を素敵な数とよぶ。3桁の正の整数nであって、n + 2024 と n - 34 がともに素敵な数であるものはちょうど2つある。このようなnをすべて求めよ。

思考時間: 45 秒

この問題では、素敵な数（各桁が素数である数）である3桁の正の整数 n を探します。さらに、$n + 2024$ と $n - 34$ も素敵な数でなければなりません。

解法の手順は以下の通りです：

1. 素数の数字は $\{2, 3, 5, 7\}$ です。
2. n は3桁の整数なので、n の範囲は $100 \leq n \leq 999$ です。
3. $n + 2024$ と $n - 34$ の各桁も素数の数字で構成されている必要があります。
4. $n + 2024$ の範囲は $100 + 2024 = 2124$ から $999 + 2024 = 3023$ です。
5. $n - 34$ の範囲は $100 - 34 = 66$ から $999 - 34 = 965$ です。
6. これらの範囲内で、各桁が $\{2, 3, 5, 7\}$ からなる数を探します。

具体的に計算すると：

- $n + 2024 = 2333$ の場合、各桁は $2, 3, 3, 3$ で、すべて素数の数字です。
- このとき、$n = 2333 - 2024 = 309$ となり、$n - 34 = 275$ も各桁が $2, 7, 5$ で素敵な数です。

同様に、

- $n + 2024 = 2335$ の場合、各桁は $2, 3, 3, 5$ で素敵な数です。
- このとき、$n = 2335 - 2024 = 311$ となり、$n - 34 = 277$ も素敵な数です。

以上より、条件を満たす n は 309 と 311 の2つです。

答え

$n = 309$　$n = 311$

＜o1-preview：ウェブアプリ版の画面＞

「思考時間」の横にあるトグルを押すと、＜思考過程＞に示すように思考過程が表示されます。

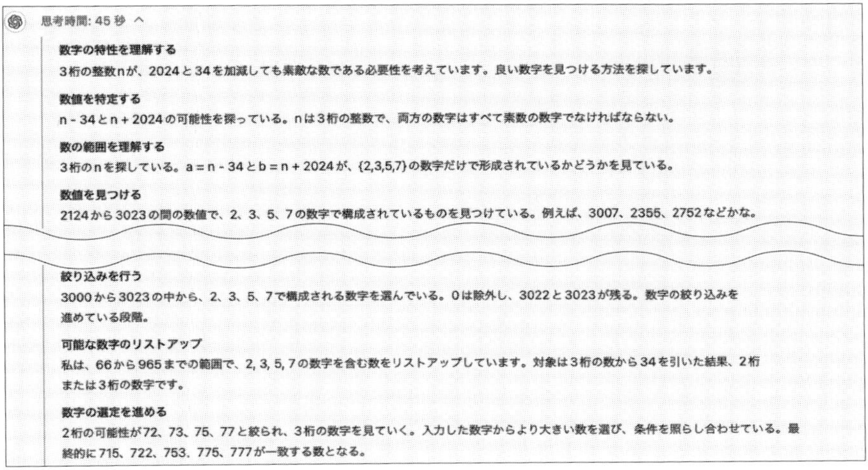

思考時間: 45 秒

数字の特性を理解する

3桁の整数nが、2024と34を加減しても素敵な数である必要性を考えています。良い数字を見つける方法を探しています。

数値を特定する

n - 34とn + 2024の可能性を探っている。nは3桁の整数で、両方の数字はすべて素数の数字でなければならない。

数の範囲を理解する

3桁のnを探している。a = n - 34とb = n + 2024が、{2,3,5,7}の数字だけで形成されているかどうかを見ている。

数値を見つける

2124から3023の間の数値で、2、3、5、7の数字で構成されているものを見つけている。例えば、3007、2355、2752などかな。

絞り込みを行う

3000から3023の中から、2、3、5、7で構成される数字を選んでいる。0は除外し、3022と3023が残る。数字の絞り込みを進めている段階。

可能な数字のリストアップ

私は、66から965までの範囲で、2, 3, 5, 7の数字を含む数をリストアップしています。対象は3桁の数から34を引いた結果、2桁または3桁の数字です。

数字の選定を進める

2桁の可能性が72、73、75、77と絞られ、3桁の数字を見ていく。入力した数字からより大きい数を選び、条件を照らし合わせている。最終的に715、722、753、775、777が一致する数となる。

＜思考過程＞

o1-previewの回答（＜o1-preview：ウェブアプリ版の画面＞）である`n=309, 311`はこの問題の正解と一致しています。GPT-4oの場合＜GPT-4oの回答の一部抜粋＞に示すように正解には辿り着きませんでした。

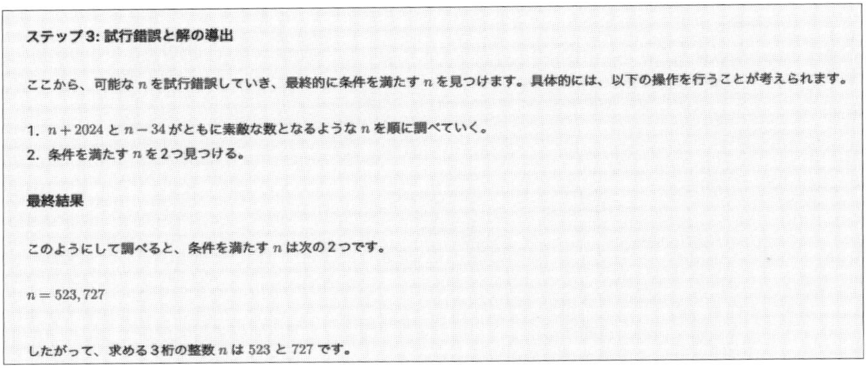

ステップ3: 試行錯誤と解の導出

ここから、可能な n を試行錯誤していき、最終的に条件を満たす n を見つけます。具体的には、以下の操作を行うことが考えられます。

1. $n+2024$ と $n-34$ がともに素敵な数となるような n を順に調べていく。
2. 条件を満たす n を2つ見つける。

最終結果

このようにして調べると、条件を満たす n は次の2つです。

$n = 523, 727$

したがって、求める3桁の整数 n は 523 と 727 です。

＜GPT-4oの回答の一部抜粋＞

執筆時点ではTier 5[注10]のユーザのみが利用できるため、現時点では利用できない読者も多いでしょう。これについては、今後時間が経つにつれて緩和されると考えられるため、利用できない方は参考程度に確認してみてください。

API経由で使う場合にこれまでのモデルと最も異なるのは、最終的なアウトプットとして現れるトークン以外に、思考過程で消費したトークンについても課金される点です。以下にo1シリーズのアウトプットを確認し、どの程度のトークン数が思考過程で消費されるのかをチェックします。

利用方法はこれまでと変わらず、モデル名にo1-miniまたはo1-previewを与えるだけです。今回は2次関数の根を求めるタスクを与えてみましょう。

```
from openai import OpenAI

client = OpenAI()

response = client.chat.completions.create(
    model="o1-preview",
    messages=[{"role": "user", "content": "f(x)=x^2 + 3x + 1の
根を求めてください。"}],
)
```

注10　Tierについては補足「OpenAI APIキーを取得する」を参照してください。

出力結果は以下のスクリプトを用いてMarkdownをレンダリングした状態で確認しましょう。

```
from IPython.display import display, Markdown

replace_dict = {"\[": "$$", "\]": "$$", "\(": "$", "\)": "$"}
replaced_message = response.choices[0].message.content
for key, value in replace_dict.items():
    replaced_message = replaced_message.replace(key, value)

display(Markdown(replaced_message))
```

Markdownとして適切に数式を表示させるために文字列を置換しています。アウトプットは＜o1-previewの実行結果＞のようになります。

二次関数 $f(x) = x^2 + 3x + 1$ の根を求めます。

まず、方程式を解くために、二次方程式 $x^2 + 3x + 1 = 0$ を考えます。

解の公式を使用します。一般的な二次方程式 $ax^2 + bx + c = 0$ の解は次の通りです：

$$x = \frac{-b \pm \sqrt{b^2 - 4ac}}{2a}$$

ここで、係数を確認します：

- $a = 1$
- $b = 3$
- $c = 1$

判別式を計算します：

$$D = b^2 - 4ac = (3)^2 - 4 \times 1 \times 1 = 9 - 4 = 5$$

判別式 $D = 5$ は正の数なので、実数解が2つ存在します。

解を求めます：

$$x = \frac{-b \pm \sqrt{D}}{2a} = \frac{-3 \pm \sqrt{5}}{2 \times 1} = \frac{-3 \pm \sqrt{5}}{2}$$

したがって、方程式の解は次の2つです：

1. $x = \frac{-3+\sqrt{5}}{2}$
2. $x = \frac{-3-\sqrt{5}}{2}$

以上が求める根です。

＜o1-previewの実行結果＞

正しく回答ができていることがわかります。ただし、回答を得るまでには10秒程度の時間がかかりました。また、この程度の問題であればGPT-4oでも適切に回答できる場合も多いです。o1シリーズが利用可能な読者はより複雑なタスクを振ってみてどこまで適切に回答できるのか確認してみてください。

先述の通り、o1シリーズを用いた生成では、回答に使われたトークンの他に思考過程のトークンも課金対象です。思考過程で消費したトークン数はレスポンスのusage.completion_tokens_details.reasoning_tokensで取得できます。以下の＜コード　トークン数の取得＞は、推論時に生成した全体のトークン数と、思考過程のトークン数を取得し、出力トークン数と比べてどの程度なのかを表示します。

＜コード　トークン数の取得＞

```
from openai import OpenAI

client = OpenAI()

response = client.chat.completions.create(
    model="o1-preview",
    messages=[{"role": "user", "content": "hello"}],
)

completion_tokens = response.usage.completion_tokens
reasoning_tokens = response.usage.completion_tokens_details.
reasoning_tokens
print("Output Tokens", completion_tokens - reasoning_tokens)
# 19
print("Reasoning Tokens", reasoning_tokens) # 320
```

結果として、シンプルなインプットに対しても多くのトークンが思考過程に消費されていることがわかります。このような点から、常にo1を用いるのは料金や応答時間の観点で適切ではないことがわかります。API経由で用いる場合、本当にo1を利用するべきかは慎重に判断しましょう。

思考過程の表示の箇所で、2.2節「LangChain入門」や2.3節「Gradioを用いたGUI作成」で作成したPlan-and-Solveチャットボットと似ていると思った読者もいるかもしれません。o1シリーズでは学習レベルで複雑な思考ができるように強化されているため、同程度の能力に到達するのは難しいかもしれませんが、興味のある読者はgpt-4oを用いたプロンプトエンジニアリングでどこまでo1に近づけることができるか試してみてください。

参考文献

第1章

[Abdin 2024] Abdin, Marah, et al. "Phi-3 technical report: A highly capable language model locally on your phone." *arXiv preprint arXiv:2404.14219* (2024).

[Achiam 2023] Achiam, Josh, et al. "Gpt-4 technical report." *arXiv preprint arXiv:2303.08774* (2023).

[Anthropic 2024] Anthropic. "The Claude 3 Model Family: Opus, Sonnet, Haiku". preprint (2024)

[Bahdanau 2014] Bahdanau, Dzmitry. "Neural machine translation by jointly learning to align and translate." *arXiv preprint arXiv:1409.0473* (2014).

[Brown 2020] Brown, Tom B. "Language models are few-shot learners." *arXiv preprint arXiv:2005.14165* (2020).

[Dubey 2024] Dubey, Abhimanyu, et al. "The llama 3 herd of models." *arXiv preprint arXiv:2407.21783* (2024).

[Gemini Team 2023] Team, Gemini, et al. "Gemini: a family of highly capable multimodal models." *arXiv preprint arXiv:2312.11805* (2023).

[Gemma Team 2024] Team, Gemma, et al. "Gemma: Open models based on gemini research and technology." *arXiv preprint arXiv:2403.08295* (2024).

[Józefowicz 2016] Rafal Józefowicz, Oriol Vinyals, Mike Schuster, Noam Shazeer, Yonghui Wu: Exploring the Limits of Language Modeling. CoRR abs/1602.02410 (2016)

[Kaplan 2020] Kaplan, Jared, et al. "Scaling laws for neural language models." *arXiv preprint arXiv:2001.08361* (2020).

[Lin 2017] Lin, Zhouhan, et al. "A structured self-attentive sentence embedding." *arXiv preprint arXiv:1703.03130* (2017).

[Power 2022] Power, Alethea, et al. "Grokking: Generalization beyond overfitting on small algorithmic datasets." *arXiv preprint arXiv:2201.02177* (2022).

[Radford 2018] Radford, Alec. "Improving language understanding by generative pre-training." (2018).

[Reid 2024] Reid, Machel, et al. "Gemini 1.5: Unlocking multimodal understanding across millions of tokens of context." *arXiv preprint arXiv:2403.05530* (2024).

[Sutskever 2014] Sutskever, I. "Sequence to Sequence Learning with Neural Networks." *arXiv preprint arXiv:1409.3215* (2014).

[Touvron 2023] Touvron, Hugo, et al. "Llama: Open and efficient foundation language models." *arXiv preprint arXiv:2302.13971* (2023).

[Vaswani 2017] Vaswani, A. "Attention is all you need." *Advances in Neural Infor-*

mation Processing Systems (2017).
[Wei 2022] Wei, Jason, et al. "Finetuned language models are zero-shot learners." *arXiv preprint arXiv:2109.01652* (2021).

第4章

[Guo 2024] Guo, Taicheng, et al. "Large language model based multi-agents: A survey of progress and challenges." *arXiv preprint arXiv:2402.01680* (2024).
[Hong 2023] Hong, Sirui, et al. "Metagpt: Meta programming for multi-agent collaborative framework." *arXiv preprint arXiv:2308.00352* (2023).
[Li 2023] Li, Nian, et al. "Large language model-empowered agents for simulating macroeconomic activities." *Available at SSRN 4606937* (2023).
[Liang 2023] Liang, Tian, et al. "Encouraging divergent thinking in large language models through multi-agent debate." *arXiv preprint arXiv:2305.19118* (2023).
[Liang 2024] Liang, Zhenwen, et al. "MathChat: Benchmarking Mathematical Reasoning and Instruction Following in Multi-Turn Interactions." *arXiv preprint arXiv:2405.19444* (2024).
[Mandi 2024] Mandi, Zhao, Shreeya Jain, and Shuran Song. "Roco: Dialectic multi-robot collaboration with large language models." 2024 *IEEE International Conference on Robotics and Automation (ICRA)*. IEEE, 2024.
[Park 2022] Park, Joon Sung, et al. "Social simulacra: Creating populated prototypes for social computing systems." *Proceedings of the 35th Annual ACM Symposium on User Interface Software and Technology*. 2022.
[Park 2023] Park, Joon Sung, et al. "Generative agents: Interactive simulacra of human behavior." *Proceedings of the 36th annual acm symposium on user interface software and technology*. 2023.
[Qian 2023] Qian, Chen, et al. "Communicative agents for software development." *arXiv preprint arXiv:2307.07924* (2023).
[Wang 2024] Wang, Junlin, et al. "Mixture-of-Agents Enhances Large Language Model Capabilities." *arXiv preprint arXiv:2406.04692* (2024).
[Wei 2022] Wei, Jason, et al. "Chain-of-thought prompting elicits reasoning in large language models." *Advances in neural information processing systems 35* (2022) : 24824-24837.
[Xiao 2023] Xiao, Bushi, Ziyuan Yin, and Zixuan Shan. "Simulating public administration crisis: A novel generative agent-based simulation system to lower technology barriers in social science research." *arXiv preprint arXiv:2311.06957* (2023).
[Zheng 2023] Zheng, Zhiling, et al. "Chatgpt research group for optimizing the crystallinity of mofs and cofs." *ACS Central Science* 9.11 (2023) : 2161-2170.

第5章

[Amazon CodeWhisperer] https://aws.amazon.com/jp/codewhisperer/
[An 2024] An, Shengnan, et al. "Learning From Mistakes Makes LLM Better Reasoner." *arXiv preprint arXiv:2310.20689* (2024)
[Automation Anywhere] https://www.automationanywhere.com/
[Botpress] https://botpress.com/、https://github.com/botpress/botpress/
[Chen 2024] Chen, Zehui, et al. "MindSearch: Mimicking Human Minds Elicits Deep AI Searcher." *arXiv preprint arXiv:2407.20183* (2024)
[CodeBERT GitHub] https://github.com/microsoft/CodeBERT/
[Cogstack GitHub] https://github.com/cogstack/
[Drift AI] https://www.drift.com/
[ERPNext] https://erpnext.com/、https://github.com/frappe/erpnext/
[Elicit] https://elicit.org/
[GitHub Copilot] https://github.com/features/copilot/
[Gou 2024] Gou, Zhibin, et al. "CRITIC: Large Language Models Can Self-Correct with Tool-Interactive Critiquing." *arXiv preprint arXiv:2305.11738* (2024)
[Hao 2023] Hao, Shibo, et al. "Reasoning with Language Model is Planning with World Model." *arXiv preprint arXiv:2305.14992* (2023)
[Haystack] https://github.com/deepset-ai/haystack/
[Hong 2023] Hong, Zhenfeng, et al. "MetaGPT: Meta Programming for Multi-Agent Collaborative Framework." *arXiv preprint arXiv:2308.00352* (2023)
[HubSpot Sales Hub AI] https://www.hubspot.com/products/sales/
[Iris.ai] https://iris.ai/
[Liu 2023] Liu, Bo, et al. "LLM+P: Empowering Large Language Models with Optimal Planning Proficiency." *arXiv preprint arXiv:2304.11477* (2023)
[Lyzr AI] https://lyzr.ai/
[Madaan 2023] Madaan, Aman, et al. "Self-Refine: Iterative Refinement with Self-Feedback." *arXiv preprint arXiv:2303.17651* (2023)
[OpenAI Codex GitHub] https://github.com/openai/openai-codex/
[Packer 2023] Packer, Charles, et al. "MemGPT: Towards LLMs as Operating Systems." *arXiv preprint arXiv:2310.08560* (2023)
[Park 2023] Park, Joon Sung, et al. "Generative Agents: Interactive Simulacra of Human Behavior." *arXiv preprint arXiv:2304.03442* (2023)
[Patil 2023] Patil, Shishir G., et al. "Gorilla: Large Language Model Connected with Massive APIs." *arXiv preprint arXiv:2305.15334* (2023)
[Qin 2023] Qin, Yujia, et al. "ToolLLM: Facilitating Large Language Models to Master 16000+ Real-world APIs." *arXiv preprint arXiv:2307.16789* (2023)
[Rasa] https://rasa.com/、GitHub](https://github.com/RasaHQ/rasa/
[Researcher AI] https://researcherai.com/

[Robot Framework] https://robotframework.org/、https://github.com/robotframework/robotframework/

[Salesforce Einstein] https://www.salesforce.com/products/einstein/overview/

[Schick 2023] Schick, Timo, et al. "Toolformer: Language Models Can Teach Themselves to Use Tools." *arXiv preprint arXiv:2302.04761* (2023)

[ServiceNow] https://www.servicenow.com/

[Shen 2023] Shen, Yongliang, et al. "HuggingGPT: Solving AI Tasks with ChatGPT and its Friends in Hugging Face." *arXiv preprint arXiv:2303.17580* (2023)

[Shinn 2023] Shinn, Noah, et al. "Reflexion: Language Agents with Verbal Reinforcement Learning." *arXiv preprint arXiv:2303.11366* (2023)

[Sun 2024] Sun, Qiushi, et al. "Corex: Pushing the Boundaries of Complex Reasoning through Multi-Model Collaboration." *arXiv preprint arXiv:2310.00280* (2024)

[Tabnine] https://www.tabnine.com/

[UiPath] https://www.uipath.com/

[Wang 2023] https://aclanthology.org/2023.acl-long.147/

[XANT] https://www.xant.ai/

[Yang 2023] Yang, Rui, et al. "GPT4Tools: Teaching Large Language Model to Use Tools via Self-instruction." *arXiv preprint arXiv:2305.18752* (2023)

[Yuan 2024] Yuan, Siyu, et al. "EASYTOOL: Enhancing LLM-based Agents with Concise Tool Instruction." *arXiv preprint arXiv:2401.06201* (2024)

[Zhao 2023] Zhao, Andrew, et al. "ExpeL: LLM Agents Are Experiential Learners." *arXiv preprint arXiv:2308.10144* (2023)

[n8n] https://n8n.io/、https://github.com/n8n-io/n8n/

索　引

欧　文

S

T

U

V

W

X

和　文

あ

か

著　者

井上 顧基（Koki Inoue）
株式会社 Elith　代表取締役 CEO/CTO

北陸先端科学技術大学院大学にて量子コンピュータの材料探索の研究で修士号を取得。会社経営と同時に東北大学医学系研究科にて医学物理分野での医療 AI の研究に取り組む博士後期課程。研究成果として、医学物理のトップカンファレンスである AAPM で採択され研究発表。著書として「実務レベルでわかる/使いこなせるようになる Git 入門コマンドライン演習 80（秀和システム）」や「日経 Linux（日経 BP）」で大規模言語モデルについての記事を寄稿するなど精力的に活動している。＜担当：序文、第 5 章＞

下垣内 隆太（Ryuta Shimogauchi）
株式会社 Elith　CAIO / Generative AI Research Engineer

東京大学大学院情報理工学系研究科で拡散モデルの研究で修士号を取得。「日経 Linux（日経 BP）」に大規模言語モデルに関する記事やマルチモーダルモデルに関する記事を寄稿。日英中のトリリンガル。高専時代から培ったものづくりの精神と、大学院で身につけた最先端の知識を融合させ、革新的な技術の開発に取り組む。＜担当：第 1 章、第 2 章、補足 OpenAI API キーを取得する、補足 OpenAI o1、ソースコード、Google Colaboratory、スクリプト実行の際の注意＞

松山 純大（Atsuhiro Matsuyama）
株式会社 Elith　Machine Learning Research Engineer

東京大学大学院情報理工学系研究科修士課程に在学中。主に LLM（大規模言語モデル）を中心とした AI モデルの信頼性について研究を進めている。Elith では、LLM に関連するリサーチや開発を担当し、競技プログラミングの経験を活かして最適化分野の案件も手がけている。最先端の技術と理論を実務に応用することで、AI 技術の信頼性と可能性の拡大を追求する。＜担当：第 3 章、補足 Serp API キーを取得する、補足 mem0 API キーを取得する＞

成木 太音（Naruki Taito）
株式会社 Elith　Machine Learning Engineer

豊田工業大学大学院先端工学科にて、コンピュータビジョンの一分野である画像調和の研究で修士号を取得。新卒で Elith に入社。学生時代にはインターンとして、広告会社でビジョン系タスクの開発に携わる。現在は、LLM（大規模言語モデル）の知識を深めるべく、最前線の研究と技術トレンドを日々サーベイしている。＜担当：第 1 章、第 4 章、補足 Anthropic API キーを取得する、補足 Gemini API キーを取得する、補足 Tavily API キーを取得する＞

やさしく学ぶ LLM エージェント
―基本からマルチエージェント構築まで―

2025 年 2 月 15 日　　第 1 版第 1 刷発行

著　者　井上顧基
　　　　下垣内隆太
　　　　松山純大
　　　　成木太音

発行者　村上和夫
発行所　株式会社 オーム社
　　　　郵便番号　101-8460
　　　　東京都千代田区神田錦町 3-1
　　　　電話　03(3233)0641(代表)
　　　　URL　https://www.ohmsha.co.jp/

組版　新協　　印刷・製本　三美印刷
ISBN978-4-274-23316-6　Printed in Japan